허책임의
설비보전 바이블

저자의 말

안녕하세요. 유튜브 '허책임의 책임 있는 강의' 채널을 운영하는 허재원입니다. 지난 7년간 전문대학, 폴리텍대학, 특성화고등학교, 기업 교육 등에서 수백 건의 현장 강의를 진행하며 쌓아 온 노하우를 여러분께 공유하고자 합니다.

이 책은 소설을 읽듯 편하게 지식을 습득할 수 있도록 학문적인 내용을 이야기 형식으로 풀어 썼습니다. 책부터 읽어 보셔도 좋지만, 유튜브 '허책임의 책임 있는 강의' 채널에서 이 교재를 활용한 기초 강의를 먼저 수강하시길 권합니다. 기초 강의를 모두 들으신 뒤 복습 차원에서 책을 다시 읽으신다면 학습 효과가 배가될 것입니다.

이제는 회사 소속이 아닌 개인 채널을 통해 새로운 출발을 하려 합니다. 그동안 강의가 큰 도움이 되었다는 많은 분들의 말씀에 진심으로 감사드리며, 앞으로도 더욱 열정적이고 성실한 강의로 보답하겠습니다.

여러분의 합격을, 그리고 인생을 진심으로 응원합니다. 감사합니다.

허재원.

이 책을 출간하는 데 도움을 주신 분들

1. ㈜퍼씨엠 양성진 대표님, 윤금종 이사님

대한민국의 기계·자동화·설비 분야 교육용 기자재와 시뮬레이션 솔루션을 개발·공급하는 전문 기업으로, 이 자리에 오기까지 귀중한 역량과 경험을 쌓을 수 있도록 도움을 주셨습니다.

위치 : 부산광역시 북구 효열로 111, 501호(금곡동, 부산지식산업센터)

2. ㈜큐빅테크 김부섭 대표님, 김희근 상무님

국내외 산업용 및 교육용 소프트웨어 분야에서 혁신적인 솔루션을 제공하는 전문 기업으로, 본 교재와 함께 진행되는 강의 촬영을 위해 자동화 실습 시뮬레이터 'V-AMT'를 대여해 주시어 양질의 교육 콘텐츠 제작에 큰 도움을 주셨습니다.

위치 : 서울특별시 구로구 디지털로 272, 301호(구로동, 한신IT타워)

3. ㈜엔시스 한용준 대표님, 김용호 부장님

교육장비·스마트팩토리·로봇 분야의 전문 기업으로, 교육기관과 산업체의 요구에 맞춘 첨단 기자재 공급부터 컨설팅, 교육센터 구축, 연수 지원까지 원스톱 서비스를 제공하며, 본 교재의 모든 실습 장비 사진을 제공해 주셔서 양질의 교육 콘텐츠 제작에 큰 도움을 주셨습니다.

위치 : 부산광역시 북구 만덕1로 104번가길 24

4. 좋은땅㈜ 임직원분들께

1993년부터 출판·유통·마케팅 전 과정을 체계적으로 수행하며, 저자와 함께 '좋은 책'을 만드는 데 최선을 다해 온 종합 출판사로, 정성 들여 제작한 교재의 가치와 메시지를 가장 아름답고 풍성한 책으로 완성할 수 있도록 지원해 주신 좋은땅에 깊은 감사의 뜻을 전합니다.

위치 : 서울특별시 마포구 양화로12길 26 GWORLD(지월드)빌딩

이 밖에도 이름을 다 언급하지 못했지만, 보이지 않는 곳에서 도움과 격려를 보내 주신 모든 분들께 진심으로 감사드립니다.

목차

제1장 설비보전 자격증 개요

제1절 설비보전기능사 ··· 8
제2절 설비보전산업기사 ··· 10
제3절 설비보전기사 ··· 12

제2장 전기 시퀀스 제어

제1절 접점 ··· 18
제2절 전기 모듈 ··· 27
제3절 접점의 활용 ··· 36

제3장 공압

제1절 공압의 5대 요소 ··· 57
제2절 공압 회로 제작 ··· 78
제3절 간단한 공압 실전 연습 ··· 91

제4장 유압

제1절 유압의 5대 요소 ··· 107
제2절 간단한 유압 실전 연습 ··· 131
제3절 여러 가지 유압 회로 ··· 138

제5장 전기 시퀀스 회로 작도

제1절 전기 회로 작도 원리 ··· 154
제2절 전기 회로 작도 꿀팁 ··· 184
제3절 간단한 회로 작도 실전 연습 ··· 195

제6장 설비보전기사 공개문제 풀이

제1절 기사 공기압시스템 풀이 ··· 203
제2절 기사 유압시스템 풀이 ··· 221

제7장 설비보전산업기사 공개문제 풀이

제1절 산업기사 공기압시스템 풀이 ··· 241
제2절 산업기사 유압시스템 풀이 ··· 259

제1장
설비보전 자격증 개요

설비보전기사 Engineer Plant Maintenance

설비보전기사는 설비·전기·기계 분야에서 요구되는 종합 기술 역량을 검증하는 국가기술자격증으로, 산업 현장에서의 경쟁력을 높이는 핵심 자격 중 하나이다. 본 자격은 소방설비, 에너지관리, 전기, 공조냉동기계 등 유사 분야 자격과 함께 기술직군에서 널리 인정받고 있으며, 특히 기계설비 관리 의무화와 더불어 설비 자동화 및 디지털 관리 시스템의 확산에 따라 그 필요성이 증가하고 있다.

설비보전기사를 취득하면 전자 부품, 플랜트, 제철 등 다양한 제조·생산 현장에서 설비 유지보수 및 관리 업무를 수행할 수 있으며, 대기업과 공기업 취업 시에도 우대받을 수 있다. 또한, 7~9급 기술직 공무원 시험에서는 최대 5%의 가산점이 부여되어 공공부문 진출에도 도움이 된다.

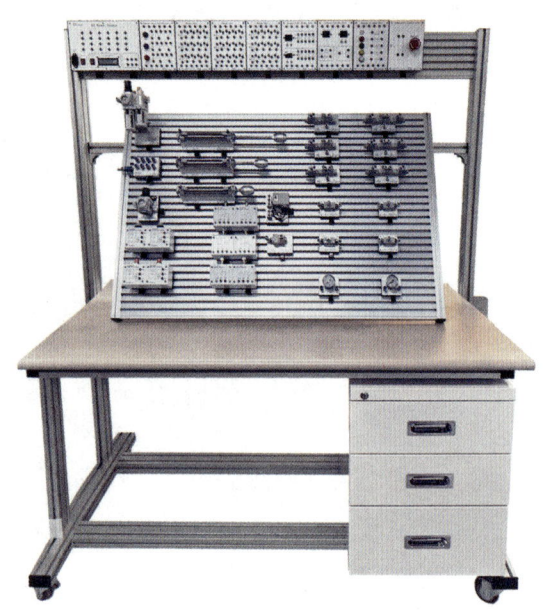
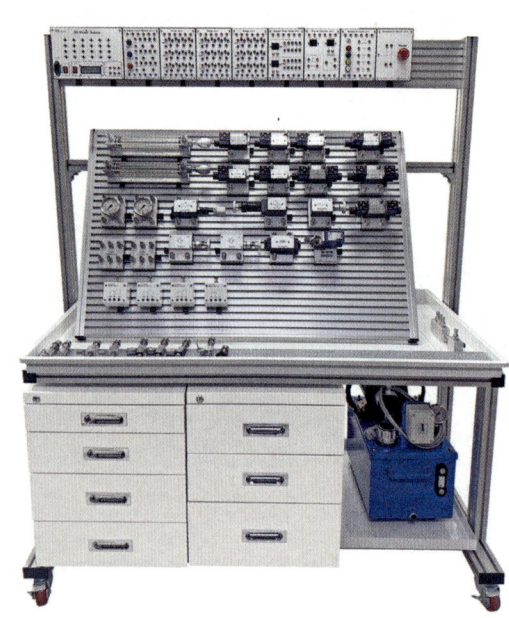

연도	필기			실기		
	응시	합격	합격률	응시	합격	합격률
2024	13,421	6,332	47.2%	9,363	5,479	58.5%
2023	9,369	4,715	50.3%	5,641	3,260	57.8%
2022	5,003	2,303	46%	3,000	1,682	56.1%
2021	3,357	1,676	49.9%	1,895	976	51.5%
2020	2,068	926	44.8%	1,400	769	54.9%

필기	실기
19,400원	68,000원

※ 만 34세 이하 청년 누구나 국가기술자격시험 응시료 50% 지원. (연간 3회 한도)

설비보전기사		
	필기	실기
시험과목	공유압 및 자동제어 용접 및 안전관리 기계설비 일반 설비진단 및 관리	공기압시스템 진단 및 구성 유압시스템 진단 및 구성 보수 용접 및 누수 시험
검정방법	객관식 4지 택일형 과목당 20문항(과목당 30분)	- 필답형(40점) 1시간 - 작업형(각 20점) 2시간 40분
합격기준	100점을 만점으로 하여 과목당 40점 이상, 전과목 평균 60점 이상	100점을 만점으로 하여 60점 이상 (단, 작업형 과제 중 실격 사항에 해당할 경우 전체 실격)

설비보전산업기사		
	필기	실기
시험과목	1. 공유압 및 자동제어 2. 설비진단 및 관리 3. 기계보전, 용접 및 안전	1. 공기압시스템 설계 및 구성 2. 유압시스템 설계 및 구성 3. 가스 절단 및 용접
검정방법	객관식 4지 택일형 과목당 20문항(과목당 30분)	- 작업형(공압 30점, 유압 30점, 가스절단 및 용접 40점) 2시간 40분
합격기준	100점을 만점으로 하여 과목당 40점 이상, 전 과목 평균 60점 이상	100점을 만점으로 하여 60점 이상 (단, 작업형 과제 중 실격 사항에 해당할 경우 전체 실격)

제1절 설비보전기능사

	과제명	시험시간
제1과제	공기압회로 구성	40분
제2과제	유압회로 구성	40분
제3과제	가스 절단 및 용접	50분
제4과제	기계장치 분해 및 조립	40분

요구사항 : 공기압 회로도 구성 → 전기 회로도 구성 및 동작 → 정리정돈

가. 공기압 회로도

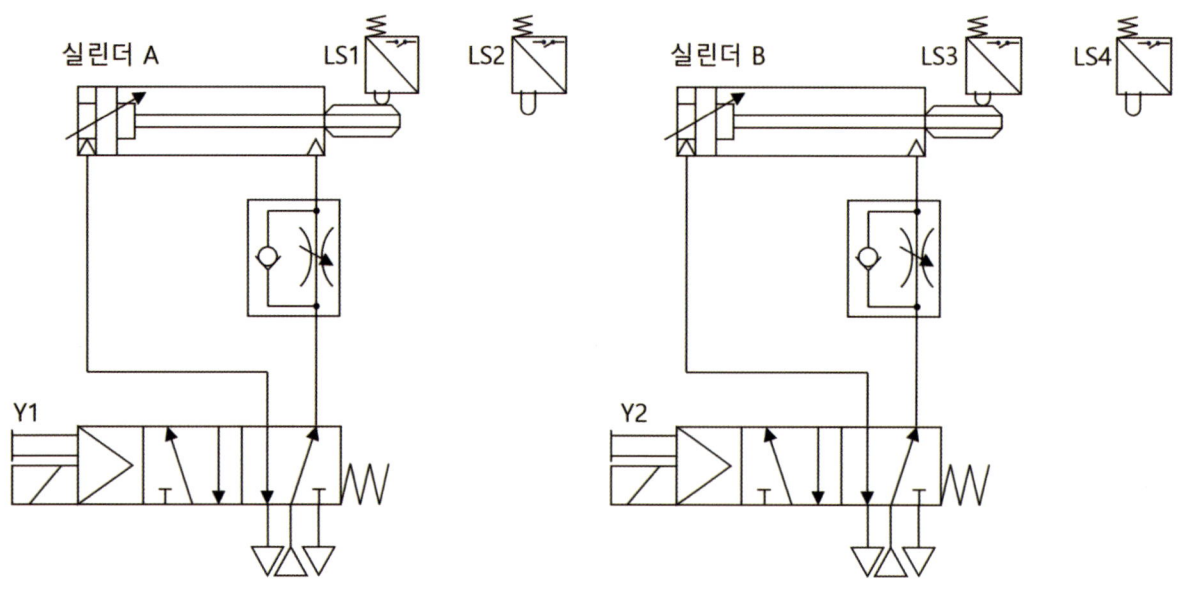

나. 전기 회로도

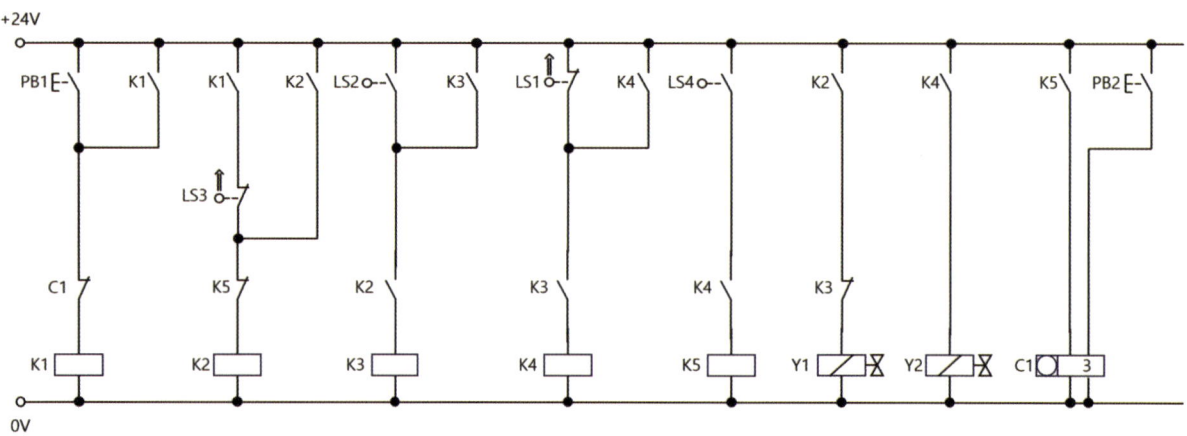

다. 변위단계선도

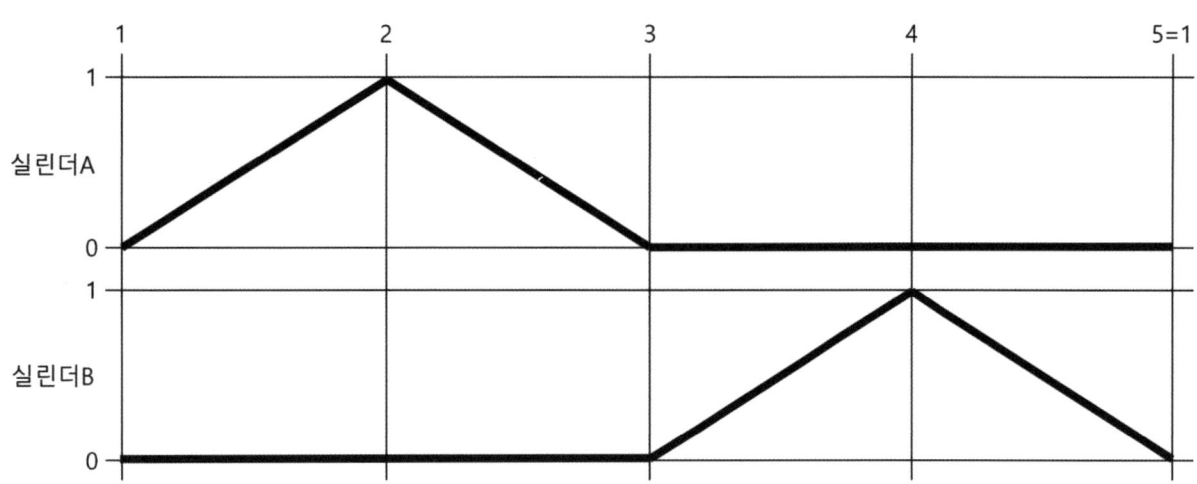

기능사 시험의 경우, 주어진 회로도에 따라 공유압 장비를 배치하고 케이블을 결선하여 동작시키기만 하면 되는 비교적 단순한 과제가 주어진다. 물론 숙달되면 간단히 합격할 수 있겠지만, 부품을 정확히 식별하고 규격에 맞게 배선하며, 안전 절차를 지키는 과정이 필수이므로 기초 이론과 실습 경험이 뒷받침되어야 한다. 또한, 제한된 시간 안에 모든 작업을 마치기 위해서는 작업 순서를 효율적으로 계획하고, 돌발 상황에 대응할 수 있는 문제 해결 능력도 갖추어야 한다.

제2절 설비보전산업기사

	과제명	시험시간
제1과제	공기압시스템 설계 및 구성	50분
제2과제	유압시스템 설계 및 구성	50분
제3과제	가스 절단 및 용접	60분

요구사항 : 공기압 회로도 구성 → 기본동작 → 시스템 유지보수 → 정리정돈

가. 공기압 회로도

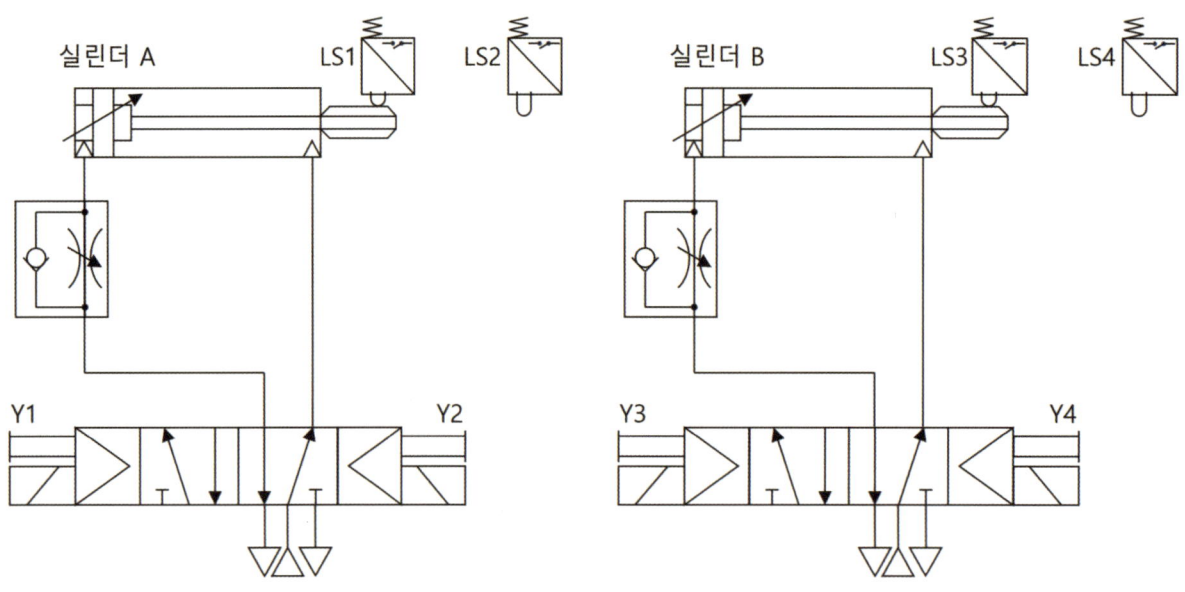

나. 변위단계선도

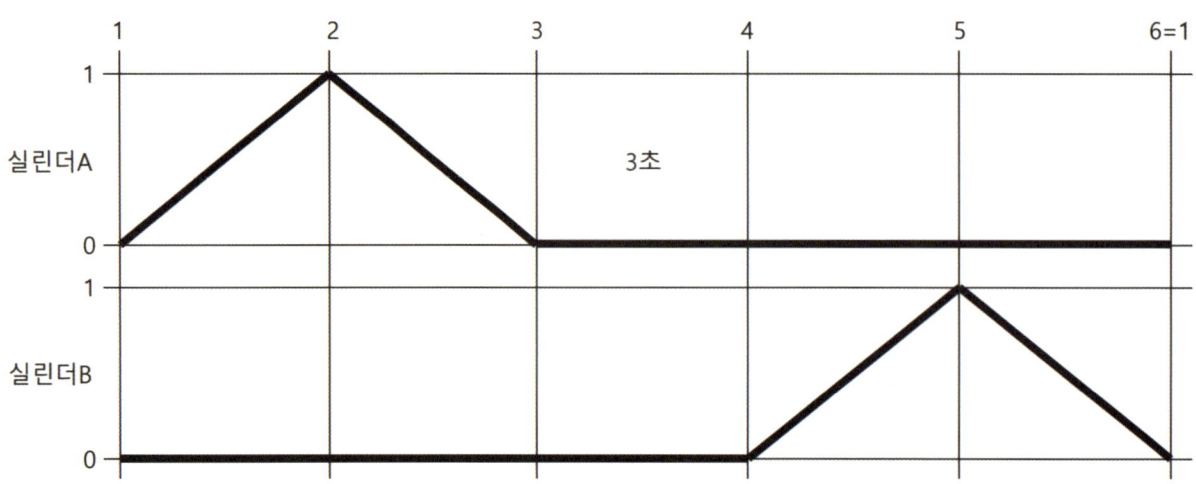

다. 유지보수 계획

1) 연속 스위치와 카운터 스위치를 추가하여 회로를 변경하시오.
   ① 3회 연속동작 하시오.
   ② 카운터 릴레이를 리셋하시오
   ③ 재동작 가능하도록 하시오.
   ④ 연속동작 중 램프를 점등하시오.

2) 리밋스위치를 용량형 및 유도형으로 교체 후 동일 동작하도록 회로를 변경하시오.

산업기사 시험의 경우, 크게 두 파트로 나뉜다. 첫 번째는 '기본동작'으로, '변위단계' 선도에 따라 수험생이 직접 시퀀스 회로도를 작도해야 하며, 난이도가 기능사 수준에서 한 단계 크게 상승한다. 개정 전에는 회로 작도 파트가 기사 시험 수준에 해당했으나, 개정 이후에는 산업기사 시험에서 출제되도록 조정되었다. 이 '기본동작'을 완성하고 검사에 합격한 뒤에야 '시스템 유지보수' 파트를 수행할 수 있으며, '기본동작'조차 동작하지 않으면 즉시 실격 처리되므로 난이도가 상당하다고 할 수 있다.

따라서 산업기사 시험을 준비할 때는 단순히 주어진 회로를 결선하는 수준을 넘어, 변위단계 해석, 시퀀스 회로 설계, 부품 선택 및 배치 능력을 종합적으로 갖추어야 한다. 특히 회로 설계 과정에서의 논리적 흐름과 작동 순서를 명확히 이해하고 있어야 하며, 실습 과정에서는 오배선, 누락, 부품 연결 오류 등 사소한 실수가 즉각적인 실격으로 이어질 수 있다. 제한된 시험 시간 안에 회로를 설계하고 구현하는 작업 순서 계획, 문제 발생 시 신속한 원인 파악과 수정 능력도 합격을 위해 필수적이다.

제3절 설비보전기사

	과제명	시험시간
제1과제	공기압시스템 진단 및 구성	60분
제2과제	유압시스템 진단 및 구성	60분
제3과제	보수 용접 및 누수 시험	40분

요구사항 : 공기압 회로도 구성 → **기본동작** → **시스템 유지보수** → 정리정돈

가. 공기압 회로도

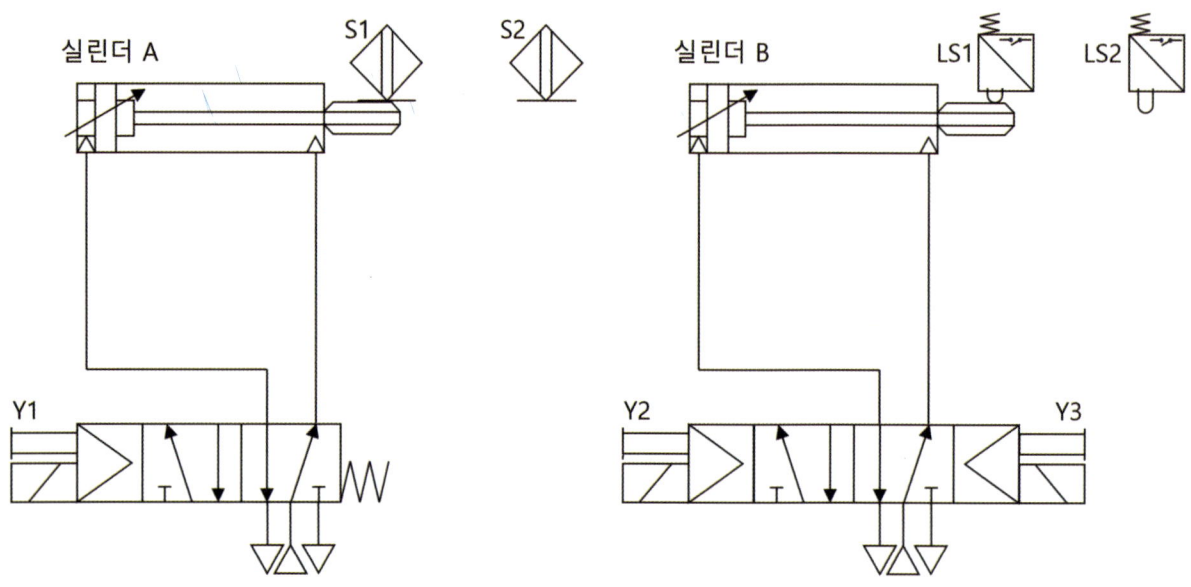

나. 전기 회로도

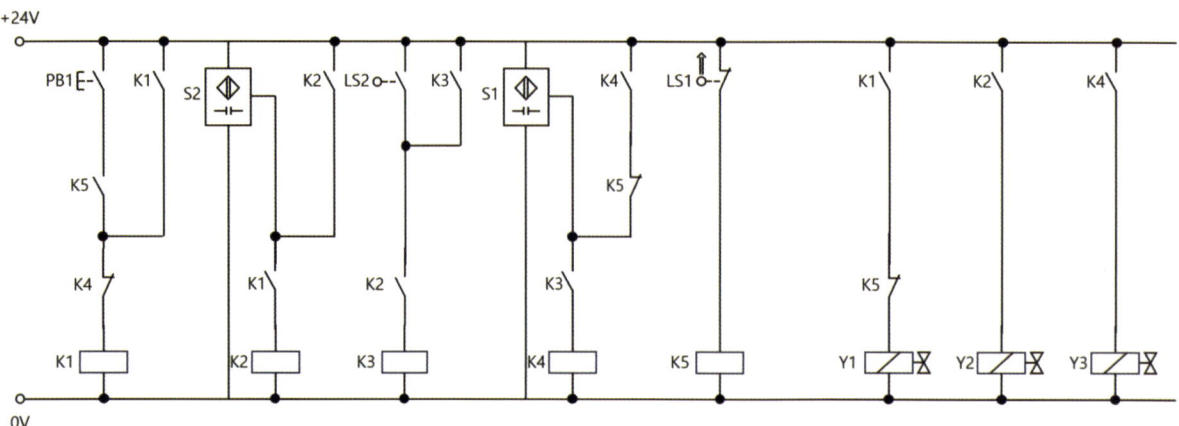

다. 변위단계선도

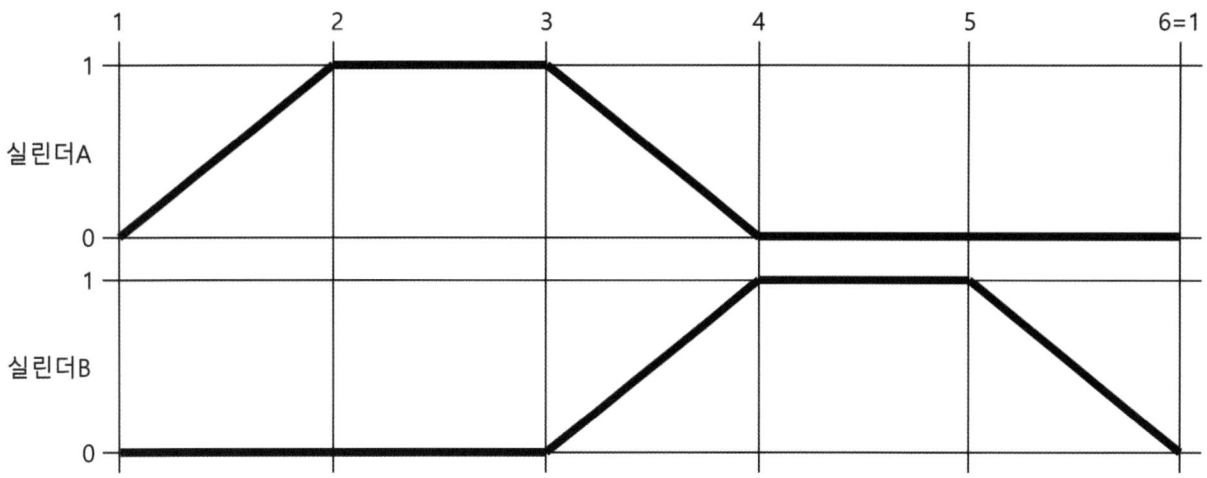

라. 시스템 유지보수

1) 연속 스위치와 카운터 스위치를 추가하여 회로를 변경하시오.
   ① 3회 연속동작 하시오.
   ② 카운터 릴레이를 리셋하시오
   ③ 재동작 가능하도록 하시오.
   ④ 연속동작 중 램프를 점등하시오.

2) 타이머 릴레이를 추가한 후 회로를 변경하시오.

3) 유량 제어 밸브를 사용하여 미터아웃 방식으로 회로를 변경하시오.

기사 자격증 시험의 경우, 시험 시작 전 미리 전기 회로도가 제공된다. 언뜻 보면 산업기사보다 쉬워 보일 수 있으나, 실제로는 오류가 포함된 전기 회로도가 주어지기 때문에 수험자는 변위단계선도와 공기압 회로도를 면밀히 분석하여 직접 오류를 찾아 수정해야 한다. 이후 수정된 회로를 기반으로 케이블을 결선하고, 동작이 변위단계선도에 따라 정상적으로 수행되도록 구현해야 한다.

감독관의 평가 기준은 최종적으로 회로가 변위단계선도의 순서에 맞게 정확히 작동하는지 여부에 초점이 맞춰져 있다. 시퀀스 회로도의 특성상 절대적인 하나의 정답이 존재하지 않으며, 설계 방식은 교수자나 작업자의 스타일에 따라 조금씩 달라질 수 있다. 따라서 수험생은 다양한 방법으로 전기 회로도를 분석하고 설계하는 연습을 거듭하여, 자신이 가장 이해하기 쉽고 작업 속도가 빠른 방식으로 숙달하는 것이 중요하다.

또한, 기사 시험은 단순 결선 능력 외에도 회로 오류 분석 능력, 문제 해결력, 작업 순서 계획 능력이 종합적으로 요구된다. 회로 설계 단계에서 사소한 오류라도 남아 있으면 동작 불량으로 이어져 불합격할 수 있으므로, 시험 전에는 의도적으로 오류가 포함된 회로도를 활용한 연습을 반복하는 것이 효과적이다. 실기 중 문제 상황에 직면했을 때 빠르게 원인을 진단하고 수정할 수 있는 역량 역시 합격을 좌우하는 핵심 요소이다.

제2장

전기 시퀀스 제어

공압 및 유압 시스템을 제어하기 위해선 자체의 밸브만으로도 제어가 가능하지만, 대부분의 경우는 전기적인 신호에 의해서 제어를 하도록 한다. 전기 신호를 활용하면 센서, 릴레이, 타이머 등과 연동하여 보다 정밀하고 복잡한 동작 제어가 가능하며, 자동화 수준과 안전성을 크게 높일 수 있다. 특히 산업 현장에서는 작업 효율과 반복 정밀도를 확보하기 위해 전기·전자 제어 기술을 적극적으로 결합한다.

아래 그림은 작업형 시험에서 활용되는 '전기 회로도'이며, 우리는 앞으로 이 전기 회로도를 해석, 작도, 진단할 수 있도록 학습을 할 것이다. 이를 통해 단순한 기호 이해를 넘어 실제 회로의 동작 원리와 고장 원인까지 파악할 수 있는 능력을 기르게 될 것이다.

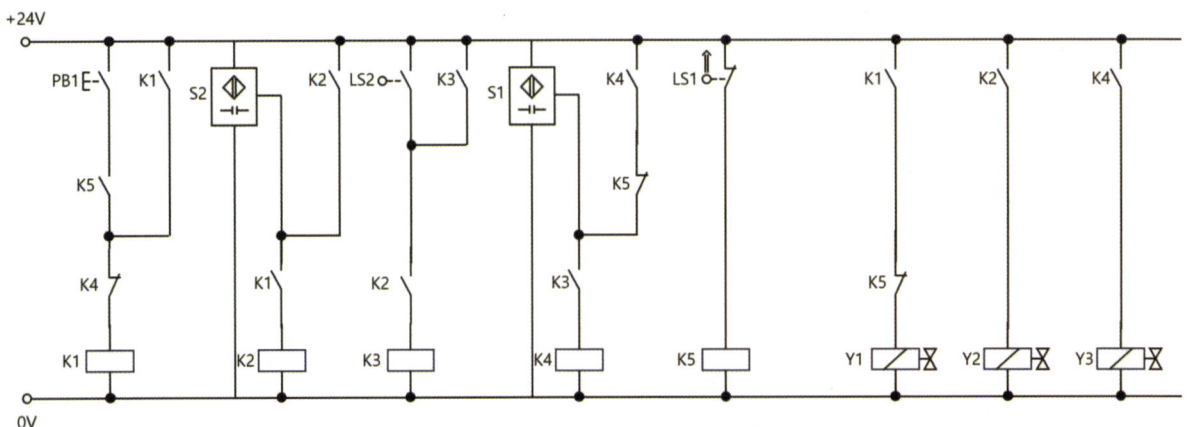

위 전기 회로도가 언뜻 보면 복잡해 보이지만, 공통적으로 모양이 비슷한 심볼(기호)이 반복적으로 사용된다. 종류로 나눠 보면 크게 세 가지만 기억하면 된다.

첫째는 'A접점(노멀 오픈, NO)' 심볼로, 전류가 흐르지 않는 상태에서 열려 있다가 동작 시 닫히는 접점이다.

둘째는 'B접점(노멀 클로즈, NC)' 심볼로, 전류가 흐르지 않는 상태에서 닫혀 있다가 동작 시 열리는 접점이다.

셋째는 '릴레이(코일)' 심볼로, 전기 신호를 받아 자기장을 형성해 A접점이나 B접점을 제어하는 핵심 장치다.

이 세 가지만 정확히 외우면, 이미 전체 회로의 90% 이상을 해석할 수 있는 수준이 된다. 그러니 우선 이 3개부터 확실하게 익혀라.

A접점	B접점	릴레이
NO접점 Normal Open	NC접점 Normal Close	-
Arbeit contact	Break contact	-

제1절 접점

접점이란 전기 회로에서 전류를 흐르게 하거나 차단하는 부분을 의미한다. 쉽게 말해, 스위치나 릴레이에서 회로를 연결하거나 끊는 역할을 하는 물리적 또는 전자적인 요소다. 먼저 'A접점'을 알아보자.

제1항 A접점

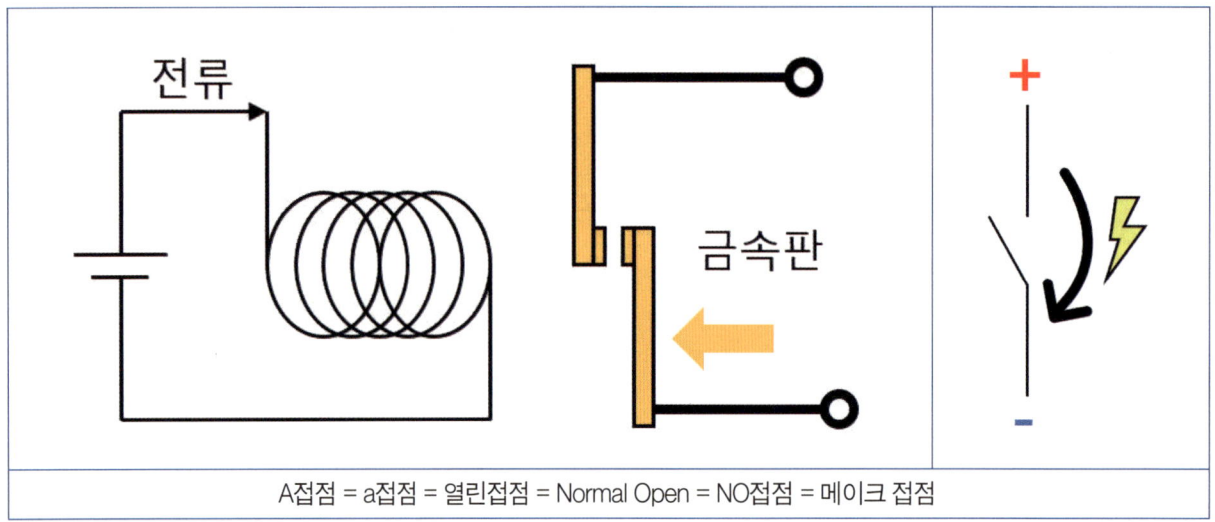

A접점 = a접점 = 열린접점 = Normal Open = NO접점 = 메이크 접점

A접점의 기호에서 검은 선으로 표시된 부분은 전류가 흐르는 전선이라고 생각하면 된다. 위쪽은 +(플러스), 아래쪽은 -(마이너스)라고 할 때, 전류의 흐름은 위에서 아래로 내려온다. 이때, 기호를 보면 전선이 끊어져 있기 때문에 현재 상태에서는 전원을 인가하더라도 전류가 흐르지 않는다. 이렇게 회로가 끊어져 있는 상태를 '열린 상태'라고 부르며, 이 때문에 A접점은 '열린 접점'이라는 별칭을 가진다.

영어로는 Normally Open이라고 하며, 줄여서 NO접점이라고 한다. 또, 동작 시 회로를 연결한다는 의미에서 '메이크 접점'이라고 부르기도 한다. 산업 현장이나 도면 작성 시 사람마다 부르는 용어가 다를 수 있으므로, 모든 명칭에 익숙해지는 것이 좋다.

또한 A접점은 릴레이나 마그네틱 컨택터와 같은 제어 부품 내부에도 포함되어 있어, 외부 입력(버튼, 센서 등)에 따라 전류 흐름을 제어하는 핵심 역할을 한다. 따라서 심볼을 이해하는 것뿐만 아니라, 실제 부품에서 이 접점이 어떤 방식으로 동작하는지도 함께 익히는 것이 중요하다.

그럼 이렇게 끊어진 접점을 어디에 쓸까? 가정에 있는 스위치를 생각해 보자.

집 안의 스위치와 형광등은 평소에 전원이 인가되어 있는 상태다. 그렇다고 해서 24시간 내내 불이 켜져 있는 건 아니다. 스위치를 눌러 필요할 때만 불을 켜고, 사용하지 않을 때는 꺼 둔다. 즉, 전원은 항상 준비되어 있지만 전자기기나 조명은 필요할 때만 전류를 흐르게 해야 한다.

이때 사용하는 것이 바로 'A접점'이다. A접점은 기본 상태에서 회로가 끊어져 있어 전류가 흐르지 않다가, 스위치를 누르는 순간 접점이 닫히며 전류가 흐르게 한다. 덕분에 형광등처럼 전원이 상시 대기 상태에 있는 기기를 안전하고 효율적으로 제어할 수 있다. 또한 조명뿐 아니라 모터, 펌프, 히터 등 다양한 부하 장치에서도 필요시 전원을 공급하거나 차단하는 역할로 활용된다.

'A접점'은 평상시에 열려 있으며, 작동(조작) 시 닫힌다.

제2항 B접점

A접점을 완벽하게 이해했다면 B접점은 그 반대이기 때문에 더욱 쉽다. 말 그대로 평상시에는 닫혀 있다가 작동 시 열리는 접점이다.

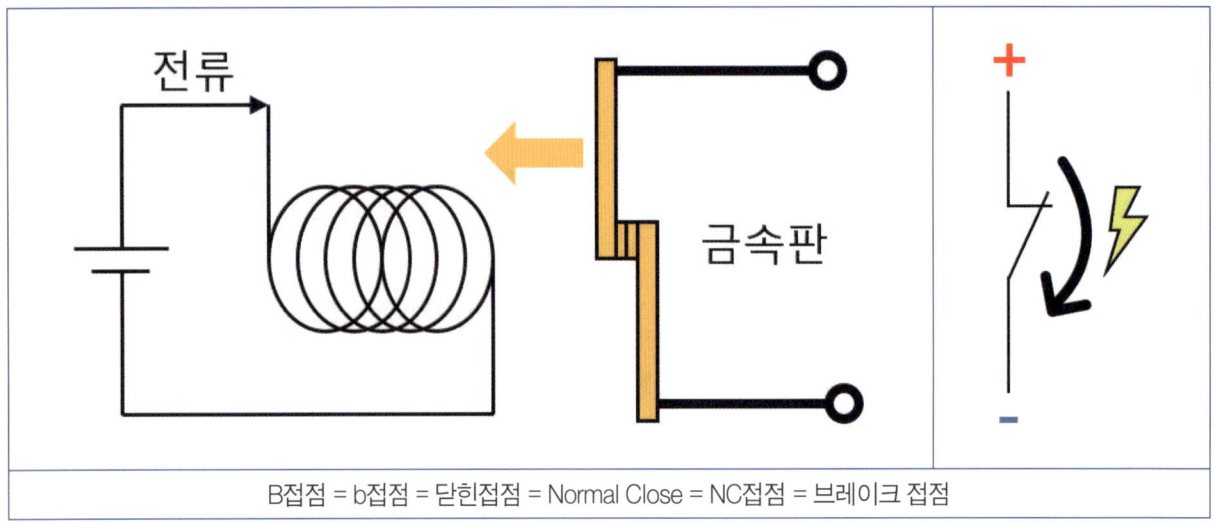

B접점 = b접점 = 닫힌접점 = Normal Close = NC접점 = 브레이크 접점

B접점 또한 위 그림과 같이 검은 선으로 기호가 그려져 있으며, 그림 그대로 닫혀(붙어) 있는 상태다. 그렇기 때문에 전원이 인가되자마자 연결된 전자기기들은 즉시 작동을 시작한다. 평소에 자주 보는 스위치는 아니지만, 현장에서는 중요한 안전 기능을 위해 필수적으로 사용된다.

위험한 기계나 설비에는 반드시 비상정지 스위치가 연결되어 있다. 평상시에는 전원이 인가되어 정상적으로 작동하지만, 위급 상황이 발생하면 즉시 전원을 차단해야 한다. 이때 사용하는 것이 바로 평상시에 닫혀 있는 B접점이다. B접점은 물리적인 힘이나 전기 신호에 의해 접점이 열리면서 전류를 즉시 차단해, 사고를 예방하고 안전을 확보한다.

정리하자면 다음과 같다.

B접점은 평상시에 닫혀 있으며, 작동(조작) 시 열린다.

제3항 릴레이

릴레이란 전기 신호를 이용해 다른 회로를 ON/OFF하는 스위치 역할을 하는 전자 부품이다. 쉽게 말해, 하나의 작은 전류로 여러 개의 큰 전류를 제어할 수 있는 부품이라고 생각하면 된다. 그림을 보면 더 이해가 쉽다.

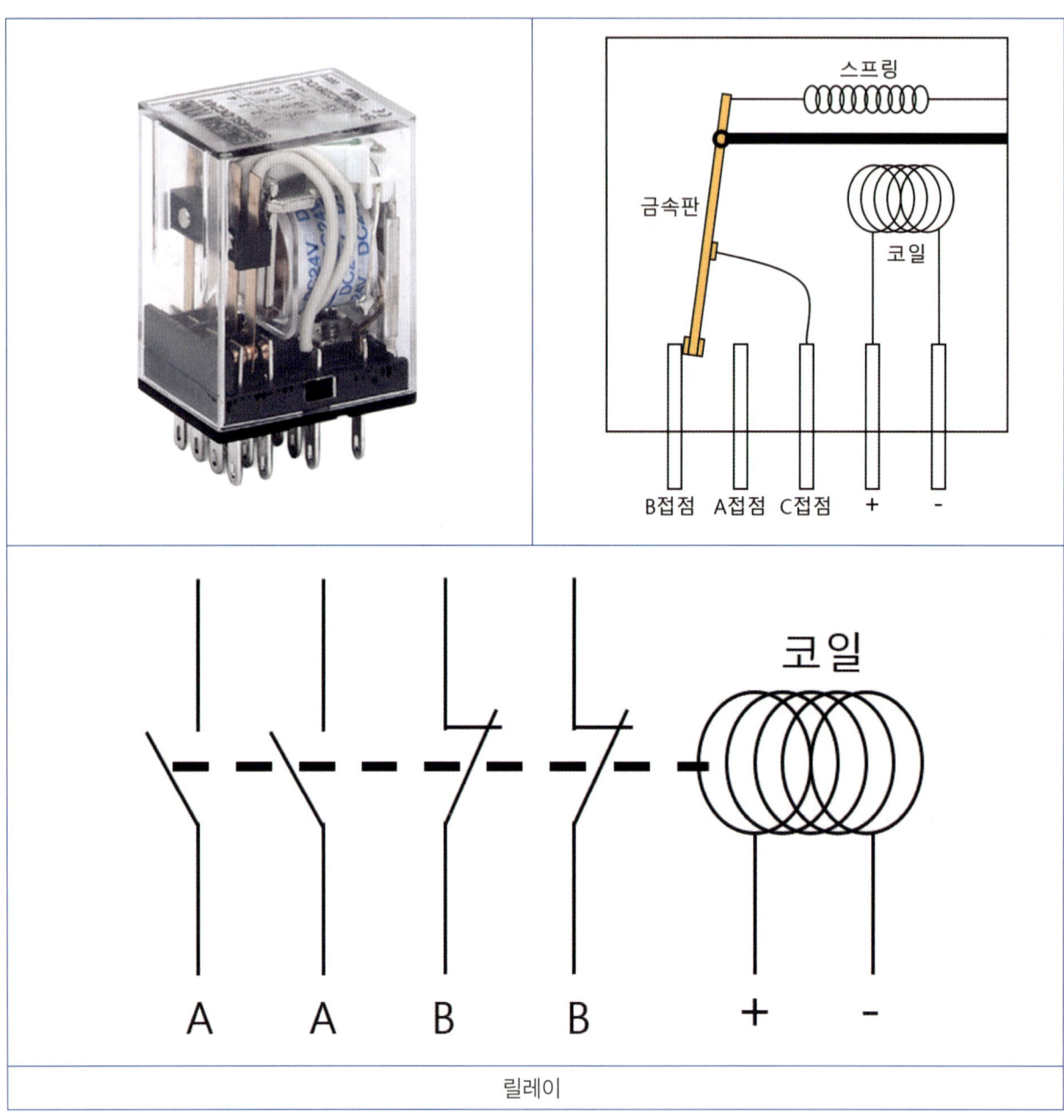

릴레이

우측의 실제 릴레이 내부를 이해하기 쉽도록 간단한 그림으로 표현하였다. 동작 원리는 동일하지만, 구조적으로는 실제 모습과 차이가 있으니 참고용으로만 보자.

릴레이 내부에는 코일(전자석)이 감겨 있고, 접점들이 포함된 구조를 가진다. 릴레이의 크기나 형식에 따라 여러 개의 A접점과 B접점이 함께 구성되어 있다. 코일에 전원이 인가되어 여자 상태가 되면, 이와 기계적으로 연결된 접점들이 동시에 닫히거나 열린다. 위 그림에서 A접점과 B접점 뒷편에 점선으로 연결된 부분은 바로 이런 '기계적 연결'을 표현한 것이다.

아래 그림은 전원이 인가된 릴레이의 모습이며, 위 그림과 비교하여 동작 차이를 이해할 수 있다.

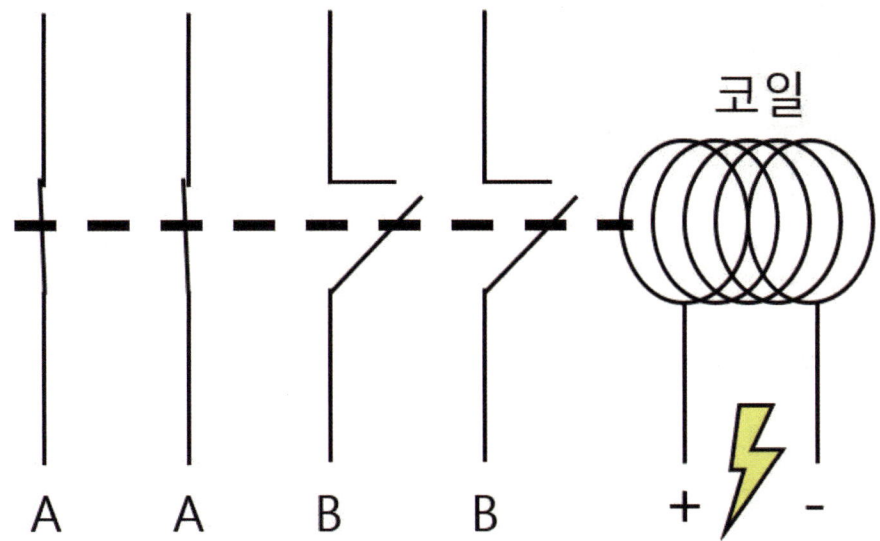

여기서 중요한 포인트는 두 가지다.

첫째, 하나의 작은 전류(여자)로 여러 개의 큰 전류(여러 접점)를 동시에 제어할 수 있다는 점이다.

둘째, 여러 개의 A접점과 B접점이 동시에 작동한다는 점이다.

다만, A접점과 B접점이 동시에 작동하더라도 실제 결과가 나타나는 속도에는 미세한 차이가 발생할 수 있다. 이는 접점의 기계적 구조나 부하의 특성에 따라 달라질 수 있다.

cf. A접점과 B접점이 동시에 작동했을 때 어떤 접점이 더 빠르게 결과를 내는가?

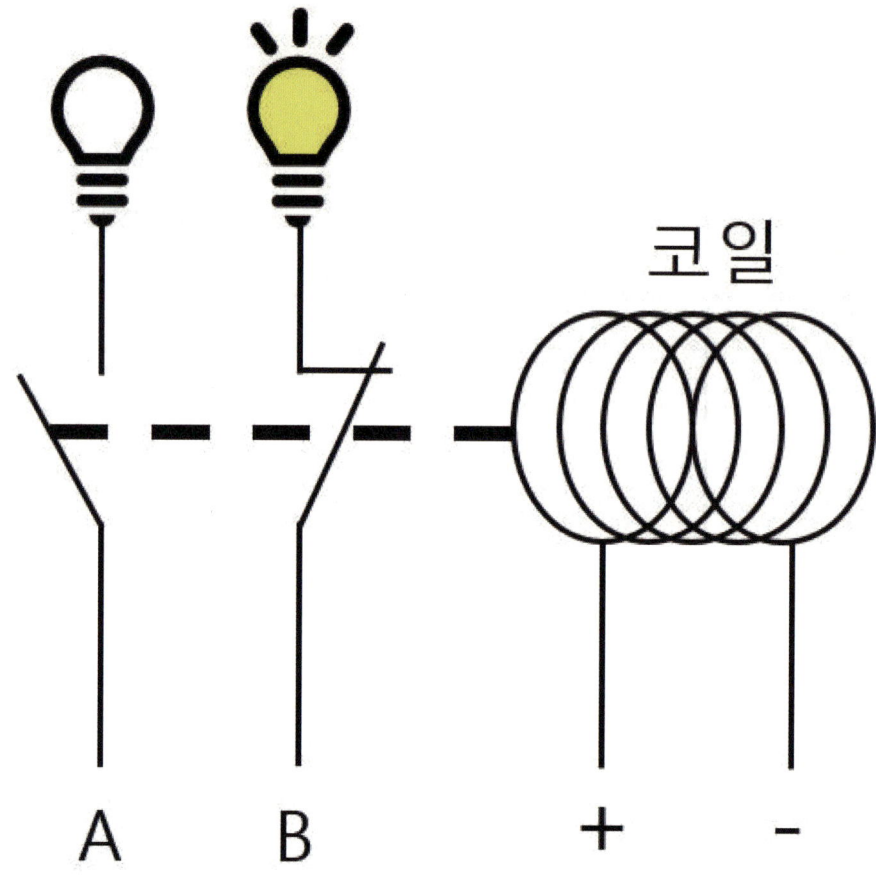

위 그림에서 릴레이를 여자시켰을 때, A접점에 연결된 램프가 빨리 켜지는가? 아니면 B접점의 램프가 빨리 꺼지는가? 접점 기호의 모양은 실제 접점의 작동 원리와 구조를 단순화하여 만든 심볼이다. 따라서 기호의 형태를 실제 금속 접점 구조로 떠올려 보면 답을 쉽게 알 수 있다.

먼저 A접점의 경우, 릴레이가 여자되고 전자석(코일)에 의해 철판이 이동해 붙는 과정이 필요하다. 이때 아주 짧은 시간이지만 물리적인 이동 거리가 존재하기 때문에 닫히는 데 시간이 소요된다.

반면 B접점은 이미 닫혀 있는 상태에서 떨어지기만 하면 되기 때문에, 거리에 관계없이 접점이 열리면서 전류를 즉각 차단할 수 있다.

결론적으로, A접점은 닫히는 물리적 거리가 존재하기 때문에 B접점과 연결된 램프가 더 빨리 꺼지는 결과를 얻게 된다. 물론 전류의 속도는 매우 빠르기 때문에 육안으로 구분하기는 어렵지만, 이후 작업형 '시스템 유지보수' 파트에서 이러한 차이가 장비의 오동작 원인이 될 수 있다. 그러므로 지금은 결론만 기억해 두자.

cf. 그 외 접점 및 릴레이 기호

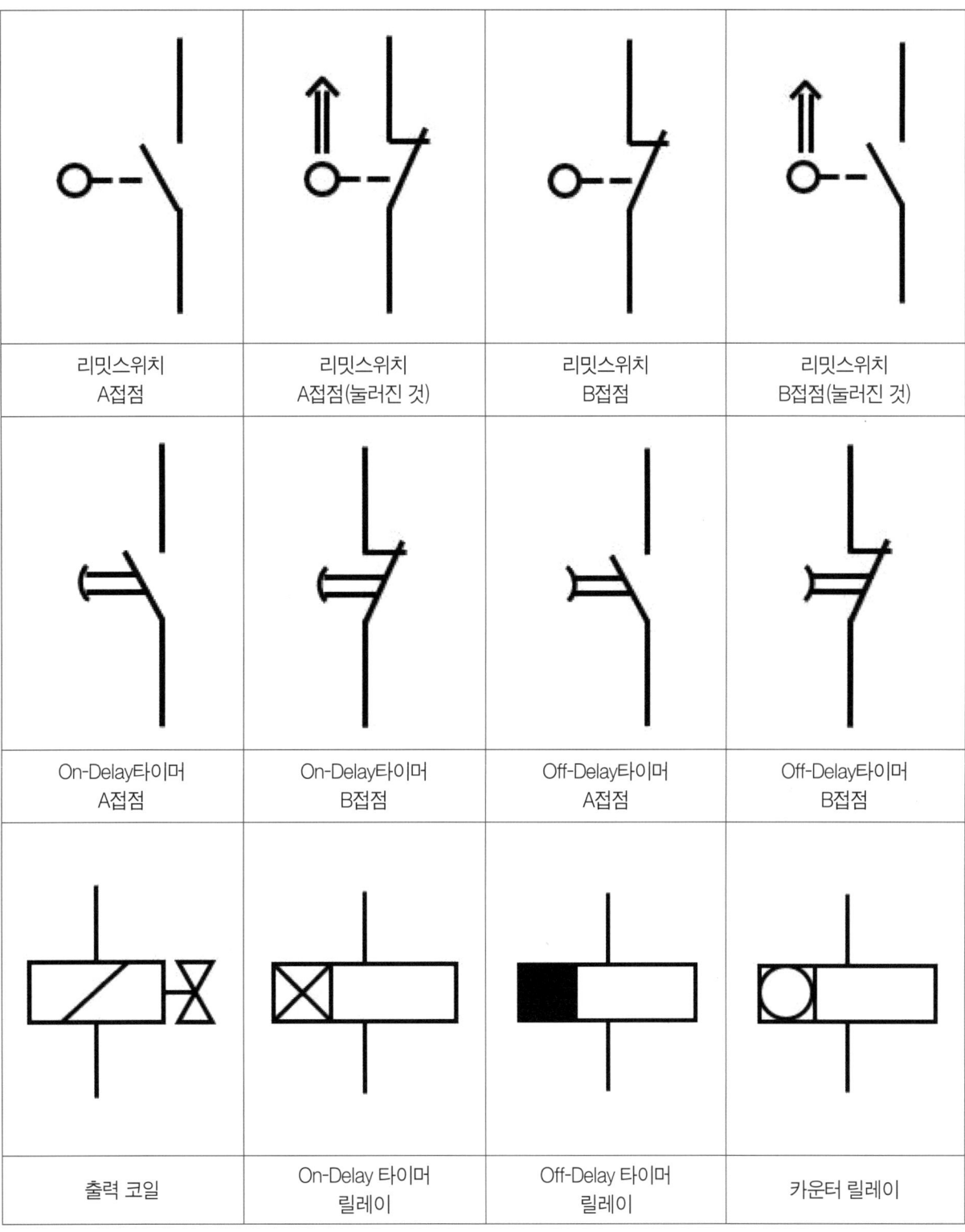

필기는 이렇게 나올 수 있다!

문제1 외력이나 신호에 의해 조작될 때만 닫히는 접점으로 옳은 것은?

① a접점　　② b접점　　③ c접점　　④ d접점

해설)
- a접점은 평상시에 두 단자가 떨어져 있으며, 외력이나 신호에 의해 조작될 때만 닫혀 전류가 흐르는 접점이다. 열린 접점(Normal Open, NO)이라고도 한다.
- b접점은 평상시에 두 단자가 붙어 있으며, 외력이나 신호에 의해 조작될 때만 열려 전류가 흐르지 않는 접점이다. 닫힌 접점(Normal Close, NC)이라고도 한다.
- c접점은 a, b접점이 결합되어 하나를 선택하여 사용하는 접점으로 전환 접점이라고도 한다.
- d접점은 없다.

문제2 다음 중 릴레이(Relay)의 주요 역할로 옳지 않은 것은 무엇인가?

① 소전류로 대전류 회로를 제어할 수 있다.
② 여러 개의 접점을 동시에 개폐할 수 있다.
③ 전자기력을 이용해 접점을 기계적으로 움직인다.
④ 회로에 흐르는 전류를 자동으로 제한해 준다.

해설)
릴레이는 회로 제어 역할을 하며, 전류 제한은 퓨즈나 차단기와 같은 보호 장치의 기능이다.

문제3 0과 1, ON과 OFF, 신호의 유무 등을 이용하는 제어계는?

① 동기 제어계
② 비동기 제어계
③ 2진 제어계
④ 10진 제어계

해설)
2진 제어계(Binary Control System)는 입력과 출력 두 가지 상태만 가지는 제어 시스템이다.

제2절 전기 모듈

접점과 릴레이를 배웠다면 이제 간단한 예제를 통해 적용할 차례다. 하지만 실습 효과를 높이기 위해, 먼저 장비와 함께 사용할 전기 모듈을 소개한다. 아래는 공유압 실습 장비에서 전기 제어를 담당하는 장치이며, 그림은 이해를 돕기 위해 간략하게 표현한 것이다. 실제 장비는 제조사에 따라 구조나 배치가 조금씩 다를 수 있다는 점을 알아 두자.

기본적으로 모듈의 위쪽 부분에 붉은색으로 표시된 5개의 포트는 '+' 전류가 흐르는 단자로, 전원의 양(+)극에 연결된다. 반대로 아래쪽의 푸른색으로 표시된 5개의 포트는 '-' 전류가 흐르는 단자로, 전원의 음(-)극에 연결된다. 이러한 구성 덕분에 모듈에 연결된 다양한 스위치, 램프, 릴레이 코일 등이 쉽게 전원을 공급받거나 차단할 수 있도록 설계되어 있다.

이 모듈은 회로 결선 연습과 실습 장비의 부품 제어에 필수적이며, 특히 접점(A/B)과 릴레이 동작을 직접 확인할 수 있는 환경을 제공한다.

아래 전기 모듈은 이해를 돕기 위해 간단한 그림으로 표기하였다. 실제 모듈은 브랜드마다 형태가 다양해 혼동될 수 있으므로, 시험 전 반드시 실물 장비를 직접 확인해 보길 바란다.

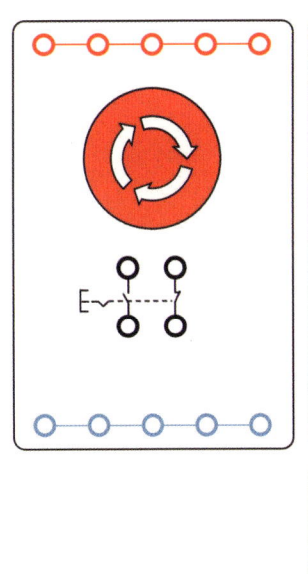
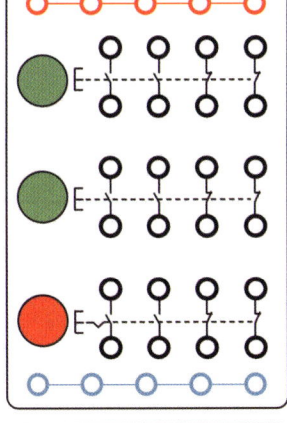
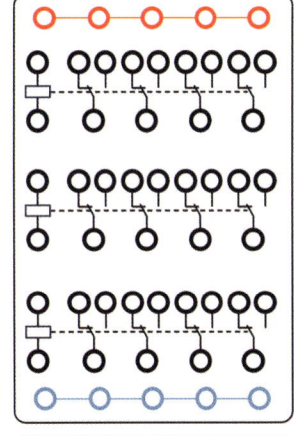
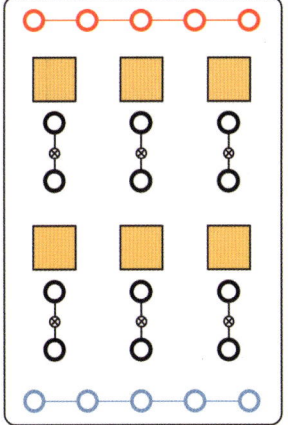
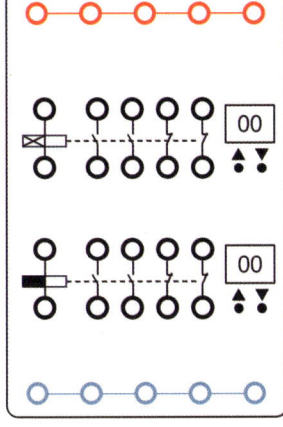
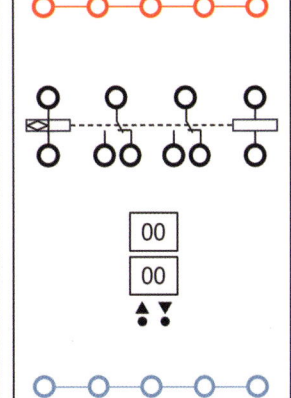

제1항 비상정지 모듈

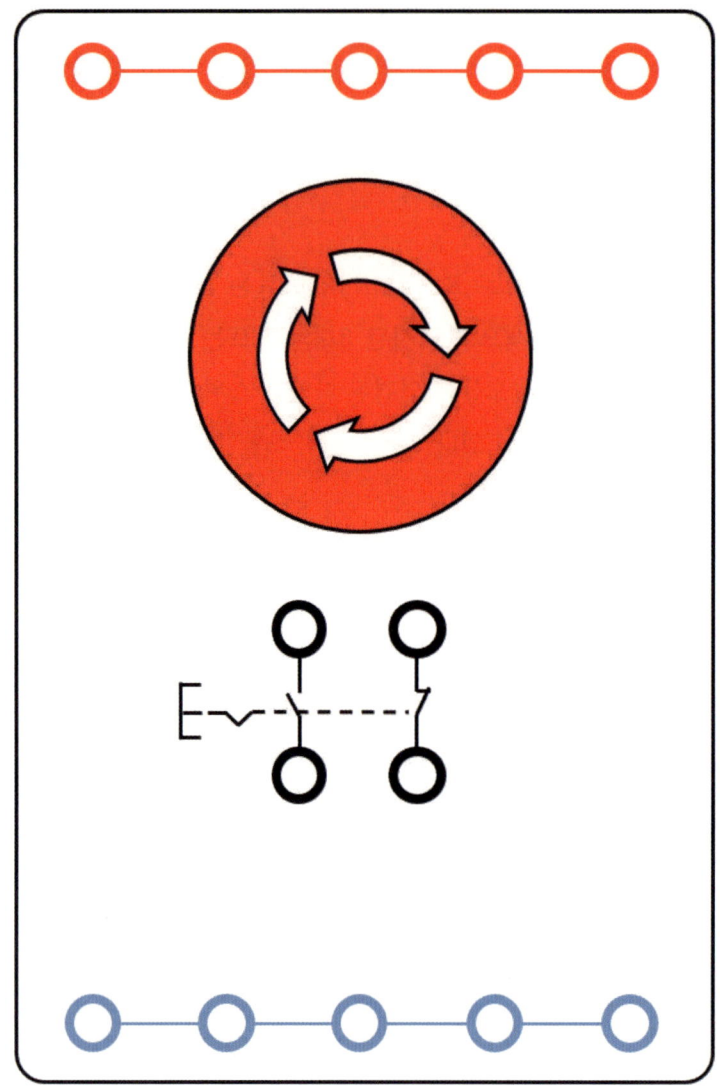

먼저 비상정지 모듈을 소개하겠다. 이 모듈은 말 그대로 버튼을 눌렀을 때 회로를 즉시 끊어 설비의 가동을 멈추는 역할을 한다. 이때 일반적으로 전체 회로의 '+' 라인을 B접점에 연결하여 구성한다.

앞서 설명했듯이, B접점은 평상시에 닫혀 있어 조작을 하지 않는 이상 설비가 정상적으로 구동된다. 그러나 비상정지 버튼을 누르면 B접점이 열리면서 주회로가 차단되어 전원이 즉시 끊어진다. 이러한 특성 덕분에 비상정지는 설비를 운전 중단 상태로 전환하는 가장 확실하고 빠른 방법이 되며, 안전 규정상 필수적으로 포함되는 장치다.

따라서 대부분의 산업 현장에서는 비상정지 모듈을 B접점 방식으로 구성하여, 위급 상황 발생 시 즉각적으로 전류 흐름을 차단하고 인명 및 장비 피해를 최소화하도록 한다.

제2항 스위치 모듈

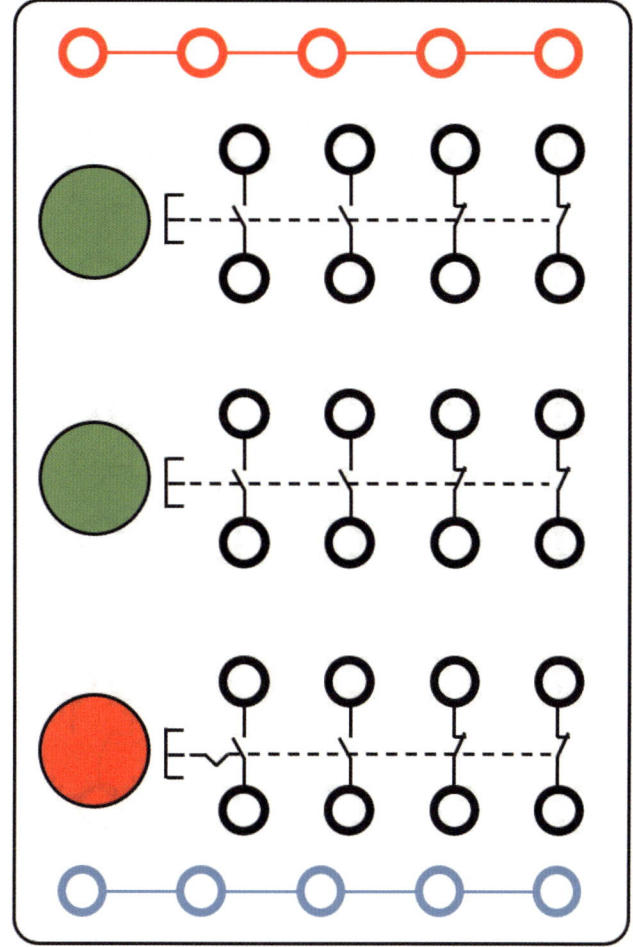

다음으로는 스위치 모듈이 있다. 앞서 릴레이를 설명한 것처럼, 스위치(푸시버튼) 하나에는 A접점과 B접점이 기계적으로 연결되어 있다. 따라서 스위치를 누르면 2개의 A접점과 2개의 B접점이 동시에 동작하며, 사용하지 않는 접점이 있더라도 내부적으로는 모두 작동이 이루어진다.

그림을 보면 초록색 스위치와 붉은색 스위치가 따로 존재한다. 스위치 기호를 자세히 살펴보면, 초록색 스위치는 일자(-) 모양으로 되어 있고, 붉은색 스위치는 브이자(V) 모양으로 되어 있다. 초록색 스위치는 누르면 ON, 손을 떼면 OFF가 되는 일반적인 순간동작형 스위치다. 반면, 붉은색 스위치는 한 번 누르면 손을 떼더라도 계속 ON 상태를 유지하며, 다시 한 번 눌러야 OFF가 되는 고정형 스위치다. 이러한 방식을 '토글 스위치'라고 부른다.

이와 같은 구조는 하나의 스위치로 여러 회로를 동시에 제어하거나, 필요에 따라 동작 상태를 유지해야 하는 장치에 활용된다. 특히 자동화 장비 제어, 안전장치, 모드 전환 스위치 등에서 널리 쓰인다.

제3항 릴레이 모듈

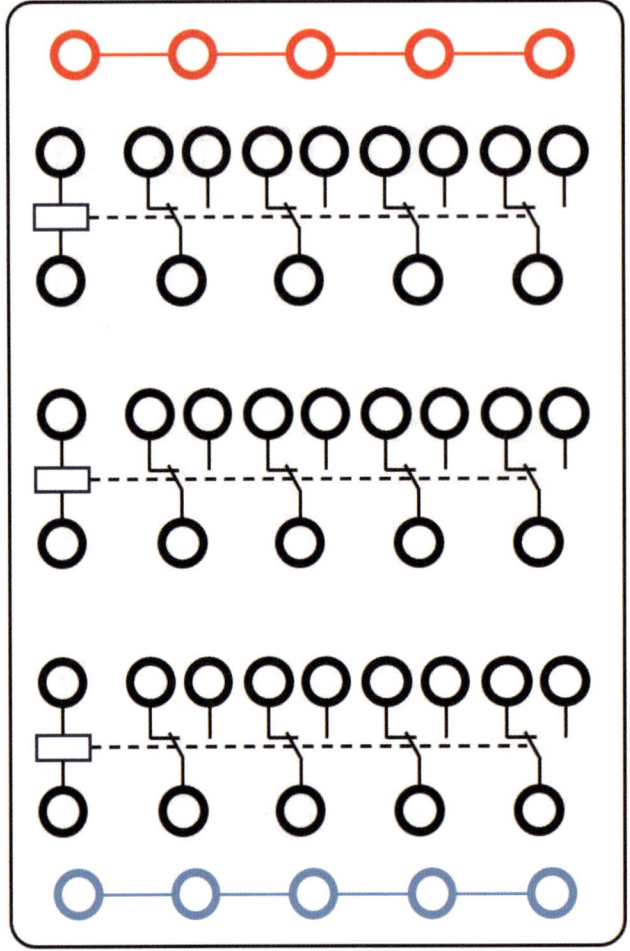

이전에 설명했던 '릴레이'의 개념과 동일한 모듈이다. 하나의 모듈에는 보통 3개의 릴레이가 있으며, 위에서부터 차례로 'K1', 'K2', 'K3'라고 표기한다. 이는 단순히 구분을 위한 번호일 뿐, 별도의 기능 차이나 의미를 갖지는 않는다.

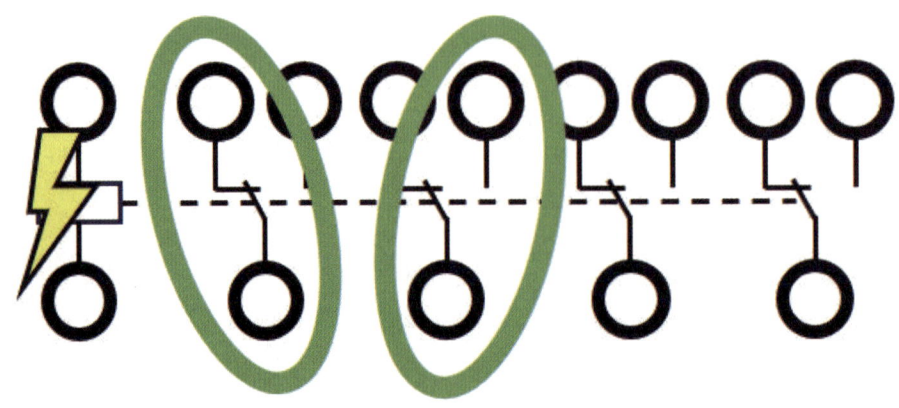

이 릴레이(사각형 박스 기호)가 여자 상태가 되면, 우측에 연결된 접점들이 동시에 작동하게 된다. 구체적으로, B접점으로 결선된 케이블은 회로가 끊어지고, A접점으로 결선된 케이블은 회로가 연결된다. 이렇게 릴레이 하나가 작동하면 해당 릴레이에 연결된 모든 접점이 기계적으로 동시에 전환되는 것이다.

이러한 릴레이 모듈은 여러 회로를 하나의 제어 신호로 동시에 ON/OFF하는 데 유용하며, 복잡한 자동화 장치나 다중 부하 제어 회로에서 필수적으로 사용된다. 자세한 활용 방법과 제어 방식은 뒤에서 예제를 통해 다루겠다.

제4항 램프 모듈

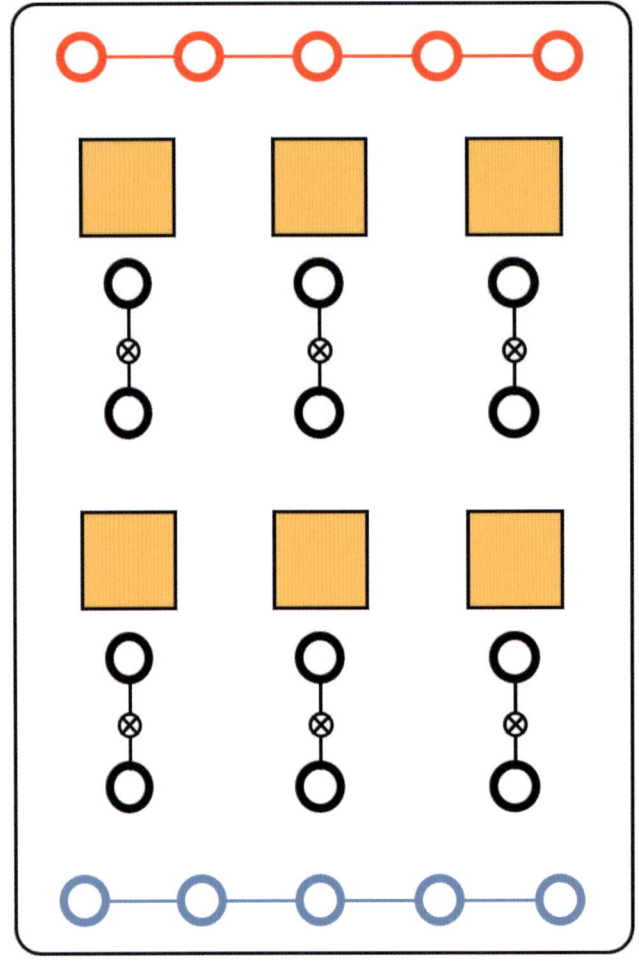

램프 모듈은 전기 신호의 출력을 시각적으로 확인하기 위해 사용되는 장치로, 회로의 동작 상태를 한눈에 파악할 수 있도록 도와준다. 주로 릴레이나 스위치, 센서 등의 출력부에 연결하여 해당 장치가 동작 중인지, 전원이 인가되었는지를 표시하는 역할을 한다.

기본 구조는 내부에 발광 소자(전구나 LED)가 있으며, 이를 보호하기 위한 투명 또는 반투명 렌즈와 하우징으로 구성된다. 색상은 주로 녹색, 적색, 황색 등이 사용되며, 녹색은 정상 동작, 적색은 경고 또는 정지, 황색은 주의나 대기 상태를 나타내는 경우가 많다.

실습 장비에서 사용되는 램프 모듈은 보통 '+' 단자와 '-' 단자가 각각 제공되어, 외부 전원과 쉽게 연결할 수 있다. 릴레이 접점에 램프를 연결하면, 접점이 닫힐 때 램프가 켜지고, 열리면 꺼져 회로 상태를 직관적으로 확인할 수 있다. 이러한 특성 덕분에 회로 구성 및 동작 점검 시 매우 유용하며, 특히 작업형 시험이나 실습 환경에서 필수적인 확인 장치로 활용된다.

제5항 타이머 모듈

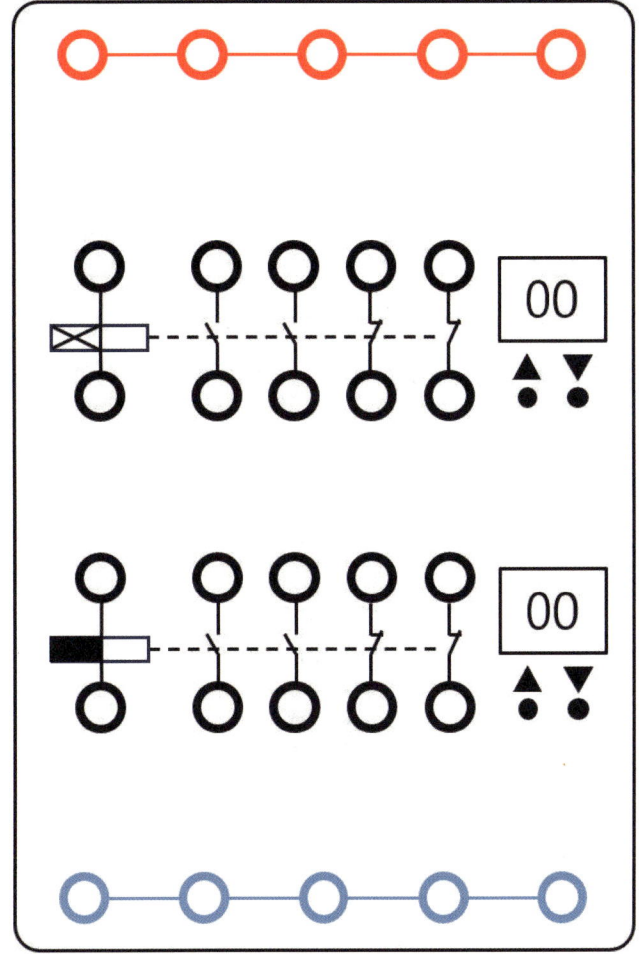

사용자가 시간을 설정한 뒤, 해당 시간이 지난 후에 다음 동작이 이루어지도록 제어할 수 있는 장치를 '타이머'라고 한다. 타이머의 기본 개념에는 크게 온딜레이(ON-Delay)와 오프딜레이(OFF-Delay) 두 가지가 있다.

(1) 온딜레이 타이머

입력 신호가 들어온 후, 설정된 시간이 지난 뒤에 출력이 활성화되는 타이머다. 여기서 중요한 점은, 설정된 시간 동안 입력 신호가 계속 유지되어야 한다는 것이다. 신호가 중간에 끊기면 카운트가 초기화된다.

(2) 오프딜레이 타이머

입력 신호가 들어오면 즉시 출력이 활성화되고, 설정된 시간이 지난 뒤에 출력이 비활성화되는 타이머다.

위에서 설명한 온딜레이와 오프딜레이는 A접점과 램프를 연결해 보면 차이를 쉽게 확인할 수 있다. 이후 램프를 활용한 예제에서 이 동작 차이를 구체적으로 다루게 된다.

제6항 카운터 모듈

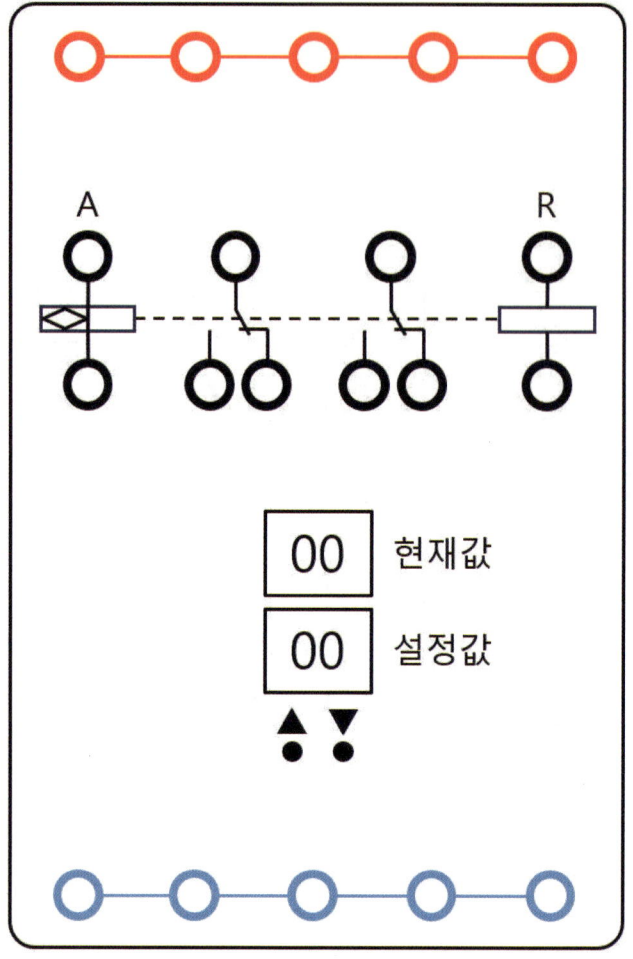

사용자가 횟수를 설정한 뒤, 해당 횟수만큼 신호가 입력되면 출력이 활성화되는 장치를 '카운터'라고 한다. 카운터는 타이머와 달리 동작을 멈추거나 초기 상태로 돌리기 위해 반드시 리셋(RST) 신호가 필요하다.

물론 전체 전원을 꺼버리면 회로가 완전히 초기화되어 카운터 값도 0으로 리셋된다. 하지만 이 경우 설정해 둔 목표 횟수까지 모두 사라져 다시 재설정해야 하는 번거로움이 생긴다. 따라서 실제 회로 구성에서는 '설정 횟수'는 그대로 유지한 채, 현재까지 카운트된 수치만 0으로 초기화하는 별도의 리셋 회로를 구성하는 것이 일반적이다.

이러한 구조는 생산 라인의 제품 개수 집계, 특정 횟수 후 장비 동작 전환, 반복 공정 제어 등에서 널리 활용된다. 리셋 신호를 어떻게 구성하느냐에 따라 카운터의 동작 방식이 달라질 수 있으므로, 실습 시 리셋 기능의 동작 원리를 충분히 이해하고 구성하는 것이 중요하다.

이렇게 전기 모듈에 대해 간단히 살펴보았다. 참고로, 위에서 설명한 각 모듈을 사용하려면 모듈 간 전원을 반드시 연결해 주어야 한다. 전원 모듈은 구조가 단순하며, 사용하려는 모듈의 '+' 단자와 '-' 단자에 전원 모듈에서 나온 케이블을 연결하여 사용한다.

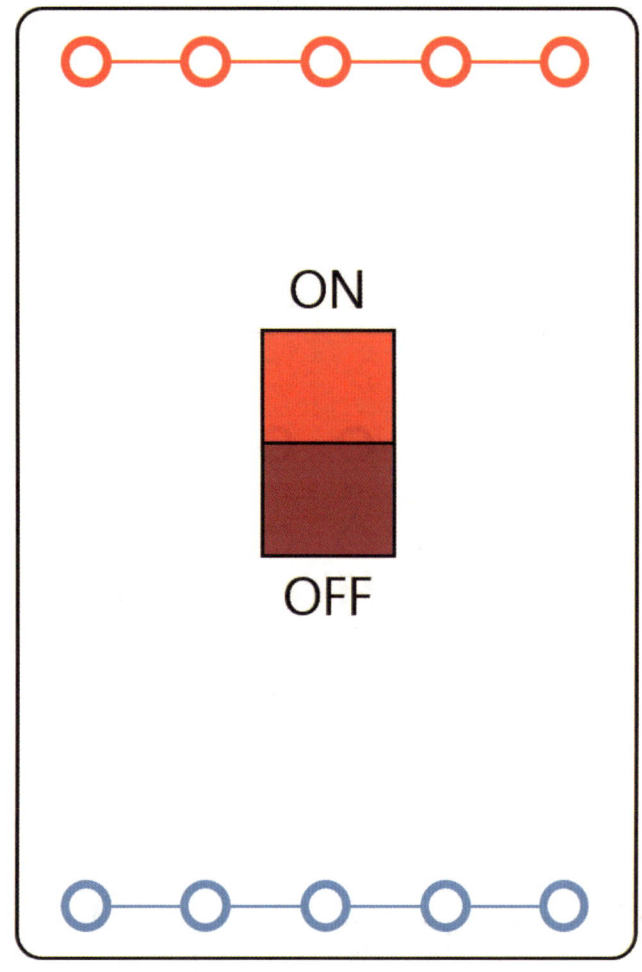

전원 모듈은 전체 회로의 전원 공급 역할을 하며, 모듈 간 전압이 일정하게 유지되도록 한다. 실습 장비에서는 주로 DC 24V를 사용하므로, 전원 극성(+, -)을 반드시 확인한 후 연결해야 한다.

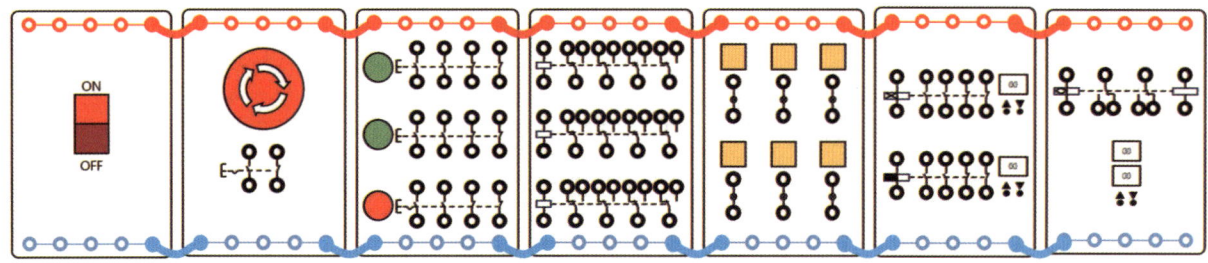

이제 이 모듈과 램프를 활용하여 실제 동작을 확인하는 실습을 진행하겠다. **다음 예제부터는 편의상 전원 모듈에서 연결되는 +, - 케이블은 회로도에 표기하지 않겠다.**

제3절 접점의 활용

이제 앞서 배운 접점과 모듈을 활용해 간단한 예제를 해석해 보자. 전류의 흐름과 전기는 눈으로 직접 식별하기 어렵기 때문에, 램프를 연결해 동작을 확인할 수 있도록 구성하였다.

제1항 램프 활용 A접점

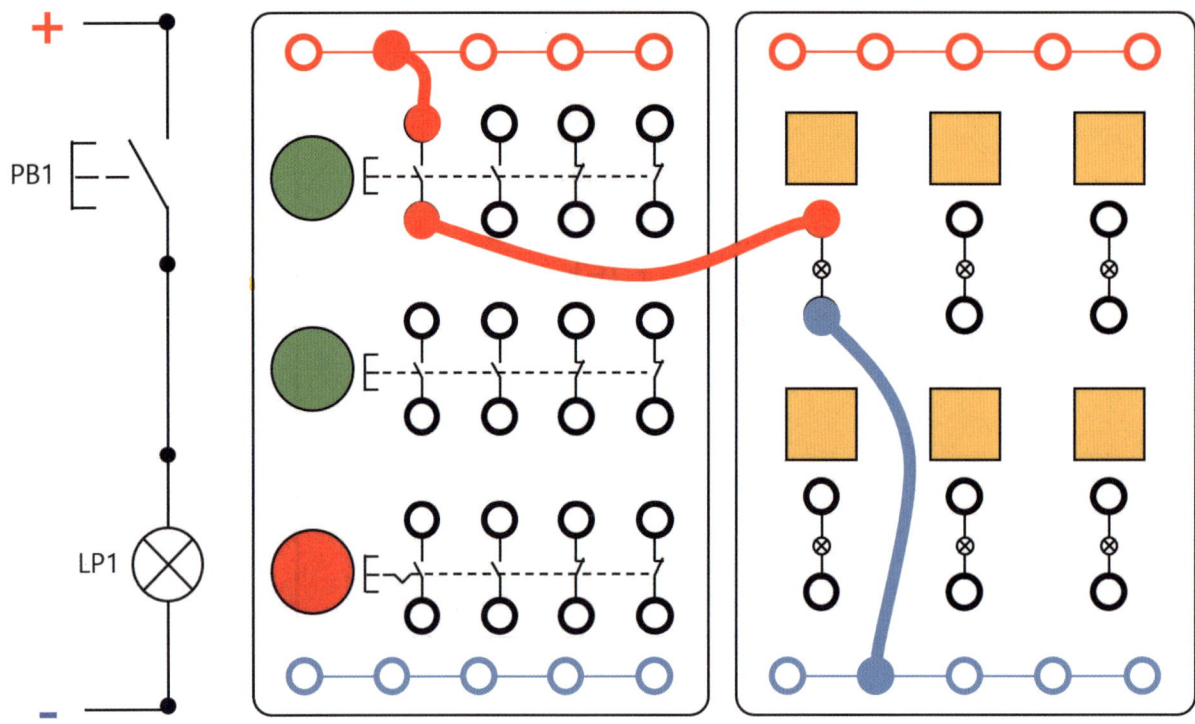

A접점 푸시버튼(PB1)과 램프(LP1)로 구성된 가장 기본적인 예제다. 왼쪽의 전기 회로도를 보면, A접점 특성상 평상시에는 회로가 열려 있기 때문에 전원을 인가해도 램프에는 불이 들어오지 않는다. 이 상태에서 푸시버튼을 눌러 접점을 닫아 주어야만 전류가 흐르고, 그 결과 램프가 켜진다.

오른쪽 배선도를 보면 전기 회로도와 동일한 순서로 케이블이 연결되어 있다. 위쪽 '+' 단자에서 시작해 A접점 스위치와 램프를 거쳐, 마지막으로 '−' 단자와 연결되는 구조다. 배선도가 실제 케이블 연결 상태를 보여 주기 때문에 선이 늘어져 있어 복잡해 보일 수 있지만, 본질적으로는 전기 회로도에서 보는 일자(−) 직선 연결과 동일한 회로다.

이 예제는 A접점의 기본동작을 직관적으로 확인할 수 있는 실습으로, 이후 더 복잡한 제어 회로의 이해를 위한 기초가 된다.

B접점 예제로 넘어가기 전에 한 가지 개념을 더 짚고 넘어가겠다. 바로, 케이블이 연결되는 포트를 기준으로 전력이 들어오고 나가는 방향을 구분하는 '1차측'과 '2차측'의 개념이다. 아래 예제를 다시 보자.

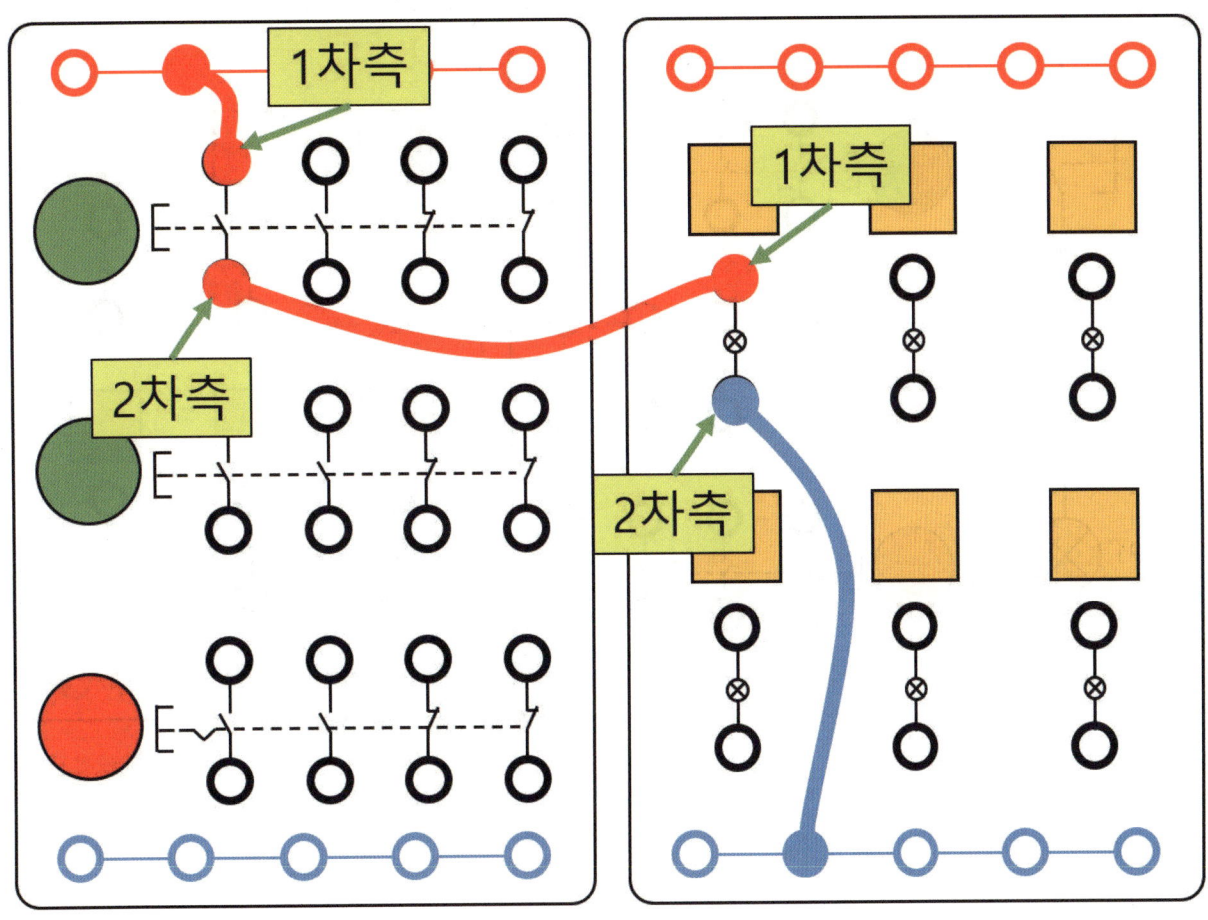

기본적으로 전류는 '+'에서 '-'로, 즉 위에서 아래로 흐른다. 이때 '+' 단자에서 전력이 들어오는 방향을 '1차측'이라 하고, 부하(램프, 모터 등)를 거쳐 전력이 나가는 방향을 '2차측'이라 한다.

앞으로 교재나 강의에서 '1차측'과 '2차측'이라는 표현을 자주 사용할 예정이므로, 이 개념을 확실히 이해해 두어야 한다. 이는 회로 해석과 배선 작업에서 전원 공급 방향을 명확히 구분하는 데 중요한 기준이 된다.

제2항 램프 활용 B접점

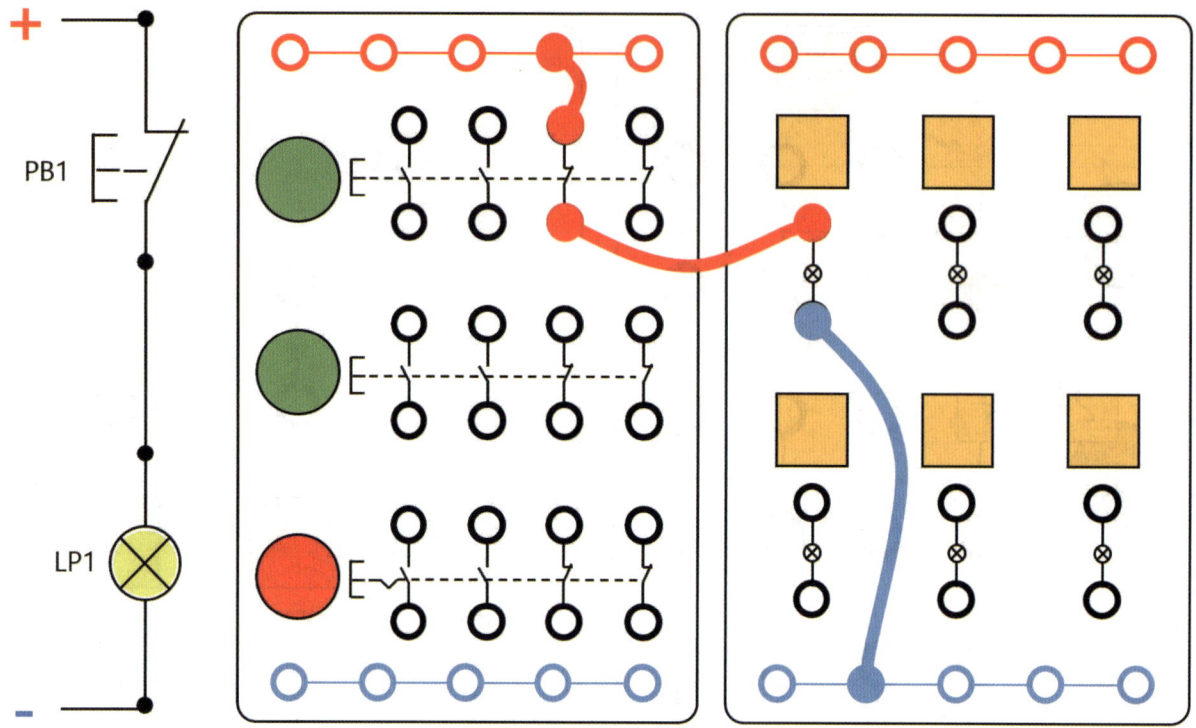

B접점 푸시버튼(PB1)과 램프(LP1)로 구성된 간단한 예제다. 좌측 전기 회로도를 보면, B접점은 평상시 닫혀 있기 때문에 전원을 인가하자마자 램프에 불이 켜진다. 이 상태에서 PB1을 누르면 접점이 열리게 되어 회로가 끊기고, 램프는 꺼지게 된다.

이 예제는 B접점의 기본 특성을 직관적으로 보여 준다. 즉, 평상시에는 부하(램프)에 전류가 흐르고, 버튼을 눌러야 전류를 차단하는 구조다. 이러한 특성은 비상정지 버튼, 안전 인터락 장치 등 '누르면 꺼지는' 방식의 제어에 적합하다.

제3항 램프 활용 논리회로

접점을 활용하여 간단히 램프를 제어할 수 있게 되었다. 그렇다면 이제 하나의 접점이 아닌, 두 개 이상의 접점이 함께 동작하는 전기 회로를 보자.

(1) AND회로

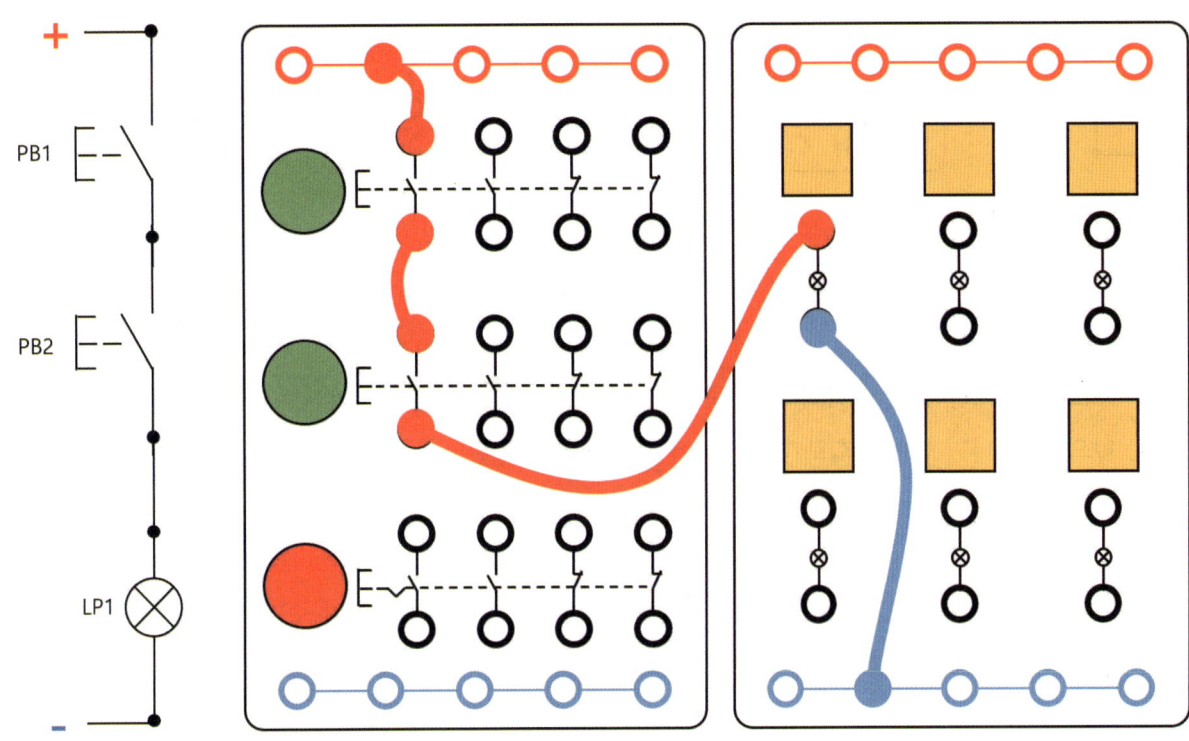

AND 회로는 논리곱 연산을 수행하는 구조로, 모든 입력이 1(참)일 때만 출력이 1이 된다. 나머지 경우에는 출력이 0(거짓)이 된다.

이를 위 회로에 적용하면, PB1과 PB2 두 개의 접점이 모두 눌려 닫힌 상태일 때만 전류가 흐르고 램프에 불이 켜진다. 두 접점 중 하나라도 열려 있으면 회로가 완성되지 않으므로 램프는 켜지지 않는다.

이 구조는 안전 제어나 이중 확인 절차가 필요한 장치에 자주 사용된다. 예를 들어, 두 명의 작업자가 동시에 버튼을 눌러야만 장비가 작동하도록 하여, 단독 조작으로 인한 안전사고를 방지할 수 있다.

(2) OR회로

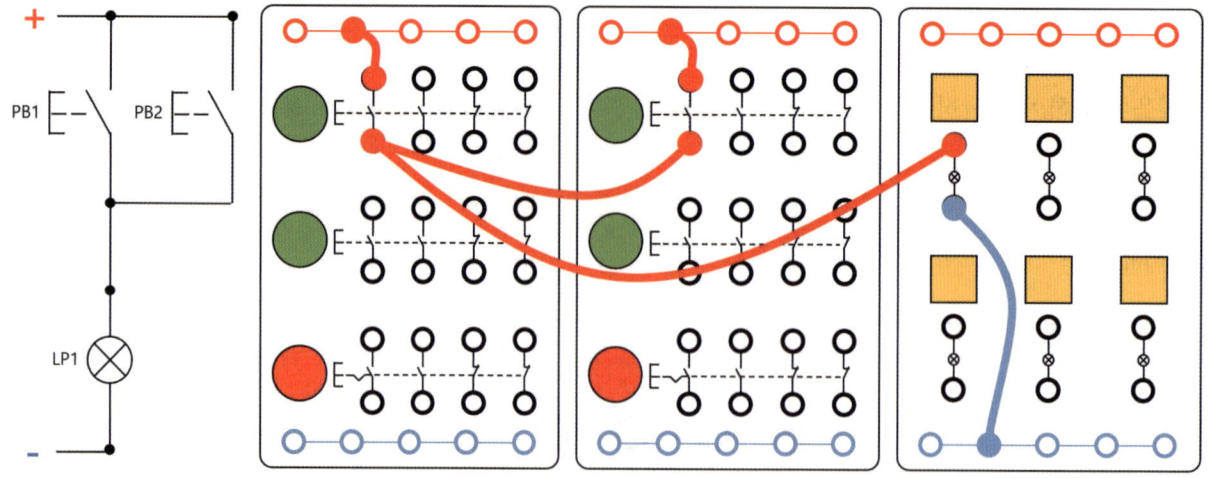

OR 회로는 논리합 연산을 수행하는 구조로, 하나 이상의 입력이 1(참)이면 출력이 1이 된다.

위 전기 회로도로 표현하면, PB1과 PB2 중 어느 하나라도 누르면 램프가 켜진다. 두 스위치를 모두 누를 필요는 없으며, 하나만 닫혀도 회로가 완성되어 전류가 흐르게 된다.

그림에서는 이해를 돕기 위해 스위치 모듈 2개를 사용해 케이블을 결선했지만, 실제 구성에서는 반드시 이렇게 할 필요는 없다. 이는 회로도를 실제 배선 상태와 최대한 비슷하게 보여 주기 위함이며, 실무에서는 공간과 부품 수를 줄이는 다양한 결선 방법이 사용된다.

OR 회로는 두 개 이상의 제어 지점 중 어느 한 곳에서라도 장비를 동작시켜야 하는 경우에 활용된다. 예를 들어, 공장의 서로 다른 위치에 설치된 조작 스위치 중 하나만 눌러도 컨베이어 벨트를 가동하도록 하는 방식이 대표적인 예다.

이러한 논리회로를 진리표로 정리해 본다면 다음과 같다.

입력1(PB1)	입력2(PB2)	AND출력(램프)	OR출력(램프)
0	0	0	0
0	1	0	1
1	0	0	1
1	1	1	1

제4항 인터록 회로

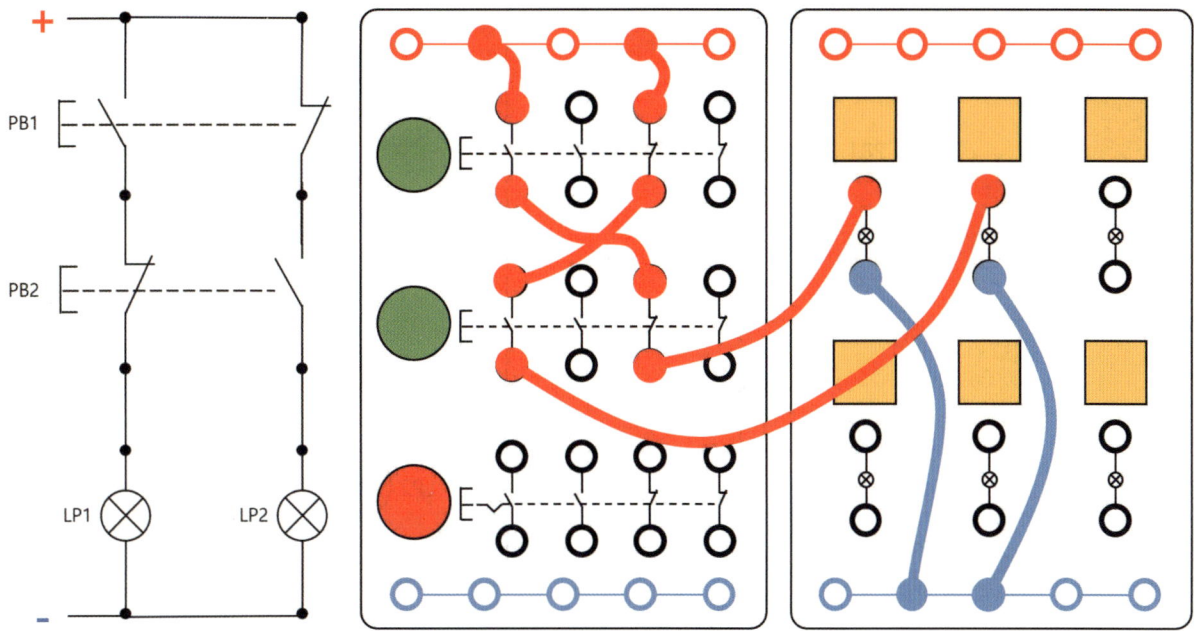

인터록 회로는 두 개 이상의 장치가 동시에 동작하는 것을 방지하는 보호 회로다. 즉, 한 장치가 동작 중일 때 다른 장치가 오작동하거나 위험한 상태로 진입하지 않도록 제어하는 역할을 한다.

위 예시 회로는 인터록 회로를 간단히 표현한 것으로, PB1을 눌러 LP1이 동작 중일 때 LP2는 켜지지 않도록 구성하였다. 반대로 PB2를 눌러 LP2가 켜져 있는 경우에도 LP1은 켜지지 않는다. 이렇게 두 장치가 서로의 상태를 감시하며 동시에 켜지지 않도록 하는 것이 인터록의 핵심 원리다.

※ 활용 예시
① 자동화 장비에서 안전문이 열려 있는 경우, 기계가 작동하지 않도록 하는 회로
② 엘리베이터가 움직이는 동안 문이 열리지 않도록 하는 회로
③ 발전 설비에서 두 개의 전원 공급 경로가 동시에 연결되지 않도록 하는 회로

이처럼 인터록 회로는 산업 현장뿐만 아니라 일상생활 속 다양한 설비에도 폭넓게 사용되며, 안전 확보와 오작동 방지에 중요한 역할을 한다.

제5항 릴레이를 활용한 회로

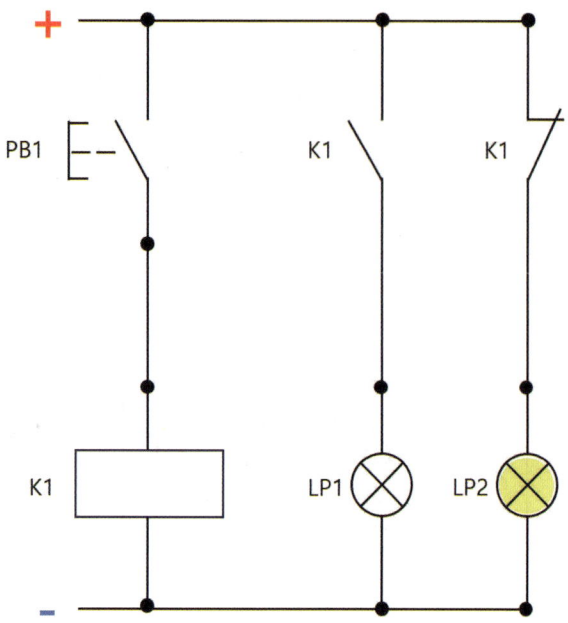

그림과 같이 릴레이를 활용하면 동일한 이름을 가진 여러 접점을 동시에 제어할 수 있다. 단순히 램프 하나를 켜고 끄는 정도라면 Push Button의 A접점과 B접점만으로도 충분하다. 그러나 복잡한 회로를 설계·해석하기 위해서는 릴레이를 사용하여 '제어부'와 '출력부'로 구분해 이해하는 것이 필요하다.

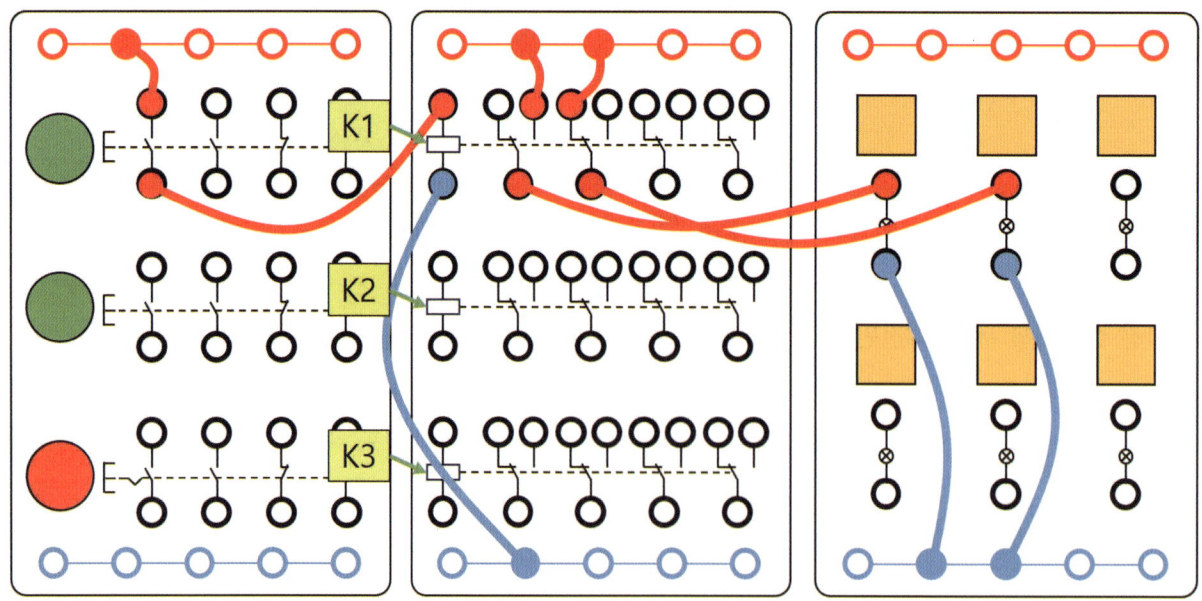

PB1을 눌러 K1 릴레이에 전류를 인가하면, K1에 연결된 4개의 C접점이 동시에 동작한다. 이때 A접점에 연결된 LP1은 회로가 닫히면서 켜지고, B접점에 연결된 LP2는 회로가 열리면서 꺼진다. 이렇게 릴레이 하나로 여러 출력 장치를 동시에 제어할 수 있다.

※ 릴레이 제어의 장점
① 다중 출력 제어 – 하나의 제어 신호로 여러 부하를 동시에 작동 가능
② 고전압으로부터 제어 회로 보호 – 저전압 제어부와 고전압 출력부를 전기적으로 절연
③ 비교적 저렴하며 높은 신뢰성 – 구조가 단순하고 고장이 적음
④ 비상시 안전한 차단 가능 – 전원 차단 시 자동으로 출력이 해제

※ 릴레이 제어의 단점
① 기계적 접점 사용으로 수명 한정 – 반복 동작 시 접점 마모
② 동작 속도가 반도체 소자보다 느림 – 고속 스위칭에는 부적합
③ 접점 수 증가 시 접촉 저항 증가 – 회로 효율 저하 가능성

따라서 고속 동작이 필요한 회로나 반도체 기반 제어가 유리한 경우도 있지만, 단순한 공정 제어나 고전압·대전류 부하를 다루는 회로에서는 릴레이 제어가 여전히 효과적이고 안정적인 선택이다.

제6항 자기 유지 회로

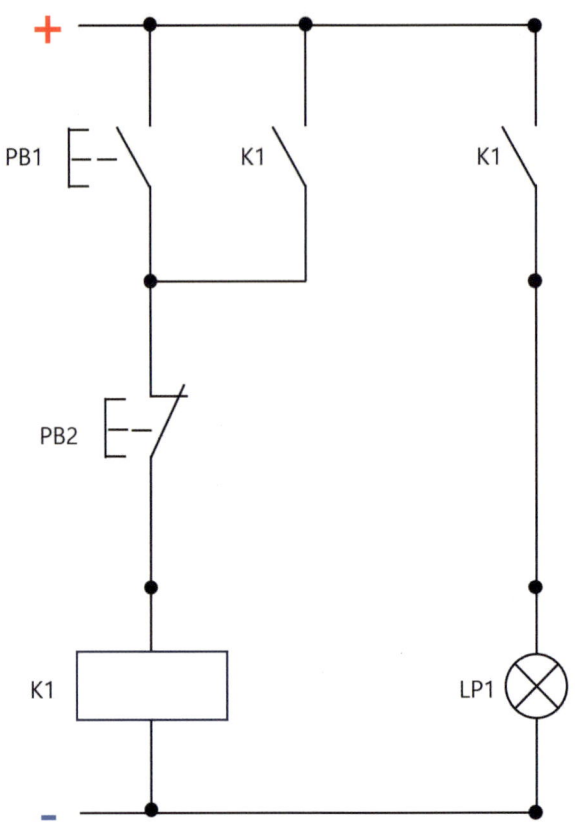

시퀀스 회로도의 핵심이라 할 수 있는 '자기 유지 회로'는 말 그대로 회로 자체가 출력 신호를 유지할 수 있도록 구성된 회로다. 기존의 Push Button은 누르고 있는 동안만 ON 상태가 유지되고, 손을 떼면 곧바로 OFF로 돌아가기 때문에 장시간 동작이 필요한 경우 불편함이 있었다.

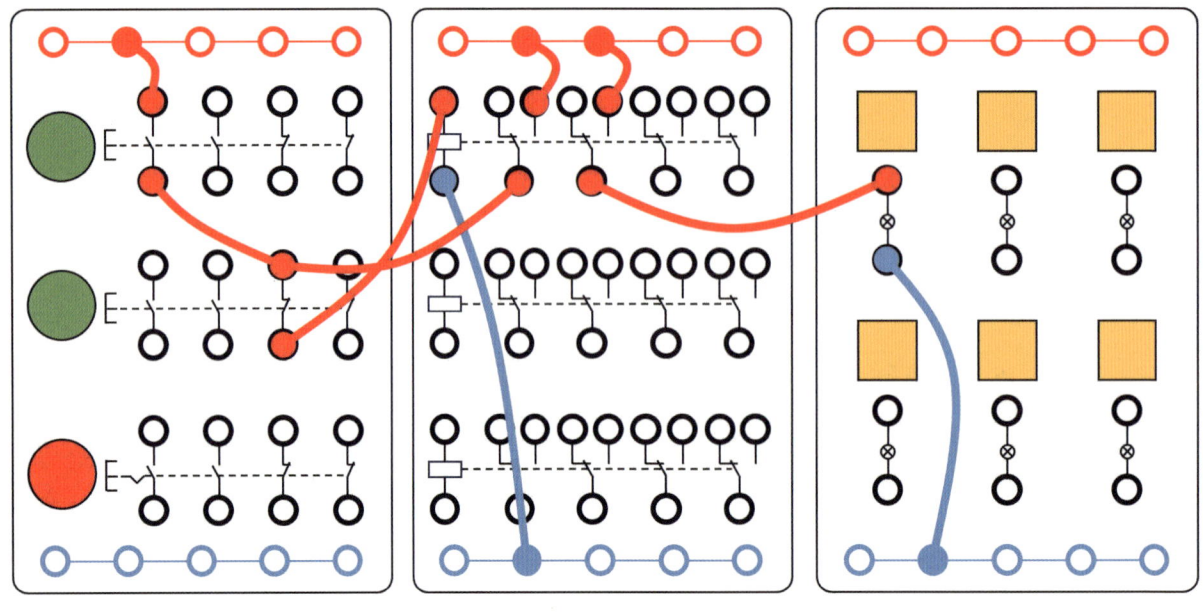

이를 개선한 것이 자기 유지 회로다. 회로를 위와 같이 구성하면, PB를 한 번 눌러 K1 릴레이가 여자 상태가 되면 손을 떼더라도 해당 상태가 계속 유지된다. 이는 릴레이의 A접점을 병렬로 연결하여, 릴레이가 동작한 후에도 자신의 접점을 통해 계속 전류를 공급받도록 만든 구조다.

ON 상태의 LP1을 끄기 위해서는 PB2를 눌러 자기 유지 경로를 끊어 주어야 하며, 이때 회로는 초기 상태로 복귀한다. 이러한 자기 유지 방식은 반복적인 ON/OFF 조작이 필요한 회로, 특히 모터 구동이나 장비 가동 스위치 등에서 널리 사용된다.

시험에 나오는 대부분의 시퀀스 회로도는 이 자기 유지 구조를 기본으로 하고 있으므로, 해당 회로 형태를 반드시 눈에 익히고 원리를 완벽하게 이해해 두는 것이 중요하다.

cf. 자기 유지 회로를 쓰는 이유?

앞서 스위치 모듈에서 '토글 스위치(고정형 스위치)'를 배웠다. 이 스위치를 사용하면 자기 유지 회로와 유사한 출력 동작을, 심지어 더 간단하게 구현할 수 있다. 그럼에도 불구하고 실제 산업 현장에서는 토글 스위치 대신 자기 유지 회로를 활용한 시퀀스 회로가 더 많이 쓰인다. 그 핵심 이유는 '안전' 때문이다.

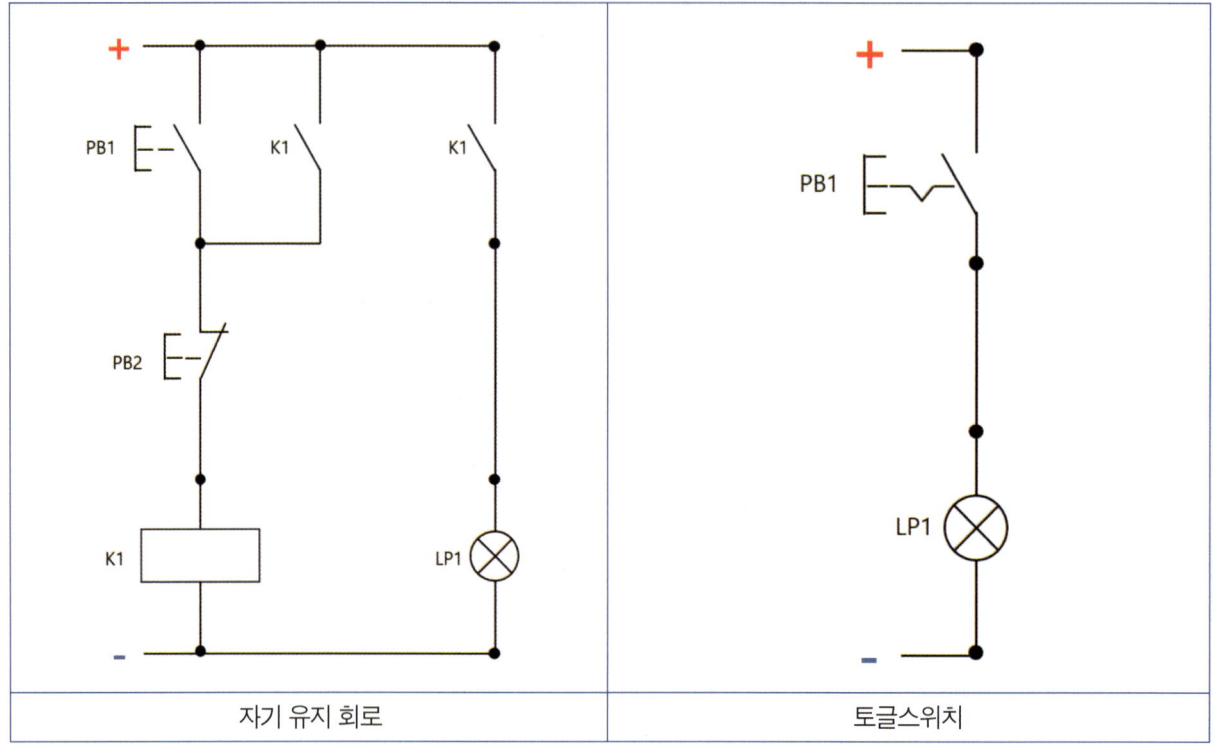

※ 정전 후 설비가 재가동될 때 : 토글형 스위치 vs 자기 유지 회로

〈토글 스위치(고정형 스위치)로 구현한 경우〉
① 정전이 발생하더라도 스위치가 ON 위치에 고정된 상태로 남아 있음
② 전력이 복구되면 설비가 즉시 재가동됨
③ 만약 정전 직전 작업자가 장비 내부에서 수리나 점검 중이었다면, 전력 복구 순간 장비가 동작하여 심각한 사고로 이어질 수 있음

〈자기 유지 회로로 구현한 경우〉
① 정전이 발생하면 자기 유지 릴레이가 OFF 되면서 회로가 초기화됨
② 전력이 복구되더라도 설비는 자동 재가동되지 않음
③ 작업자가 안전을 확인하고, 필요시 다시 수동으로 ON해야만 장비가 동작함

즉, 자기 유지 회로는 정전 후 설비의 비의도적 재가동을 방지하여 작업자의 안전을 보장한다. 이러한 이유로 산업 현장의 대부분의 시퀀스 회로 설계에서 자기 유지 방식이 표준으로 채택된다.

제7항 타이머 회로 – ON Delay

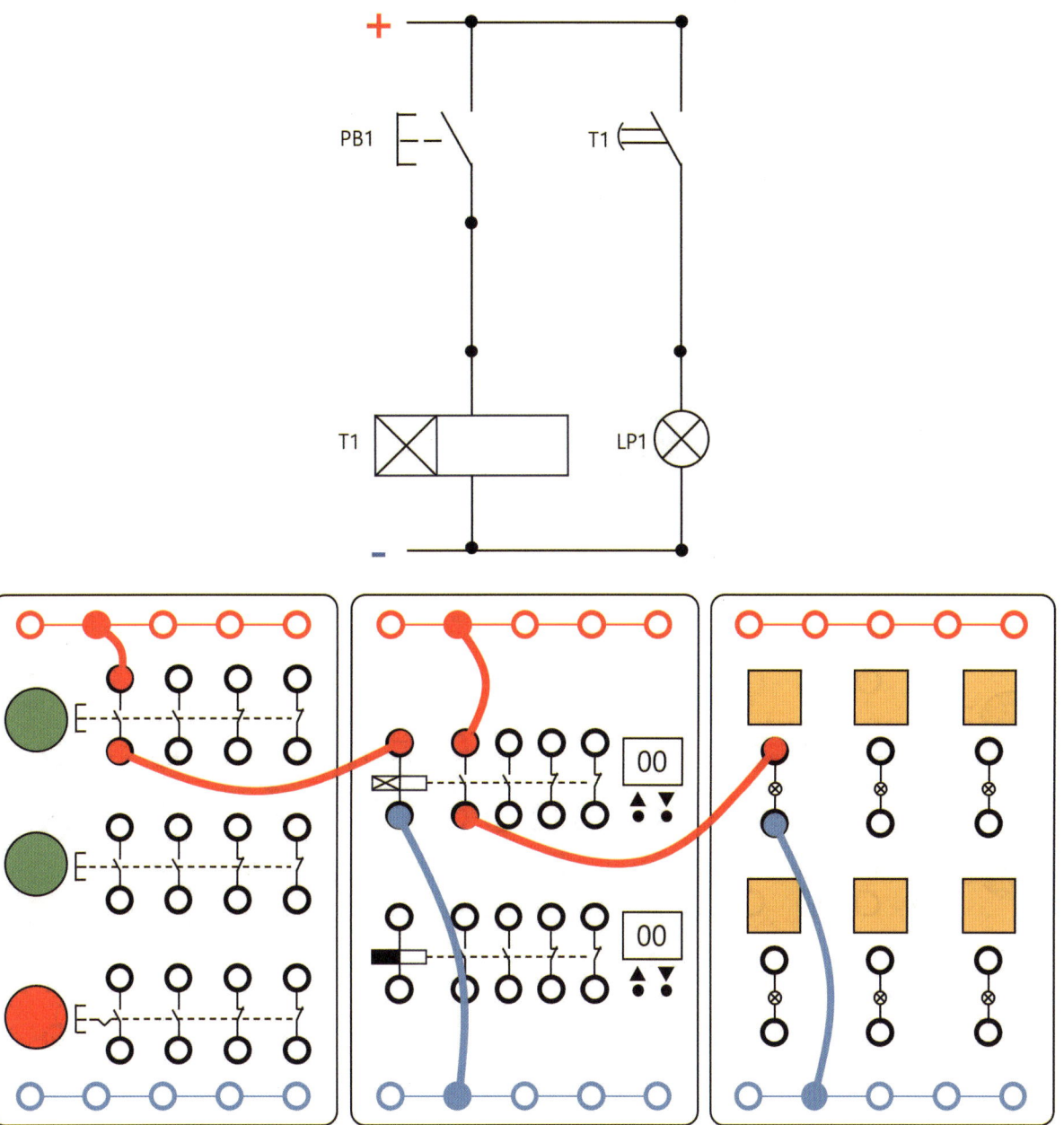

앞서 타이머에 대해 간단히 설명한 것처럼, 사용자가 시간(초 단위)을 설정한 후 해당 시간 동안 전류가 타이머 릴레이에 인가되면 접점이 동작하는 회로다. 공유압 실습 장비에 사용되는 타이머 모듈은 '적산 타이머'가 아니기 때문에, 전류 인가가 중간에 끊기면 타이머 카운트가 초기화된다. 따라서 설정된 시간이 모두 경과할 때까지 전류를 계속 공급해야만 타이머가 정상적으로 작동한다.

이러한 특성 때문에 회로 구성 시, 타이머에 인가되는 전원이 일정하게 유지될 수 있도록 접점 구성과 배선 경로를 신중하게 설계해야 한다. 특히 제어부에서 순간적으로만 전류가 흐르는 A접점이나 스위치로 직접 타이머를 구동하면 의도치 않게 시간이 초기화될 수 있으므로, 자기 유지 회로나 다른 릴레이를 활용해 전류를 안정적으로 유지하는 방법을 함께 고려하는 것이 중요하다.

제8항 타이머 회로 – OFF Delay

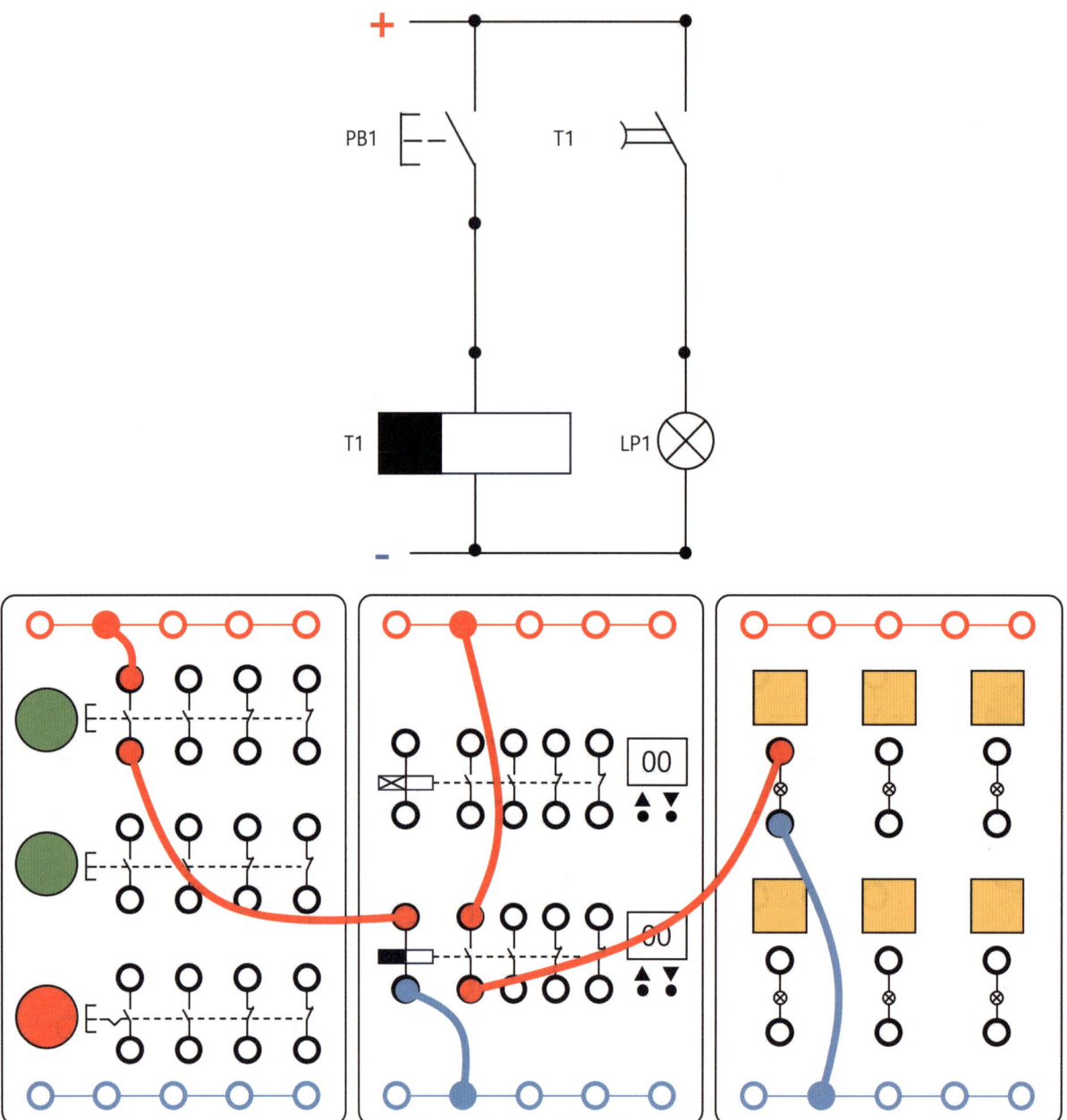

On-Delay와는 반대로, OFF-Delay 회로에서는 PB1을 누르는 순간 LP1이 즉시 켜진다. 이후 설정된 시간이 지나면 램프가 꺼지게 된다. 이때 OFF-Delay 타이머에 인가하는 전류는 On-Delay처럼 계속 공급할 필요가 없다. 입력 신호를 한 번만 인가해 주면, 그 시점부터 타이머가 동작을 시작하고 설정 시간이 경과하면 자동으로 출력이 해제된다.

이 특성 덕분에 OFF-Delay 회로는 일정 시간 동안만 장비를 동작시키거나, 작동 종료 후에도 잠시 유지가 필요한 부하를 제어하는 데 적합하다. 예를 들어, 컨베이어가 멈춘 뒤에도 몇 초간 경고등을 켜두거나, 송풍기를 일정 시간 더 가동하는 경우에 활용할 수 있다.

제9항 카운터 회로

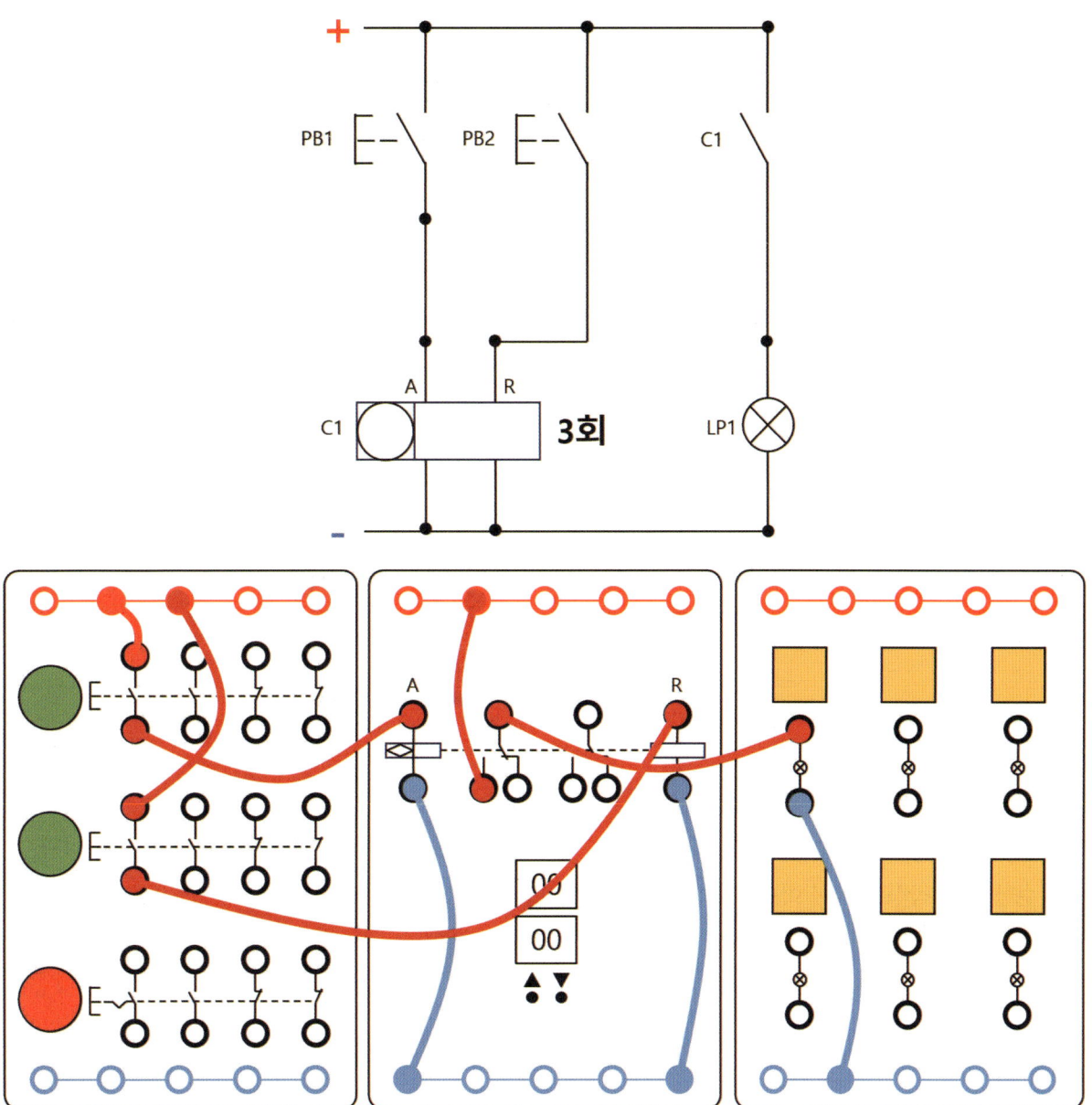

마지막으로 카운터를 활용한 예제다. 다른 모듈과는 달리, 카운터에는 신호 입력을 위한 IN(A) 포트와 카운트를 초기화하기 위한 R(리셋) 포트가 별도로 존재한다.

물론 모듈 전원이 완전히 차단되면 카운트 값이 초기화되지만, 리셋을 위해 전체 공정을 셧다운하는 것은 비효율적이므로, 실무에서는 전용 리셋 릴레이를 구성해 사용한다.

이렇게 접점과 램프를 활용해 다양한 회로를 간단히 실습해 보았다. 실제 시험에 출제되는 회로는 훨씬 길고 복잡하지만, 지금까지 살펴본 예제 회로들을 해석하고 결선할 수 있다면 복잡한 회로도 충분히 이해하고 구현할 수 있을 것이다.

cf. '제어부'와 '출력부'

앞서 '릴레이'에 대해 학습할 때, 우리는 '제어부'와 '출력부'라는 용어를 접했다. 아래 그림을 보며 그 의미를 한번 알아보자.

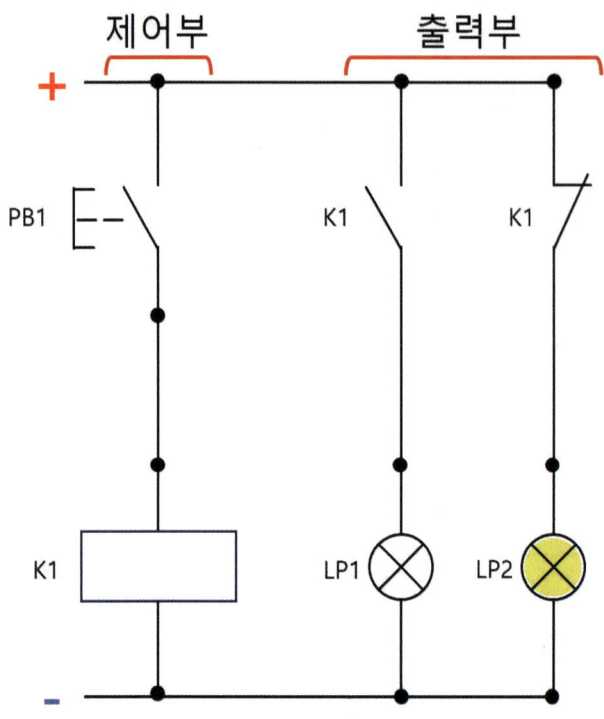

릴레이가 포함된 전기 회로도에서는 필연적으로 이 두 부분이 구별된다. 일반적으로 회로도 작도 시 왼쪽에는 '제어부(Control Section)'를, 오른쪽에는 '출력부(Output Section)'를 배치하는 경우가 많다. 이는 단순한 도면 작성 습관이 아니라, 다음과 같은 명확한 이유가 있다.

① 역할의 구분 명확화
제어부는 스위치, 센서, 버튼, 타이머 등 신호를 생성하고 제어하는 장치로 구성된다. 출력부는 모터, 램프, 솔레노이드 밸브 등 실제로 동작을 수행하는 부하 장치로 구성된다. 이렇게 구분함으로써 회로를 분석하거나 고장 진단할 때 각 부품이 어떤 역할을 하는지 직관적으로 파악할 수 있다.

② 회로 해석의 효율성
제어부 회로만 보면 입력 조건과 릴레이 동작 여부를 확인할 수 있다. 출력부 회로만 보면 릴레이 접점에 의해 어떤 부하가 동작하는지 쉽게 이해할 수 있다. 즉, 한쪽만 집중적으로 봐도 해당 부분의 동작 원리를 이해할 수 있어, 학습이나 설계 검토, 유지보수가 훨씬 수월해진다.

③ 표준화 및 안전성 향상
산업 현장에서는 회로도 표준을 지켜야만 다른 작업자도 쉽게 이해하고 작업할 수 있다. 제어부와 출력부를 구분해 작도하면, 배선 공사나 개조 시 불필요한 혼선과 사고를 줄일 수 있다.

필기는 이렇게 나올 수 있다!

문제1 입력이 모두 1인 경우에만 출력되는 논리 회로는?

① OR회로　　② AND회로　　③ NOT회로　　④ NOR회로

해설)
- AND회로 : 입력이 모두 1인 경우에만 출력이 1이 나온다.
- OR회로 : 입력이 하나라도 1이 나오면 출력이 1이 나온다.

문제2 다음 중 인터록(Interlock) 회로의 주된 목적을 가장 올바르게 설명한 것은?

① 스위치를 한 번만 눌러도 전원이 계속 공급되도록 유지한다.
② 회로의 부하 전류를 일정하게 유지하도록 제어한다.
③ 전동기나 장치가 동시에 작동하지 않도록 하여 안전사고를 방지한다.
④ 전동기의 회전 속도를 자동으로 조절한다.

해설)
인터록 회로는 서로 간섭될 수 있는 두 개 이상의 동작이 동시에 이루어지지 않도록 하여 안전성과 동작의 신뢰성을 확보하는 것이 목적이다.

문제3 다음 불대수식을 간단히 하면?

① $A+B$
② A
③ $A \cdot B$
④ B

해설)
$A \cdot (A+B) = A \cdot A + A \cdot B = A + A \cdot B = A(1+B) = A$
아래 불대수 기본 원리를 이해하도록 한다.

A+0=A	A·0=0
A+1=1	A·1=A
A+A=A	A·A=A
A+=1	A·=0

제3장

공압

공압(Pneumatics)의 개념은 고대 그리스 시대까지 거슬러 올라간다. 기원전 3세기경, 그리스의 발명가이자 수학자 크테시비우스(Ktesibios)는 공기의 압축과 팽창을 이용한 기계 장치를 연구했다. 이후 고대 로마 시대에는 대장간에서 금속을 달구기 위해 공기를 불어넣는 송풍 장치가 사용되었고, 중세 시대에는 오르간과 같은 악기에 공압 기술이 적용되었다.

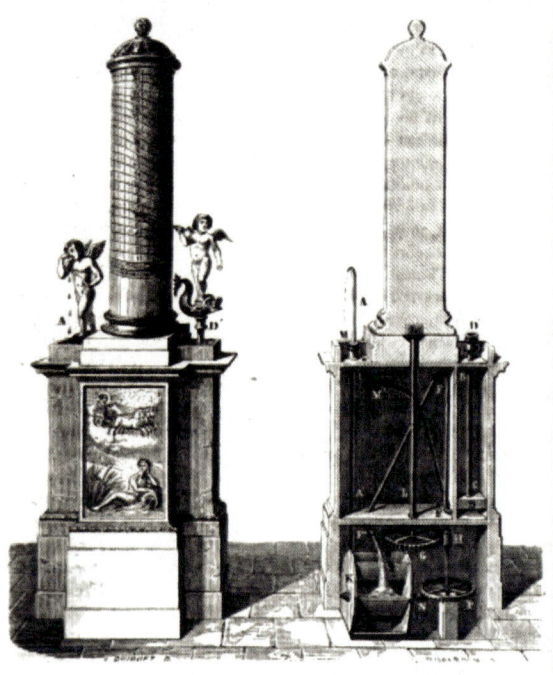

산업적으로 공압이 본격적으로 활용되기 시작한 것은 19세기 산업혁명 이후였다. 철도와 기계 제조 분야에서 공압식 도구와 자동화 장치가 개발되면서 현대적인 공압 기술이 빠르게 발전했다.

왜 공압인가?

공압 시스템은 압축 공기를 이용해 기계를 구동하는 방식이며, 다음과 같은 장점이 있다.

① 안전성 : 전기나 유압에 비해 화재 위험과 폭발 가능성이 낮아 안전한 작업 환경에 적합하다.
② 경제성 : 공기는 무한한 자원이며, 공압 부품은 비교적 저렴하고 유지보수가 용이하다.
③ 속도와 반응성 : 빠른 작동과 즉각적인 반응이 가능해 자동화 공정에 적합하다.
④ 청정성 : 오일 누출 위험이 없어 식품, 제약 등 청정 환경에서 활용 가능하다.

유압과의 차이

공압과 유압(Hydraulics)은 모두 유체 압력을 이용하지만, 매체와 특성이 다르다.

① 사용 매체 : 공압은 압축 공기, 유압은 오일이나 액체를 사용한다.
② 압력과 힘 : 유압은 수백 bar의 높은 압력으로 큰 힘을 낼 수 있지만, 공압은 5~15bar 정도의 낮은 압력에서 작동해 힘이 약하다.
③ 속도와 정밀성 : 공압은 속도가 빠르지만 정밀 제어가 어렵고, 유압은 속도는 느리지만 정밀한 제어가 가능하다(비압축성).
④ 유지보수·환경 : 공압은 오일 누출 위험이 없어 깨끗한 환경에서 유리하지만, 압축 공기 생산 과정에서 에너지 소모가 크다. 유압은 강한 힘을 제공하나 오일 관리가 필요하고 누유 시 환경 오염이 발생할 수 있다.

공압 기초 이론

공압 시스템의 이해를 위해서는 기체의 거동을 설명하는 '보일의 법칙'과 '샤를의 법칙'이 핵심이 된다. 두 법칙을 통해 압력·부피·온도의 변화를 예측할 수 있으며, 이는 공압 설비 설계와 운용 시 매우 중요한 기초 지식이다.

① 보일의 법칙(Boyle's Law) : 온도가 일정할 때, 기체의 압력(P)이 증가하면 부피(V)는 감소하고, 압력이 감소하면 부피는 증가한다. 즉, 압력과 부피는 반비례 관계를 가진다.

$$P_1 V_1 = P_2 V_2$$
(P:압력, V:부피, 1과 2는 상태변화 전후)

쉽게 설명하면?
- 공기가 든 풍선을 손으로 누르면, 부피가 줄어들고 압력이 올라간다.
- 주사기 끝을 막은 채 피스톤을 누르면 공기가 압축되어 부피가 줄어든다.
- 반대로 주사기 끝을 막고 피스톤을 당기면 부피가 늘어나고 압력이 내려간다.

공압에서의 활용
- 공압 실린더 내의 공기를 압축하여 힘을 발생시키는 과정
- 압축 공기 저장 탱크의 용량과 압력 계산

② 샤를의 법칙(Charles's Law) : 압력이 일정할 때, 기체의 온도(T)가 상승하면 부피(V)가 증가하고, 온도가 하락하면 부피가 감소한다. 온도와 부피는 비례 관계를 가진다.

$$\frac{V_1}{T_1} = \frac{V_2}{T_2}$$

(V:부피, T:절대온도, 1과2는 상태변화 전후)

쉽게 설명하면?
- 풍선을 따뜻한 곳에 두면 팽창하고, 추운 곳에 두면 줄어든다.
- 뜨거운 공기를 채운 열기구가 뜨는 원리
- 겨울철 타이어 공기압이 낮아지는 현상

공압에서의 활용
- 온도 변화가 심한 환경에서의 압축 공기 부피 변화 예측
- 장비 내부 공기 팽창·수축으로 인한 작동 특성 변화 보정

이 두 법칙을 조합하면, 온도와 압력이 동시에 변할 때의 부피 변화를 예측하는 '기체 상태 방정식(PV = nRT)'으로 확장할 수 있다. 공압 시스템 설계자는 이를 활용해 압력 손실 계산, 탱크 용량 산정, 환경 변화에 따른 성능 보정 등을 수행한다.

제1절 공압의 5대 요소

공압을 활용하기 위해서는 우리 주변의 공기를 모으고, 정화하고, 압력을 조절하여 사용해야 한다. 이러한 일련의 과정을 5대 요소로 정리하였다. 아래 내용을 순서대로 파악해 보자.

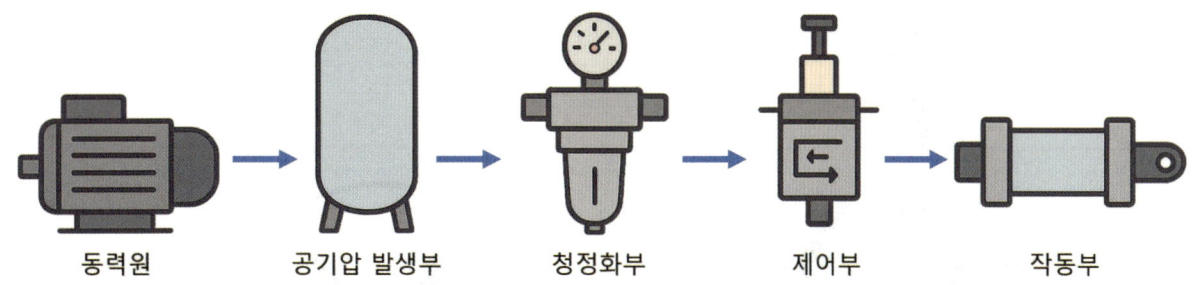

① 동력원 : 대기의 공기를 압축하여 필요한 압력으로 만든 뒤, 탱크에 저장해 맥동을 줄이고 순간 유량을 보조한다(전동기, 공기압축기).
② 공기압발생부 : 압축 과정에서 생기는 수분·먼지·미스트(오일 안개)를 제거해 밸브와 실린더의 수명을 보호한다(컴프레셔, 탱크, 후부냉각기).
③ 청정화부 : 최종 사용점 앞에서 '정화-압력조정-윤활'을 일괄 수행한다(필터(F), 레귤레이터(R), 루브리케이터(L)).
④ 제어부 : 공기의 방향·유량·압력을 제어하여 동작 순서를 만든다(압력/유량/방향 제어 밸브).
⑤ 작동부 : 제어된 압축 공기를 힘·변위로 바꾸어 실제 일을 한다(실린더, 모터).

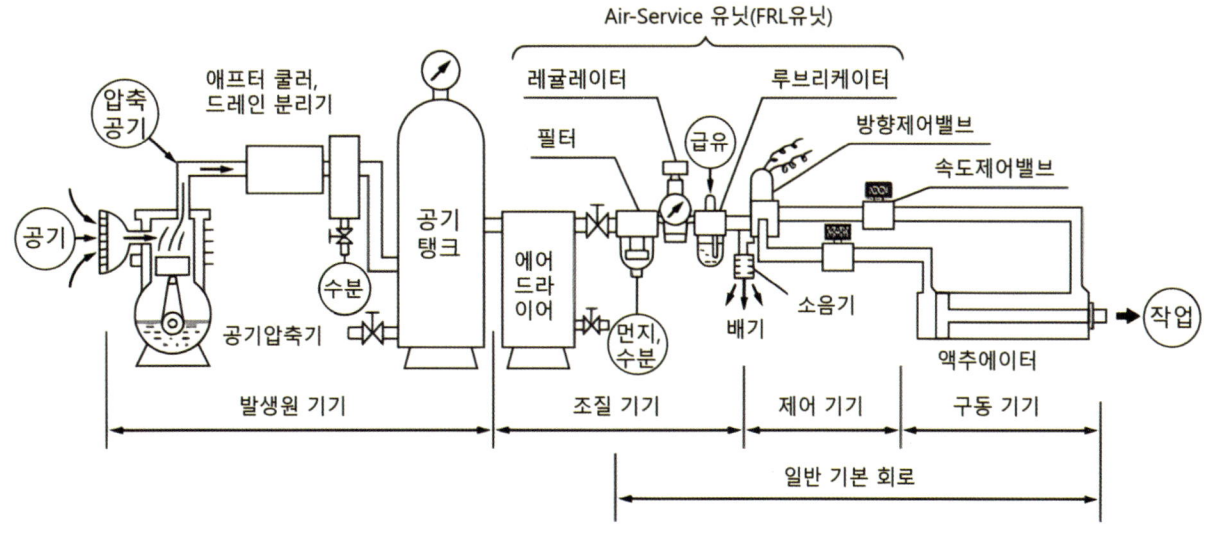

제1항 동력원

공압 시스템에서 동력원은 압축 공기를 생성하는 데 필요한 에너지를 공급하는 장치로, 전체 시스템의 출발점이 된다. 공압을 작동시키려면 반드시 공기를 압축할 힘이 필요하고, 이 힘을 제공하는 것이 바로 동력원이다.

사진	기호
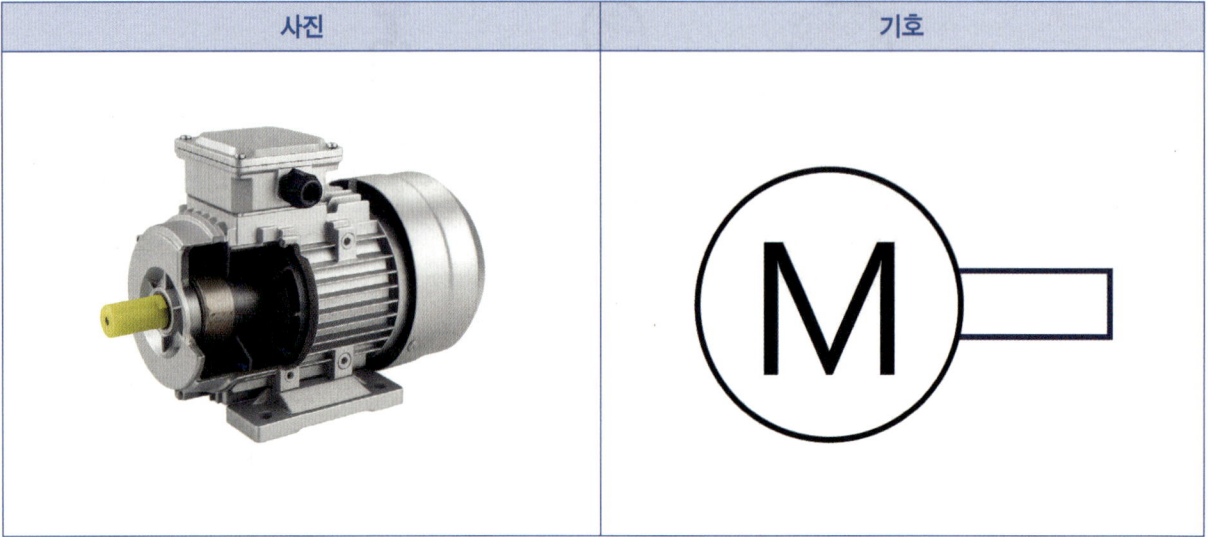	

동력원의 종류

(1) 전동기(전기모터)

가장 일반적으로 사용되는 동력원이다. 주로 전기 에너지를 이용해 컴프레서를 구동하여 압축 공기를 생성한다. 성능을 결정하는 주요 요소는 정격 전압(AC/DC), 출력(W), 회전 속도(RPM) 등이 있다. 산업 현장에서는 3상 유도전동기가 많이 사용되며, 소형·휴대용 장비에는 단상 모터가 주로 쓰인다.

(2) 내연기관(엔진)

전기가 공급되지 않는 현장에서 사용된다. 가솔린, 디젤, 가스 엔진 등을 이용해 컴프레서를 구동한다. 전원 인프라가 없는 건설 현장, 대형 장비, 이동식 공압 시스템 등에 적합하다. 출력이 크고 독립적인 운용이 가능하지만, 연료 관리와 배기가스 처리에 신경 써야 한다.

제2항 공기압 발생부

공압 시스템이 정상적으로 작동하려면 반드시 압축 공기가 필요한데, 우리가 호흡하는 대기 중의 공기는 압축되지 않은 상태이므로 그대로는 공압 장치에 사용할 수 없다. 이 공기를 압축해 적정 압력으로 가공하고 저장하는 역할을 하는 부분이 바로 공기압 발생부다.

공기압 발생부는 주변의 공기를 흡입하여 높은 압력으로 압축한 뒤 탱크에 저장하는 역할을 한다. 이 과정에서 핵심 장치는 컴프레서와 공기 탱크이며, 압축 과정에서 발생하는 열을 제거하기 위한 냉각 장치와 수분·불순물을 제거하는 건조 장치도 함께 사용된다.

공기압 발생부의 종류

(1) 컴프레서(Compressor)

컴프레서는 공기압 발생부의 핵심 장치로, 외부 공기를 흡입한 뒤 기계적인 힘을 이용해 고압으로 압축하는 역할을 한다. 압축된 공기는 높은 압력과 에너지를 가지며, 이후 다양한 공압 장치에서 동력원으로 사용된다.

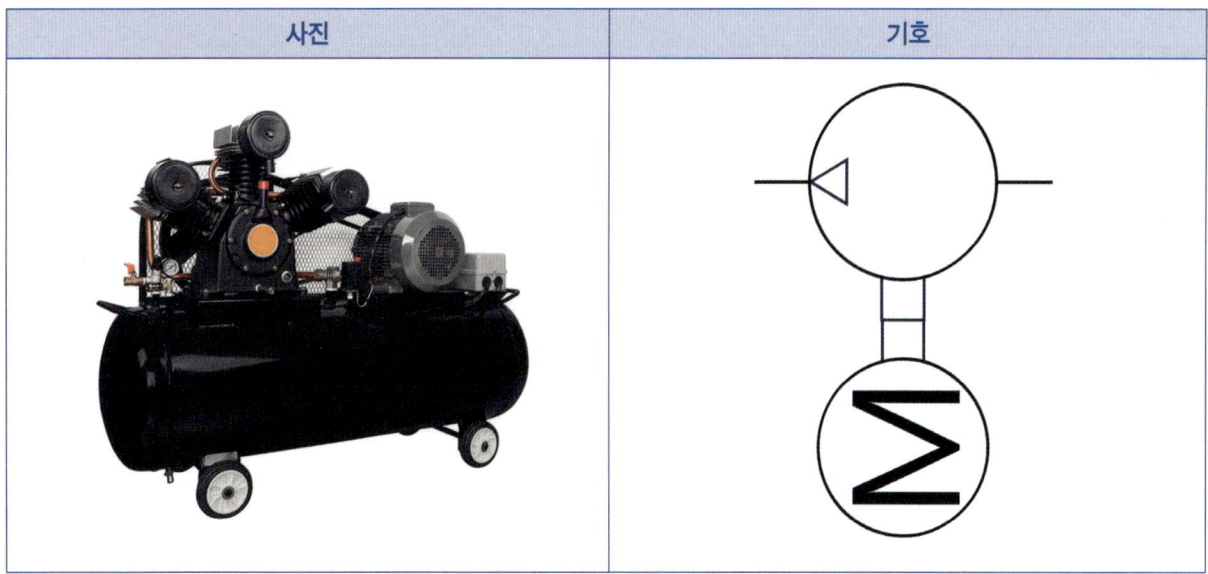

사진	기호

컴프레셔 주요 특징	
작동 원리	모터나 엔진으로 구동되는 압축 메커니즘(피스톤, 로터, 임펠러 등)을 통해 대기 공기를 흡입·압축한다.
종류	- 왕복동식 컴프레서: 피스톤 왕복운동으로 압축, 소형·간헐 운전에 적합. - 스크류식 컴프레서: 두 개의 로터 맞물림으로 연속 압축, 산업 현장 표준. - 원심식 컴프레서: 회전 임펠러로 압축, 대용량·고유량 공급에 적합.
필수 부속품	흡입 필터, 냉각 장치, 드레인 밸브, 안전 밸브.
관리 포인트	흡입 필터를 주기적으로 청소·교체하여 효율 유지. 윤활유 사용 여부(오일식/오일리스)와 오일 관리 상태 확인. 과열 방지를 위한 냉각 장치 점검. 드레인 배출로 응축수 제거, 부식 방지.

(2) 공기 탱크(Air Tank)

컴프레서에서 생성된 압축 공기는 곧바로 사용하지 않고 먼저 공기 탱크에 저장된다. 이렇게 하면 순간적으로 많은 공기가 필요할 때에도 안정적인 공급이 가능하며, 공압 시스템이 갑작스럽게 공기 부족 상태에 빠지는 것을 방지할 수 있다.

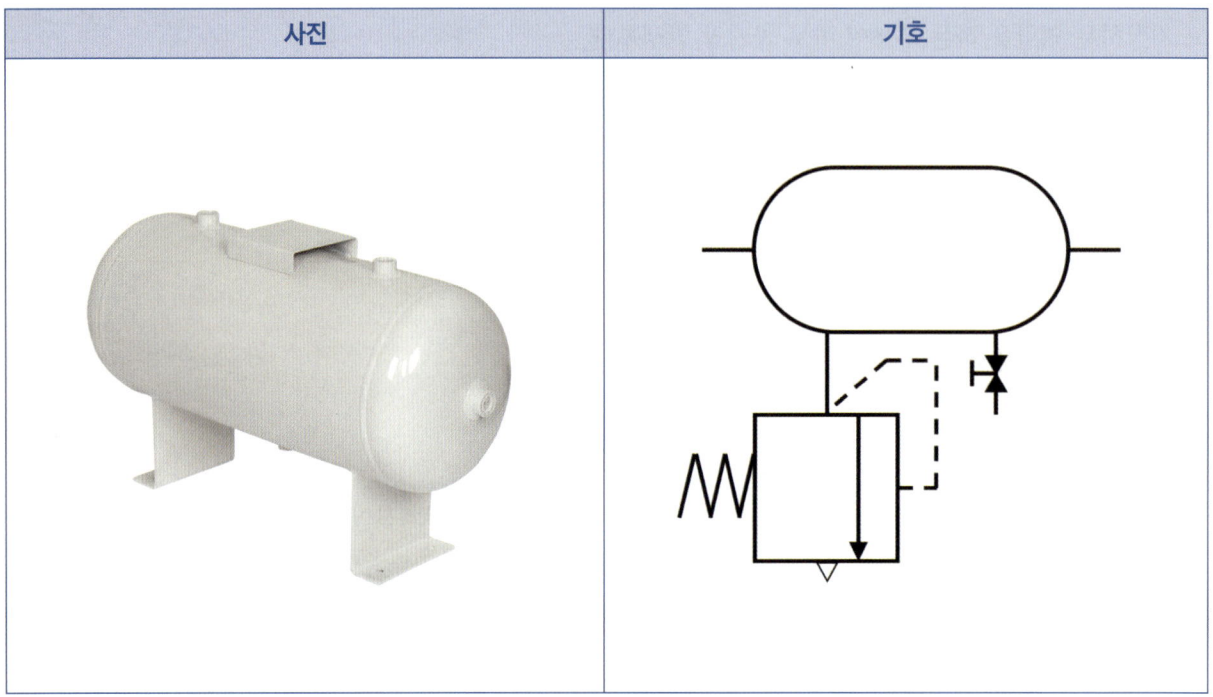

공기 탱크 주요 특징	
역할	- 공기 저장 및 공급 안정화: 부하 변동이 큰 상황에서도 일정한 압력과 유량을 유지한다. - 압력 변동 완충: 컴프레서의 작동/정지 주기를 줄여 장비 수명을 연장한다. - 응축수 분리: 저장 과정에서 온도가 낮아지며 수분이 응축되기 때문에, 드레인 밸브를 통해 수분을 배출하여 장치 부식을 방지한다.
안전장치	- 안전 밸브: 탱크 내부 압력이 설정 값을 초과하면 자동으로 공기를 방출하여 과압을 방지한다. - 압력계: 내부 압력을 실시간으로 모니터링하여 운전 상태를 확인한다.
관리 포인트	주기적인 드레인 배출로 응축수 제거. 안전밸브와 압력계의 작동 상태 점검. 탱크 내부 부식 여부 확인 및 정기 검사.

(3) 후부냉각기(After cooler)

컴프레서에서 막 생성된 압축 공기는 높은 온도를 가지고 있으며, 이 공기 속에는 수분과 미세한 불순물이 포함될 수 있다. 이러한 상태의 공기를 그대로 사용하면, 공압 장치 내부에 부식이 발생하거나 작동 불량이 생길 위험이 있다.

사진	기호
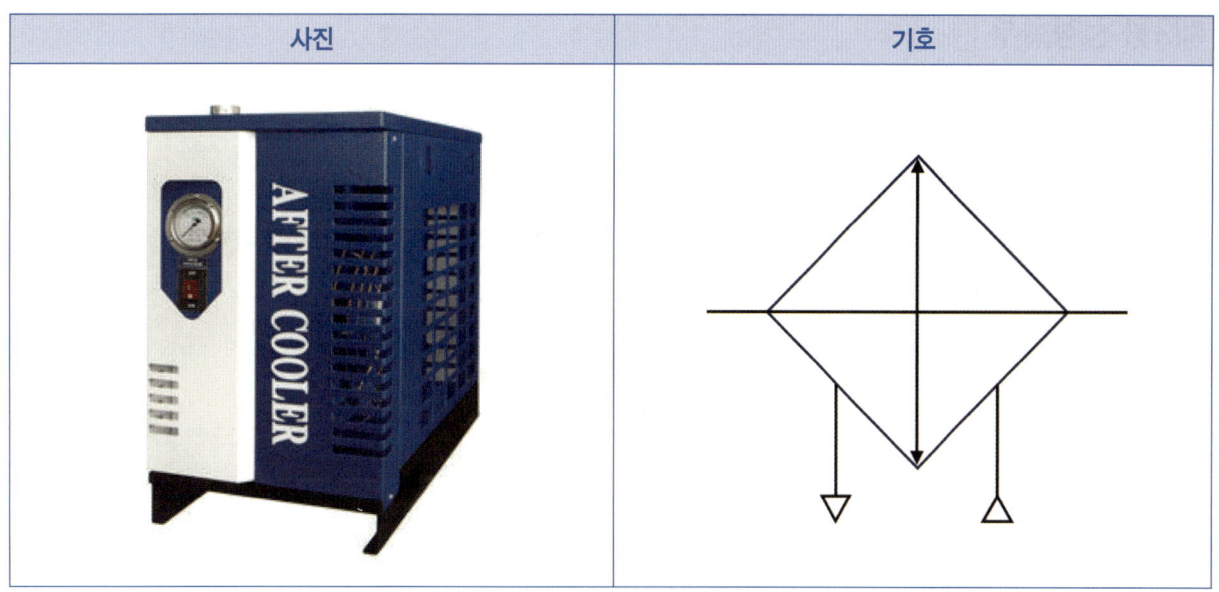	

후부냉각기 주요 특징	
역할	- 온도 저감: 압축 과정에서 발생한 고온의 공기를 냉각시켜 장비에 무리를 줄이고, 후속 장치(드라이어, 필터)의 성능을 높인다. - 수분 응축 촉진: 공기를 식히면 포함된 수분이 응축되어 분리하기 쉬워진다. - 불순물 제거 보조: 냉각 과정에서 발생한 응축수와 함께 일부 미세 불순물이 제거된다.
냉각 방식	- 공랭식(Air Cooled): 팬을 이용해 외부 공기로 냉각. 구조가 단순하고 설치가 용이하다. - 수랭식(Water Cooled): 냉각수로 열을 흡수하여 냉각. 대용량·고압 설비나 연속 운전에 적합하다.
관리 포인트	냉각핀(공랭식)이나 열교환기(수랭식)에 먼지·스케일이 쌓이지 않도록 정기 청소. 드레인 장치로 응축수 주기적 배출. 냉각 효율 저하 시, 공압 시스템 전체의 성능이 떨어질 수 있으므로 주기 점검 필수.

이처럼 공기압 발생부는 공압 시스템의 출발점이며, 이 부분이 정상적으로 작동하지 않으면 전체 공압 시스템이 원활하게 운영될 수 없다.

예시1)

안정적인 공기압 공급이 이루어지지 않으면, 공압 실린더가 충분한 힘을 발휘하지 못하거나 밸브가 정상적으로 전환되지 않는 등 오작동이 발생할 수 있다. 이로 인해 생산 공정이 지연되거나, 장비 손상이 유발될 위험이 있다.

예시2)

압축 공기 속에 포함된 수분과 이물질이 적절히 제거되지 않으면, 밸브·실린더 내부의 금속 부품이 부식되거나 씰(Seal)·패킹류가 손상될 가능성이 커진다. 이는 장치의 수명을 단축시키고, 예기치 않은 고장과 유지보수 비용 증가로 이어질 수 있다.

따라서 공기압 발생부의 압축·냉각·건조·저장 기능을 안정적으로 유지하는 것은 공압 시스템 전체의 신뢰성과 효율성을 확보하는 핵심 요소다.

제3항 청정화부

공압 시스템이 원활하게 작동하려면 반드시 깨끗한 압축 공기가 필요하다. 그러나 대기에는 미세먼지, 수분, 기름 찌꺼기 등 다양한 불순물이 포함되어 있고, 압축 과정에서 이러한 이물질이 농축될 수 있다. 이 상태로 공압 장치에 공급하면 부품이 막히거나 내부가 부식되고, 심할 경우 장비가 오작동하는 위험이 있다.

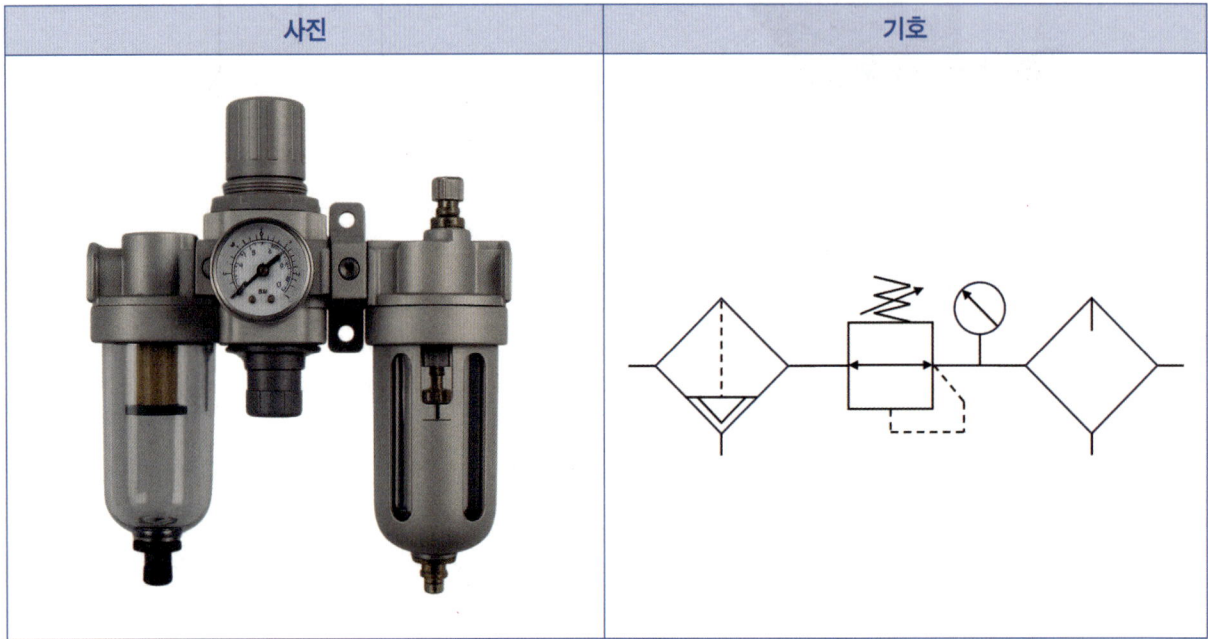

이러한 문제를 해결하기 위해 공기 청정화부에서는 압축 공기를 정제하여 시스템에 공급하는 역할을 한다. 공기 속의 수분, 먼지, 기름 미스트 등을 제거하고, 공압 장치가 요구하는 적정 압력과 윤활 상태를 유지하는 것이 핵심 목적이다.

공기 청정화부의 핵심 장치는 '필터(Filter), 레귤레이터(Regulator), 루브리케이터(Lubricator)'로 구성된 FRL 유닛(에어 서비스 유닛)이다.

(1) 에어필터(Air Filter)

에어필터는 압축 공기 속에 포함된 먼지, 녹, 기름 찌꺼기 등의 고형 이물질을 걸러 내는 장치다. 대기 중에는 눈에 보이지 않는 미세 입자들이 다량 포함되어 있으며, 이를 제거하지 않고 공압 장치에 공급하면 밸브나 실린더 내부에서 마찰이 발생해 부품이 마모되거나 손상될 수 있다.

에어필터 주요 특징		
기호	기능	압축 공기 속의 입자형 오염물 제거. 밸브, 실린더 등 정밀 부품의 수명 연장. 시스템 내 부식 및 작동 불량 예방.
(기호 그림)	관리 포인트	필터 엘리먼트(필터망)는 사용 환경과 오염 정도에 따라 주기적으로 교체해야 한다. 필터 내부에 이물질이 과도하게 쌓이면 공기 흐름이 제한되어 압력 강하가 발생할 수 있으므로, 차압계를 통해 막힘 상태를 점검하는 것이 좋다. 응축수 배출 장치가 있는 경우, 수분이 차기 전에 배출해 부식 및 결빙을 방지한다.

이처럼 에어필터는 공압 시스템에서 첫 번째 방어막 역할을 하며, 깨끗한 압축 공기를 공급해 전체 시스템의 신뢰성을 높인다.

(2) 레귤레이터(Regulator)

레귤레이터는 공압 시스템에서 압축 공기의 압력을 일정하게 조절하는 장치다. 압축 공기의 압력이 과도하면 실린더나 밸브에 과부하가 걸려 손상될 수 있고, 반대로 압력이 너무 낮으면 원하는 힘이나 속도로 동작하지 못한다.

레귤레이터 주요 특징		
기호	기능	공압 장치가 필요로 하는 적정 압력으로 조정. 작업 환경 변화나 부하 변동에도 안정적인 압력 유지. 장비 성능의 일관성 확보 및 수명 연장.
(기호 그림)	관리 포인트	레귤레이터의 압력 설정 값은 사용 장치의 사양에 맞춰 조정해야 한다. 압력계와 함께 사용해 설정 값과 실제 압력을 수시로 확인하는 것이 좋다. 레귤레이터 전단에는 반드시 필터를 설치해, 이물질이 내부 조절 메커니즘에 유입되는 것을 방지한다.

정확한 압력 조절은 공압 시스템의 안정성·신뢰성·효율성을 유지하는 핵심 요소이므로, 레귤레이터는 거의 모든 공압 라인에 필수적으로 포함된다.

(3) 루브리케이터(Lubricator)

루브리케이터는 압축 공기에 소량의 윤활유를 섞어 장비 내부로 공급하는 장치다. 공압 장치는 금속 부품들이 맞물려 움직이는 경우가 많아, 마찰로 인한 마모가 발생할 수 있다. 루브리케이터가 미세한 오일 입자를 지속적으로 공급하면 마찰이 줄어들어 부품 손상을 방지하고, 장비의 수명을 연장할 수 있다.

루브리케이터 주요 특징		
기호	기능	실린더, 밸브, 기어 등 공압 부품의 마찰·마모 방지. 부품 표면에 보호막을 형성하여 부식 예방. 장비 작동을 부드럽게 하여 소음과 진동 감소.
◇	관리 포인트	루브리케이터의 오일 농도와 공급량은 장비 제조사의 권장값에 맞춰 조정해야 한다. 식품, 제약, 반도체 등 청정도가 요구되는 산업에서는 무급유(Oil-Free) 방식 또는 윤활제를 사용하지 않는 부품을 채택한다. 장기간 사용 시 오일 공급 상태를 주기적으로 점검하고, 오일 잔량 부족이나 이물질 혼입을 방지해야 한다.

루브리케이터는 공압 시스템의 효율과 내구성을 높이는 데 중요한 역할을 하지만, 사용 환경과 장비 특성에 맞게 적용 여부를 신중히 판단하는 것이 필요하다.

이처럼 공기 청정화부는 단순히 압축 공기를 정화하는 것을 넘어 장비 보호, 효율성 향상, 유지보수 비용 절감이라는 중요한 역할을 한다.

압축 공기 속의 불순물과 수분은 장비 내부의 마모와 부식을 촉진시키며, 이는 예기치 않은 고장과 생산 중단으로 이어질 수 있다. 공기 청정화부를 통해 필터링, 압력 조절, 윤활이 적절히 이루어지면 공압 부품의 수명이 연장되고, 시스템의 작동 안정성이 크게 향상된다. 특히 고정밀 장비나 연속 생산 라인에서는 압축 공기의 품질이 제품 품질과 직결되기 때문에, 청정화부는 단순한 보조 장치가 아닌 필수 요소라 할 수 있다.

또한, 청정한 공기를 공급하면 실린더, 밸브, 액추에이터 등의 응답 속도와 반복 정밀도가 높아져 에너지 효율까지 개선된다. 이는 불필요한 재작업이나 부품 교체를 줄여 장기적으로 운영비 절감에도 기여한다. 결국 공기 청정화부는 공압 시스템의 '심장과 같은 필수 필터' 역할을 하며, 장비의 안정적 운영과 작업자의 안전을 동시에 보장하는 핵심 구성요소이다.

제4항 제어부

공압 시스템이 제대로 작동하려면 압축 공기가 올바른 경로로 흐르고, 적절한 타이밍에 원하는 압력과 유량으로 공급되어야 한다. 이를 담당하는 것이 바로 제어부이다. 제어부는 마치 사람의 두뇌와 신경계처럼, 공압 시스템 전체의 동작 순서와 흐름을 조율하여 각 장치가 목적에 맞게 작동하도록 한다.

제어부의 핵심은 다양한 종류의 '밸브(Valve)'이다. 밸브는 공기의 방향, 압력, 유량을 조절하며, 크게 다음과 같이 구분할 수 있다.

(1) 방향 제어 밸브

방향 제어 밸브는 압축 공기의 흐름 경로를 선택하거나 차단하여, 공기가 이동할 방향과 목적지를 결정하는 역할을 한다. 밸브의 위치에 따라 압축 공기가 실린더의 한쪽으로 공급되어 전진 또는 후진을 유도하거나, 공기의 흐름을 완전히 차단할 수 있다. 밸브가 열리면 압축 공기가 지정된 포트를 통해 실린더, 모터, 또는 다른 구동 장치로 이동해 기계를 작동시키고, 닫히면 공기의 흐름이 멈춰 동작이 중단된다.

기호	명칭	설명
	2/2-way (2포트, 2위치)	초기 위치 닫힌 상태
		초기 위치 열린 상태
	3/2-way (3포트, 2위치)	초기 위치 닫힌 상태
		초기 위치 열린 상태
	4/2-way (4포트, 2위치)	두 개의 작업 포트, 주로 복동 실린더와 사용
		두 개의 작업 포트, 주로 복동 실린더와 사용

기호	명칭	설명
(그림)	5/2-way (5포트, 2위치)	두 개의 작업 포트, 두 개의 배기 포트
(그림)	4/3-way (4포트, 3위치)	All Block형
(그림)		PT 접속형
(그림)		ABT 접속형

논리턴 밸브		
기호	명칭	설명
(그림)	체크밸브	한 방향으로만 흐를 수 있도록 제어
(그림)	파일럿 작동 체크밸브	'X'포트에 유입 시, 역방향으로 흐를 수 있도록 제어
(그림)	AND 밸브	저압 우선형 이압 밸브
(그림)	OR 밸브	고압 우선형 셔틀 밸브

방향 제어 밸브는 주로 포트 수와 위치 수로 분류된다. 예를 들어, 3포트 2위치(3/2-way) 밸브는 공기 공급, 출력, 배기 포트를 가지며 두 가지 동작 위치를 갖는다. 반면 5포트 2위치(5/2-way) 밸브는 복동 실린더 제어에 널리 쓰이며, 두 방향으로 번갈아 압축 공기를 공급할 수 있다. 또한 5포트 3위치(5/3-way) 밸브는 중립 상태를 포함해 세 가지 위치에서 다양한 제어가 가능하다.

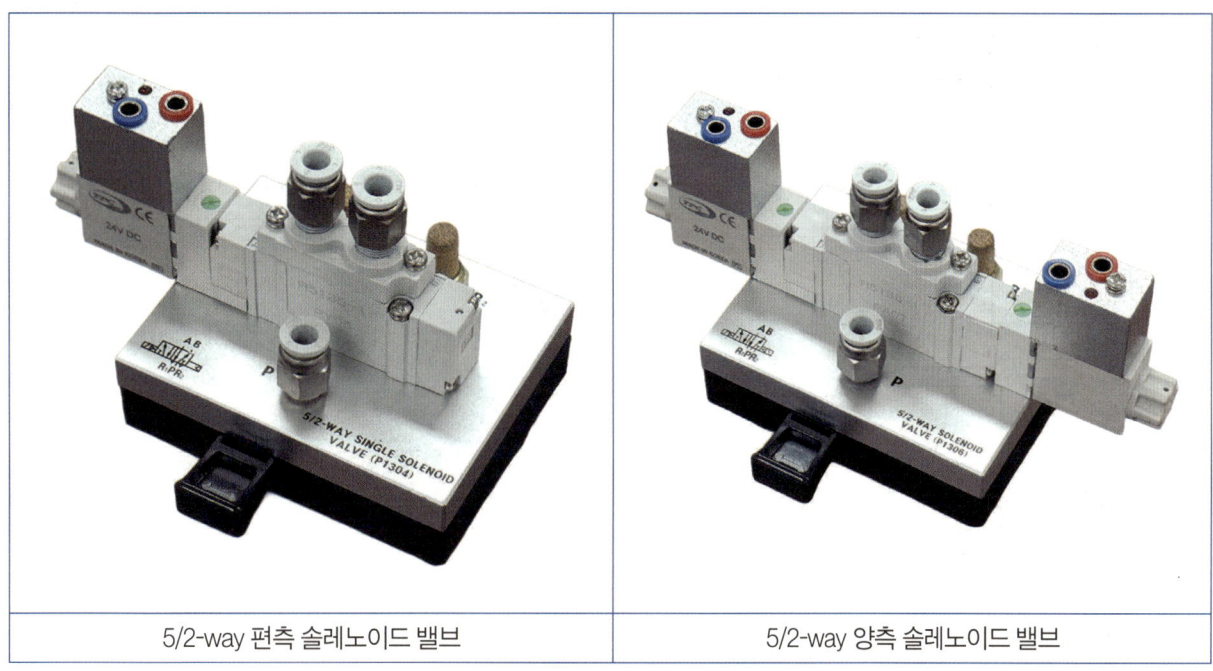

| 5/2-way 편측 솔레노이드 밸브 | 5/2-way 양측 솔레노이드 밸브 |

cf. 밸브 연결구 표시 방법

구분	ISO 1219 규정	ISO 5539 규정
에너지 공급부	P	1
작업 라인	A, B, C, …	2, 4, 6, …
배출구	R, S, T, …	3, 5, 7, …
누출 라인	L	9
제어 라인	Z, Y, X	10, 13, 14

cf. 밸브 작동 방법

기호	조작 방식	종류
	인력 조작 방식	누름 버튼 방식
		레버 방식
		페달 방식
	기계 방식	플런저 방식
		롤러 방식
		스프링 방식
	전자 방식	직접 작동 방식
		간접 작동 방식
	공압 방식	직접 파일럿
		간접 파일럿
	기타 방식	디텐트

작동 방식에 따라 수동(레버, 버튼), 기계식(롤러 캠), 전자식(솔레노이드), 공기신호식(파일럿) 등으로 나뉜다. 특히 자동화 설비에서는 전자식 솔레노이드 밸브가 많이 사용되며, 빠른 전환과 원격 제어가 가능하다. 방향 제어 밸브의 적절한 선택과 설치는 공압 회로의 반응 속도, 효율, 안정성에 직결되므로 설계 단계에서 신중히 고려해야 한다.

(2) 유량 제어 밸브

유량 제어 밸브는 압축 공기의 흐르는 양을 조절하여 실린더나 공압 장치의 동작 속도를 제어하는 역할을 한다. 공기의 흐름을 줄이면 실린더가 천천히 움직이고, 반대로 흐름을 늘리면 실린더가 빠르게 작동한다. 일반적으로 한쪽 방향의 공기 흐름만 조절하고 반대 방향은 자유롭게 흐르도록 설계된 체크 밸브가 함께 사용되며, 이를 통해 작동 속도를 부드럽게 조정하고 장치의 안전성을 높일 수 있다.

기호	명칭	설명
(B─A 일방향 유량 제어 밸브 기호)	일방향 유량 제어 밸브	한 방향으로만 속도가 제어 가능하다.
(P─R 급속 배기 밸브 기호)	급속 배기 밸브	P→A 정상유량 A→R 급속 배기 유량

일방향 유량 제어 밸브	급속 배기 밸브

(3) 압력 제어 밸브

압력 제어 밸브는 공압 시스템 내에서 압력을 일정하게 유지하거나 필요에 따라 제한하는 역할을 한다. 압력이 너무 높으면 실린더, 배관, 씰 등의 부품이 손상될 위험이 있으며, 반대로 압력이 너무 낮으면 원하는 힘을 발생시키지 못해 장치가 정상적으로 작동하지 않는다. 압력 제어 밸브는 이러한 상황을 방지하기 위해 설정된 압력 이상이 되면 공기를 배출하거나 공급을 차단하고, 필요한 압력을 안정적으로 유지한다. 대표적으로 릴리프 밸브, 감압 밸브, 시퀀스 밸브 등이 있으며, 각 밸브는 사용 목적과 회로 조건에 맞게 선택된다.

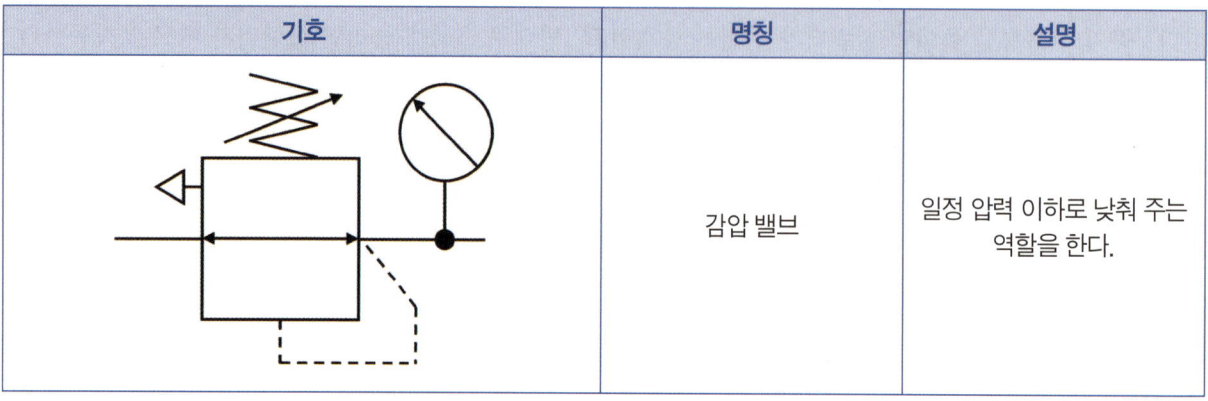

기호	명칭	설명
	감압 밸브	일정 압력 이하로 낮춰 주는 역할을 한다.

감압 밸브	공압 게이지

이처럼 제어부는 공압 시스템의 '두뇌' 역할을 하며, 전체 동작을 정밀하게 조율하는 핵심 구성 요소다. 방향 제어 밸브는 공기의 흐름 경로를 결정해 실린더나 모터에 언제, 어느 방향으로 동작 명령을 보낼지 제어한다. 유량 제어 밸브는 공기 흐름의 양을 조절해 장비의 작동 속도를 세밀하게 설정할 수 있게 하며, 압력 제어 밸브는 항상 적절한 힘을 유지하도록 하여 장치의 안전성과 효율성을 보장한다.

이러한 밸브들이 유기적으로 협력해야만 공압 실린더, 공압 모터, 그리퍼 등 다양한 공압 장치가 부드럽고 안정적으로 동작하며, 생산 공정의 품질과 안전성이 확보된다.

제5항 작동부

공압 시스템에서 압축 공기를 실제 동작으로 전환하는 핵심 부품이다. 쉽게 말해, 제어부에서 보내온 압축 공기의 힘을 받아 밀기, 당기기, 회전하기 등의 기계적 운동으로 바꾸는 역할을 한다. 작동부가 없다면 공압 시스템은 단지 압축 공기를 만들고 이동시키는 것에 그치며, 실제 작업을 수행할 수 없다.

작동부의 대표적인 예로는 공압 실린더(Air Cylinder)와 공압 모터(Air Motor)가 있다. 공압 실린더는 왕복 직선 운동을 만들어 내는 장치로, 산업 현장에서 제품 이송, 클램핑, 프레스 작업 등 다양한 용도에 사용된다. 구조에 따라 단동형, 복동형, 로드리스형 등으로 나뉘며, 용도와 설치 공간에 맞게 선택된다. 반면, 공압 모터는 압축 공기를 회전력으로 변환하는 장치로, 전기 모터를 사용하기 어려운 환경이나 방폭이 필요한 구역에서 널리 활용된다.

또한 최근에는 공압 그리퍼(Pneumatic Gripper)처럼 집기 기능을 수행하는 작동부도 많이 사용된다. 이는 로봇 자동화 라인에서 부품을 잡거나 놓는 작업에 필수적이며, 공압의 빠른 응답성과 간단한 구조를 장점으로 한다. 작동부의 선택과 구성은 공압 시스템의 전체 성능과 직결되므로, 설계 단계에서 작업 특성과 환경 조건을 충분히 고려해야 한다.

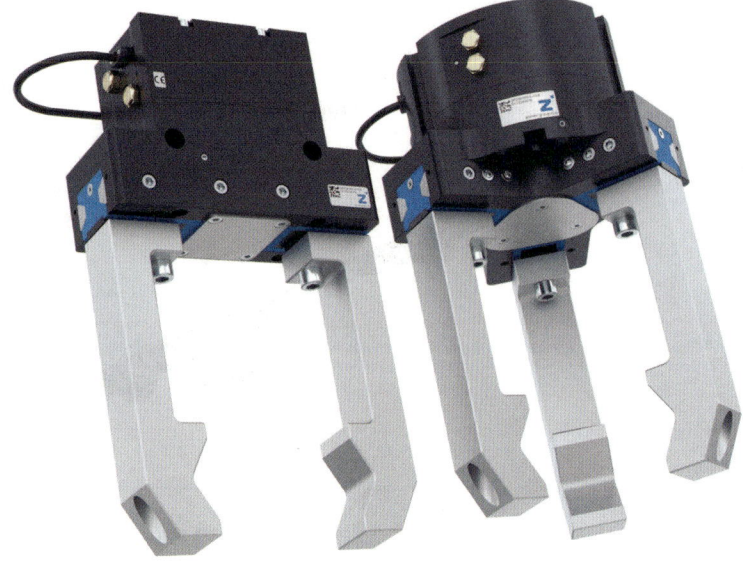

(1) 공압 실린더

공압 실린더는 압축 공기의 힘을 직선 운동(왕복 운동)으로 변환하여 기계적인 작업을 수행하는 장치다. 내부 구조는 실린더 본체, 피스톤, 피스톤 로드 등으로 이루어져 있으며, 압축 공기가 한쪽 챔버로 유입되면 피스톤을 밀어내고, 반대쪽으로 유입되면 피스톤을 당겨 동작한다.

기호	명칭	설명
	복동 실린더	압축 공기의 힘으로 직선 왕복 운동을 발생시킨다.
	단동 실린더	한쪽 면에만 압력을 받아 전진하고 스프링에 의해 복귀한다.

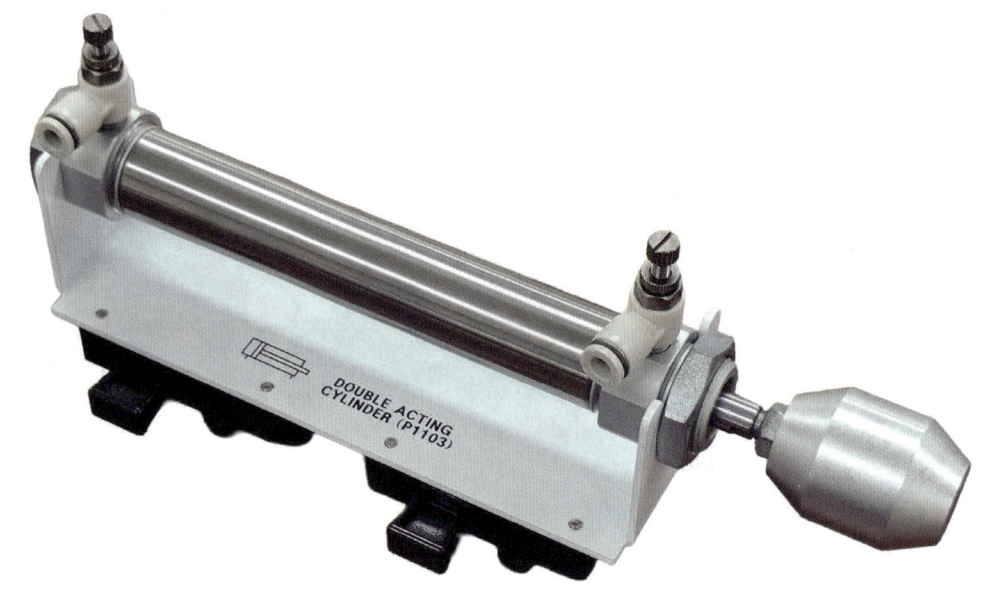

실린더는 동작 방식에 따라 크게 단동형과 복동형으로 나뉜다. 단동형 실린더는 한쪽 방향으로만 공기를 공급하여 피스톤을 움직이고, 복귀는 스프링이나 부하의 힘으로 수행한다. 반면 복동형 실린더는 양쪽 방향 모두에 압축 공기를 공급해 밀기와 당기기 동작을 자유롭게 수행할 수 있어, 다양한 산업 공정에 폭넓게 사용된다.

기호	명칭	설명
	양로드형	피스톤 양쪽에 로드가 연결되어 있어 양방향에서 균일한 힘과 속도를 낼 수 있다.
	다위치형	하나의 실린더에 두 개 이상의 피스톤 로드를 사용하여 여러 위치에서 정지·작동할 수 있다.
	탠덤형	두 개 이상의 실린더를 직렬로 연결해 작은 직경으로도 큰 추력을 얻을 수 있다.
	텔레스코프형	여러 개의 로드와 실린더가 단계적으로 안팎으로 확장·수축하여 긴 스트로크를 구현한다.
	브레이크 부착형	필요시 움직임을 고정하거나 정지시키기 위해 브레이크 장치를 함께 갖췄다.

(2) 공압 모터

공압 모터는 압축 공기의 힘을 회전 운동으로 변환하여 기계 장치를 구동하는 장치다. 내부에서는 압축 공기가 회전자를 밀어 회전시키며, 이 과정에서 발생한 회전력이 각종 산업용 장비, 컨베이어, 공구 등에 전달된다. 구조적으로 전기 모터와 유사하지만, 전기 대신 압축 공기를 동력원으로 사용하기 때문에 폭발 위험이 있는 가연성 환경이나 전기 사용이 제한된 현장에서도 안전하게 운용할 수 있다.

공압 모터는 회전 속도와 토크를 쉽게 조절할 수 있으며, 부하 변화에 대한 반응 속도가 빠르다. 예를 들어 레귤레이터로 공급 압력을 조절하거나 유량 제어 밸브를 사용하면, 필요에 따라 정밀한 속도 제어가 가능하다. 또한 과부하가 걸리더라도 모터가 정지하는 수준에서 멈추기 때문에 장비 손상 위험이 낮다.

종류로는 베인형(Vane Type), 피스톤형(Piston Type), 터빈형(Turbine Type) 등이 있으며, 각 방식은 용도와 요구 성능에 따라 선택된다. 베인형은 구조가 단순하고 경량이며, 피스톤형은 고토크가 필요한 경우 적합하고, 터빈형은 고속 회전에 유리하다.

이러한 특성 덕분에 공압 모터는 자동화 생산 라인의 구동 장치, 공구 드릴, 연삭기, 혼합기 등 다양한 산업 분야에서 활용된다. 특히 전기 스파크가 치명적인 위험이 될 수 있는 화학, 석유, 가스 산업에서 없어서는 안 될 핵심 장비다.

cf. 공압 실습 장비에 사용되는 기타 부품

기호	명칭	설명
	공기압 분배기	설정된 공기압을 여러 포트로 일정하게 나누어 준다. ※ 꽉 눌러 호스를 끼울 것
	리밋 스위치	접촉식 스위치. a/b 접점 선택하여 사용할 수 있다.
	용량형 스위치	전극 사이의 정전용량 변화를 감지하여 물체의 접근을 감지하는 비접촉식 근접 센서이다.
	유도형 스위치	금속 물체가 근접했을 때 발생하는 전자기 유도 현상을 이용하여 감지하는 비접촉식 근접 센서이다.
	공기압 게이지	공기압 시스템 내 압력을 눈으로 확인할 수 있다.
	전기 케이블	선으로 표현한다.
-	공압 호스 & 커터	-

제3장 공압

필기는 이렇게 나올 수 있다!

문제1 다음 중 공기압 회로의 장점으로 옳지 않은 것은?

① 작동 속도가 빠르고 구조가 간단하다.

② 공기를 사용하므로 깨끗하고 배출이 용이하다.

③ 과부하 시에도 충격이 작고 안전성이 높다.

④ 에너지 효율이 높아 장거리 동력 전달에 적합하다.

해설)
공기압은 압축 공기의 특성상 에너지 손실이 커서 장거리 동력 전달에는 비효율적이다. 반대로 유압은 에너지 손실이 적어 장거리, 대용량 동력 전달에 더 적합하다.

문제2 아래 그림에서 '작업 라인'의 숫자 표기로 옳은 것은?

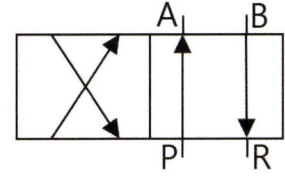

① 3, 5, 7, …

② 2, 4, 6, …

③ 1

④ 10, 12, 14, …

해설)
작업라인은 2, 4, 6 짝수에 해당하며, 공급라인은 1, 배기라인은 홀수인 3, 5, 7에 해당한다. 또한 제어라인은 10, 12, 14에 해당한다.

문제3 다음 중 감압밸브를 나타내는 기호는?

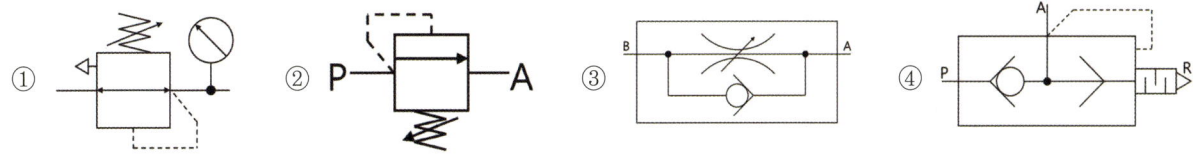

해설)
감압밸브는 공유압 시스템에서 압력을 일정 수준 이하로 낮추어 주는 밸브로서, 초기에 관로가 연결되어 있다. 따라서 2차측 관로의 압력을 조절할 수 있다.

제2절 공압 회로 제작

앞서 배웠던 공압의 5대 요소를 활용하여 간단한 공압 시스템을 구성해 보겠다. 다음 9개의 예제는 실기 시험을 치르기 위한 가장 기본적이면서도 핵심적인 내용이므로, 반드시 반복 숙달하여 몸에 익히도록 하자 (제발).

제1항 단동실린더 + 3/2-way 편솔레노이드 : 기본동작

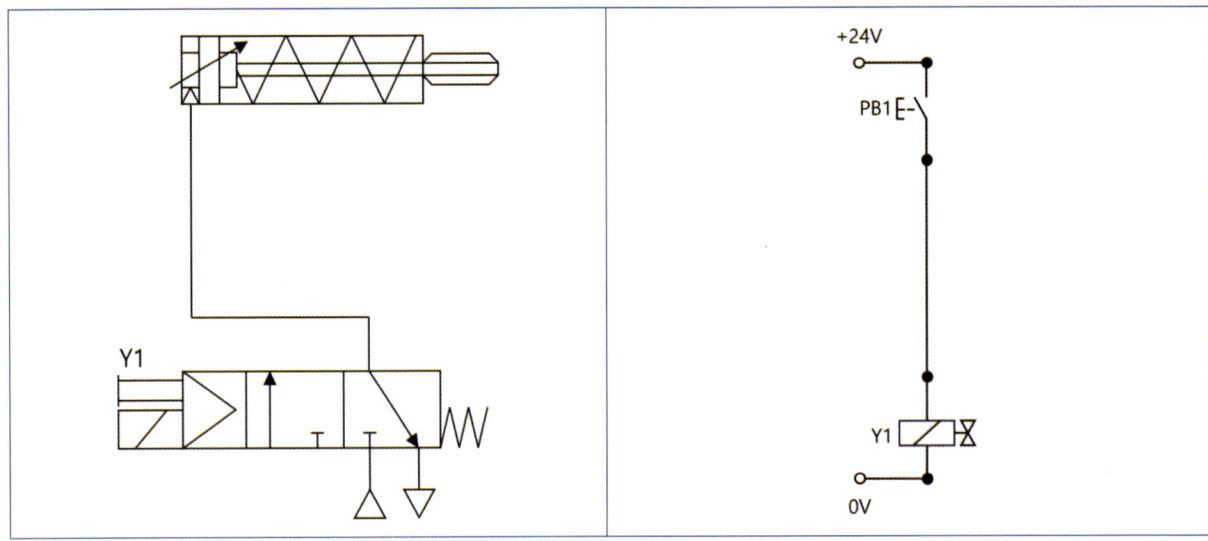

단순히 PB1을 누르면, 누르는 동안만 실린더가 전진하는 회로이다. PB1에서 손을 떼면 솔레노이드가 복귀하여 실린더는 후진하게 된다. 실제 현장에서는 해당 회로를 사용하는 일은 거의 없다. 버튼에서 손을 떼더라도 계속 동작을 유지해야만 그나마 쓸만한 회로가 되기 때문이다.

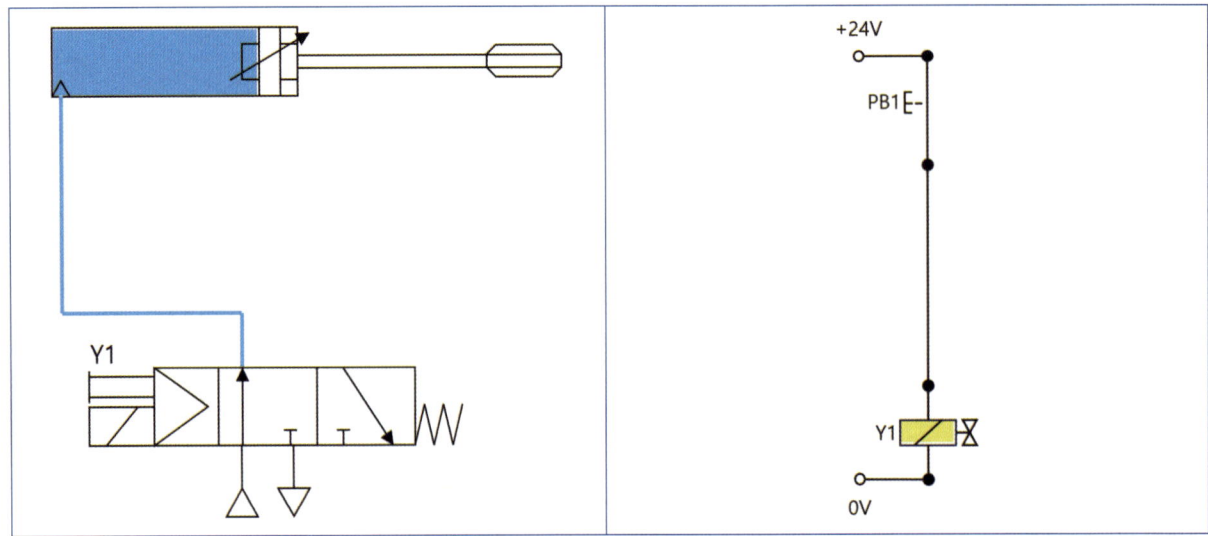

제2항 단동실린더 + 3/2-way 편솔레노이드 : 자기 유지

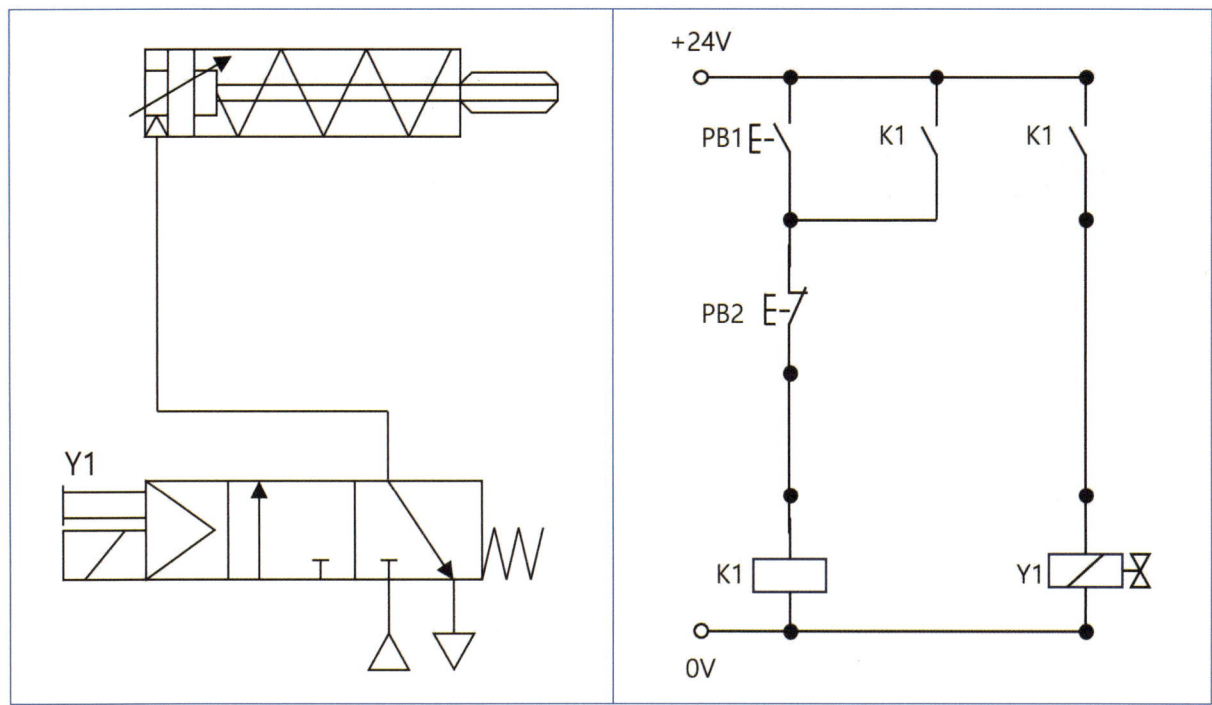

자기 유지 회로로 구성하면 PB1을 한 번 눌렀다 떼더라도 실린더는 계속 전진 상태를 유지한다. 이는 PB1이 눌렸을 때 솔레노이드 밸브가 전환되고, 릴레이의 A접점이 자기 자신을 유지시켜 전류가 계속 흐르도록 설계되었기 때문이다. 이렇게 하면 버튼에서 손을 뗀 이후에도 솔레노이드에 전원이 공급되어 밸브가 전환 상태를 유지하고, 실린더 역시 전진 위치를 유지하게 된다.

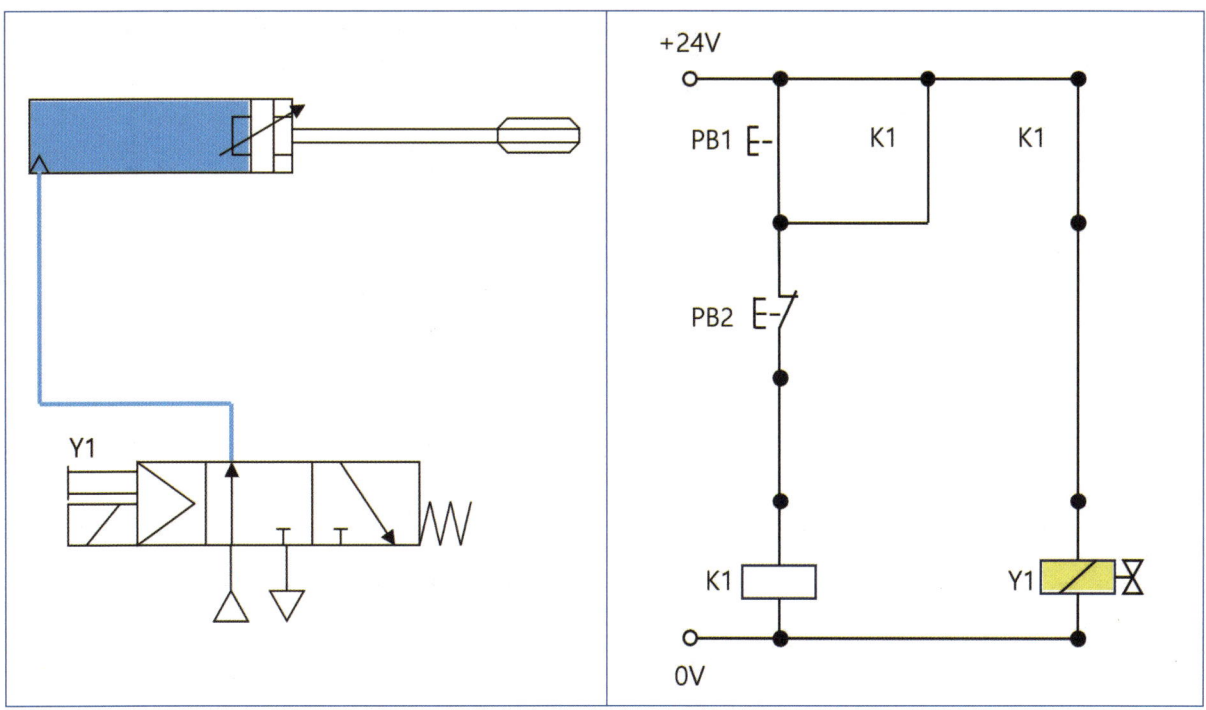

제3항 단동실린더 + 3/2-way 편솔레노이드 : 센서 활용

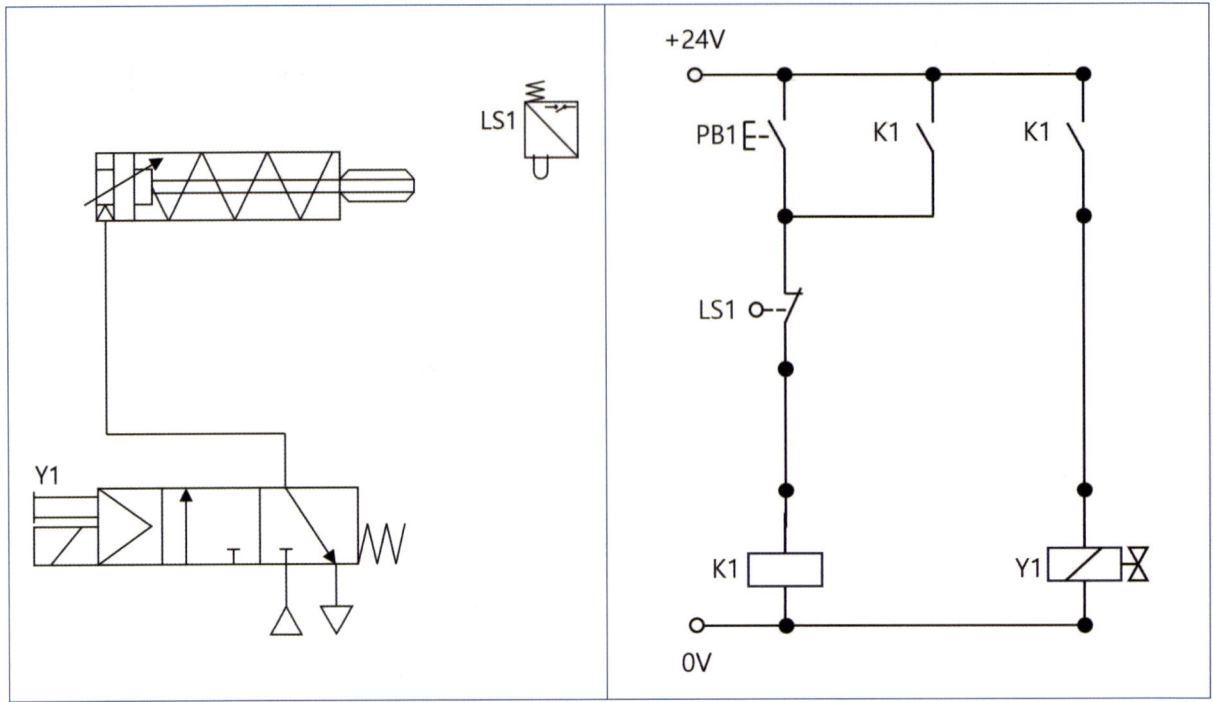

PB2 대신 리미트 스위치 LS1을 넣으면 회로는 반자동 제어 형태로 바뀐다. PB1을 눌러 실린더가 전진하면, 피스톤 로드가 최대 행정 끝단에 도달했을 때 LS1이 작동하여 자기 유지 회로가 끊기게 된다. 이 순간 솔레노이드 전원이 차단되고 밸브가 원위치로 복귀하면서 실린더는 자동으로 후진한다.

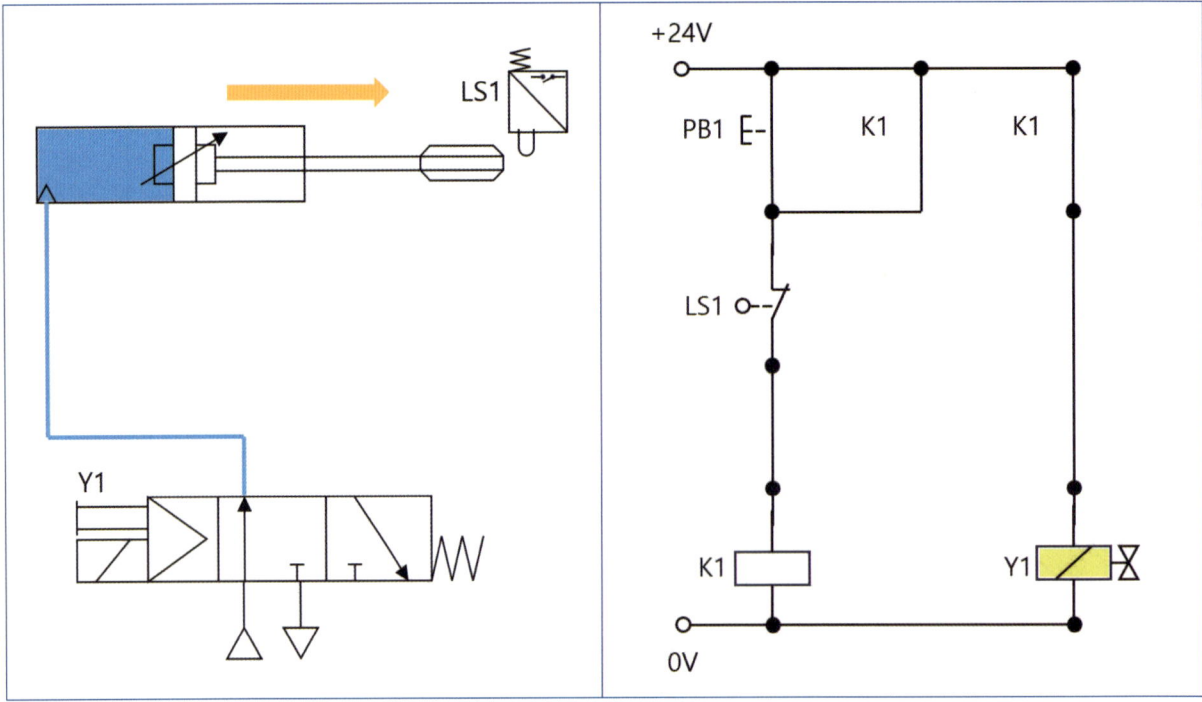

이 구성의 핵심은 위치 기반 제어다. 작업자가 복귀 버튼을 따로 누를 필요 없이, 실린더가 목표 지점(최대 스트로크)에 도달하면 자동 복귀가 이루어진다. 이는 반복 생산 공정에서 작업 효율을 높이고, 불필요한 버튼 조작을 줄이는 장점이 있다.

또한 LS1의 설치 위치를 조정하면, 실린더의 복귀 시점을 임의로 설정할 수 있다. 예를 들어, 전체 행정의 70% 지점에 LS1을 설치하면 해당 위치에서 자동 복귀가 이루어진다. 이런 방식은 부품 위치 맞춤, 고정 압착, 부분 이동 등 다양한 공정 조건에 활용 가능하다.

실제 산업 현장에서는 이 회로를 센서나 근접 스위치와 조합해, 비접촉 자동 복귀 기능으로 확장하기도 한다. 이렇게 하면 마모를 줄이고, 보다 높은 내구성과 정밀도를 확보할 수 있다.

제4항 복동실린더 + 5/2-way 편솔레노이드 : 기본동작

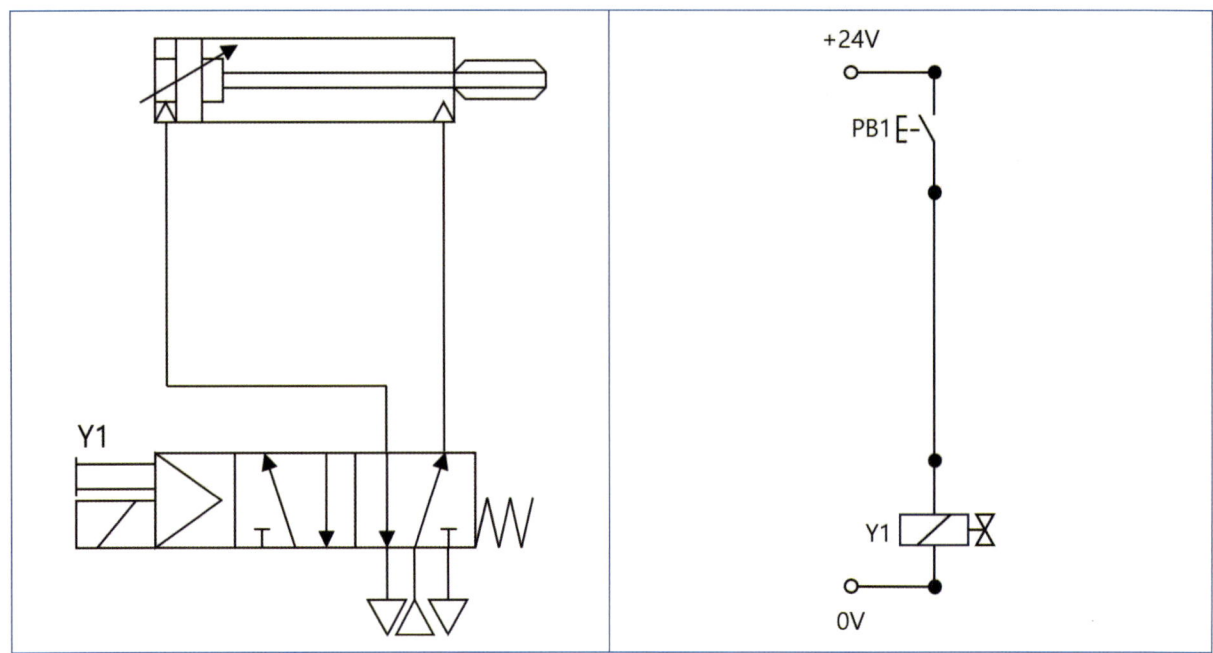

이번 예제는 복동 실린더와 5포트 2위치 편솔레노이드 밸브를 활용한 경우다. 전기 회로도는 이전 단동 실린더 예제와 동일하게 구성되어 있으며, 동작 원리에도 큰 변화가 없다.

복동 실린더는 양쪽에 공기 공급이 가능해, 전진과 후진 모두 공압에 의해 구동된다. 이 덕분에 단동 실린더에 비해 복귀 속도가 빠르고 일정하며, 외부 복귀 스프링이 필요 없어 내구성이 높다. 다만, PB1을 누르는 동안만 전진하는 구조는 실제 작업에서는 불편함이 크다. 작업자가 버튼을 계속 누르고 있어야 하기 때문에 장시간 운전이나 반복 공정에는 적합하지 않다.

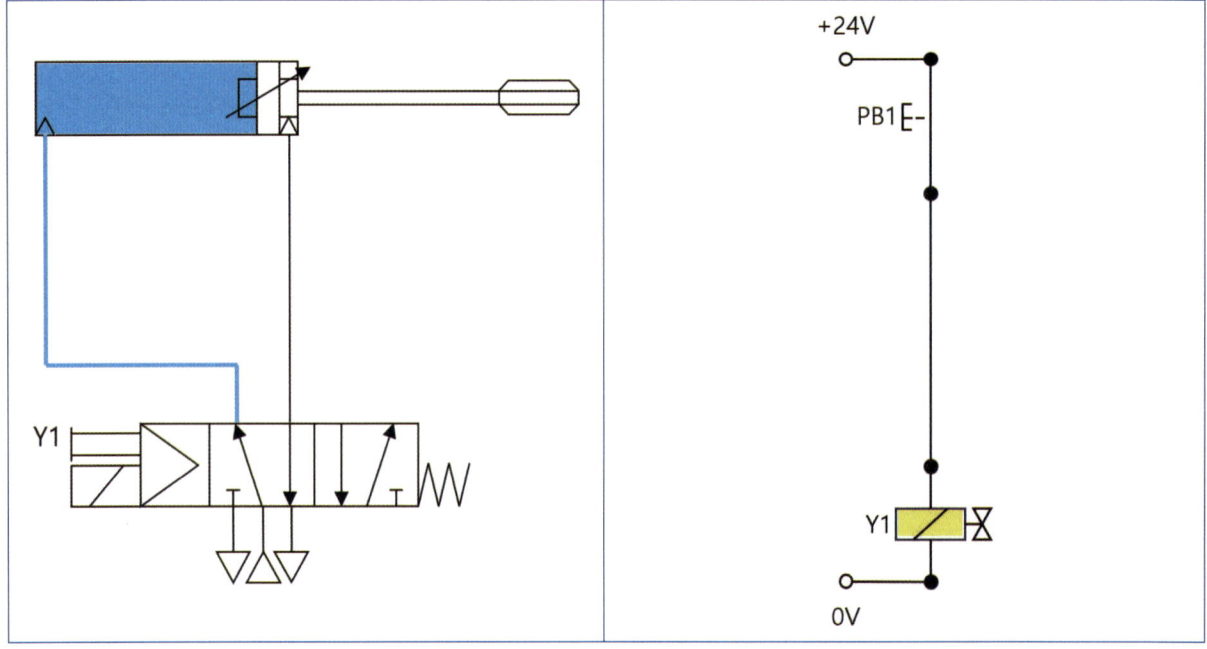

82 허책임의 설비보전 바이블 2026

제5항 복동실린더 + 5/2-way 편솔레노이드 : 자기 유지

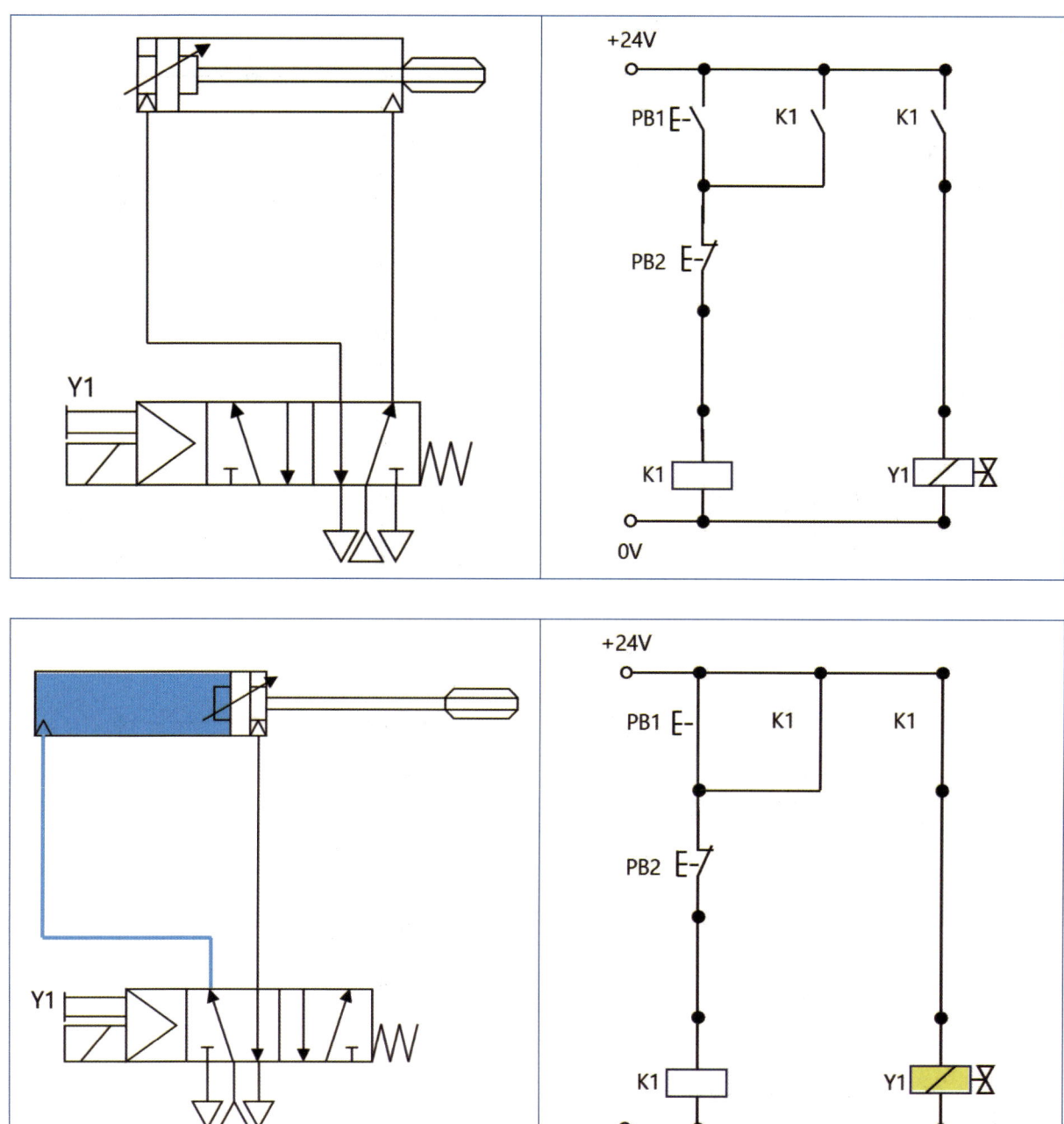

제6항 복동실린더 + 5/2-way 편솔레노이드 : 센서 활용

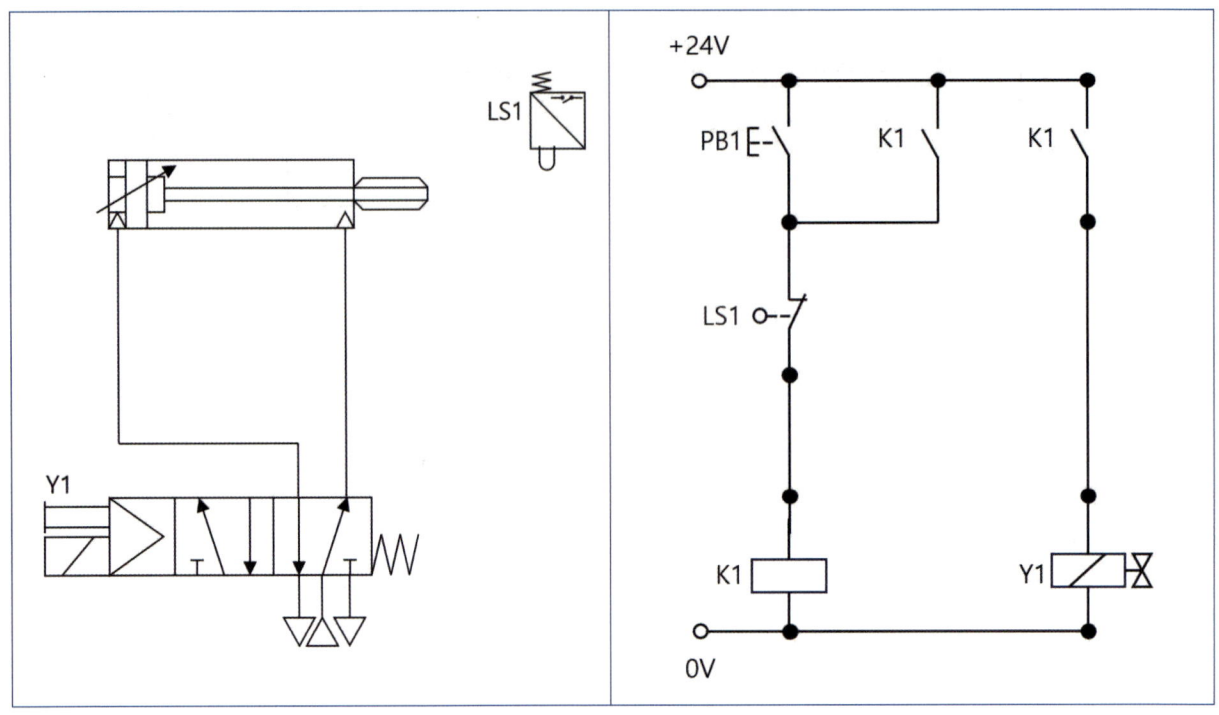

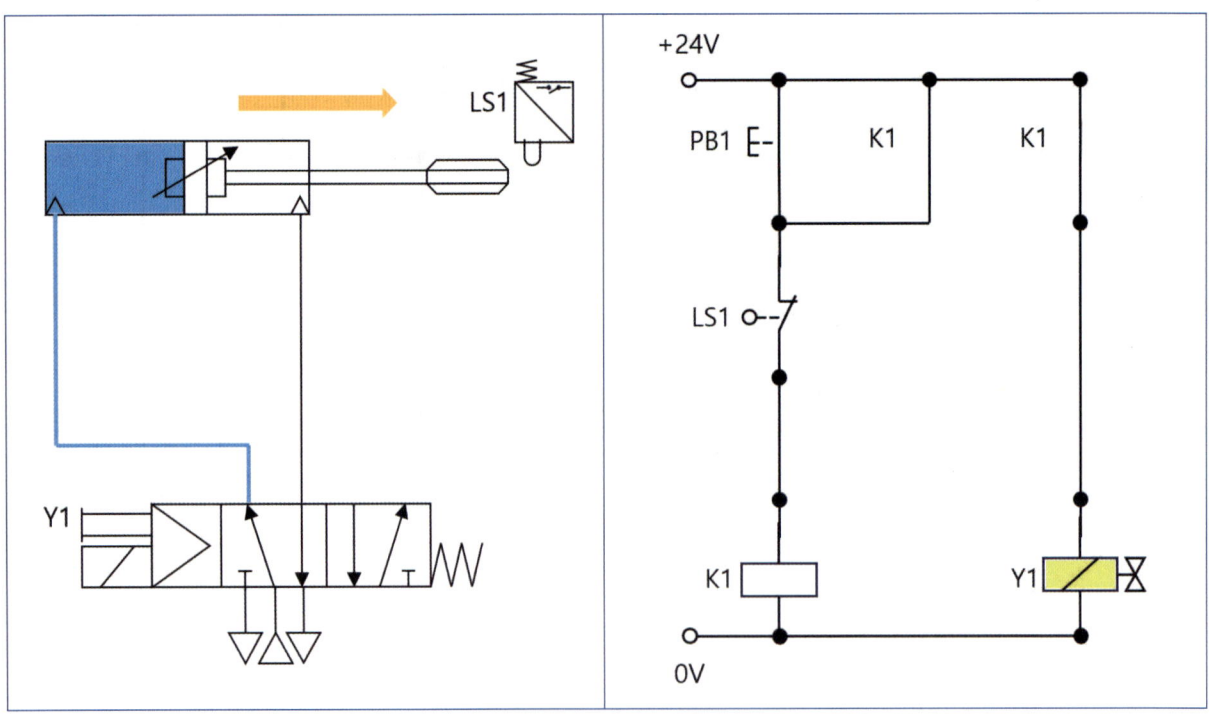

제7항 복동실린더 + 5/2-way 양솔레노이드 : 기본동작

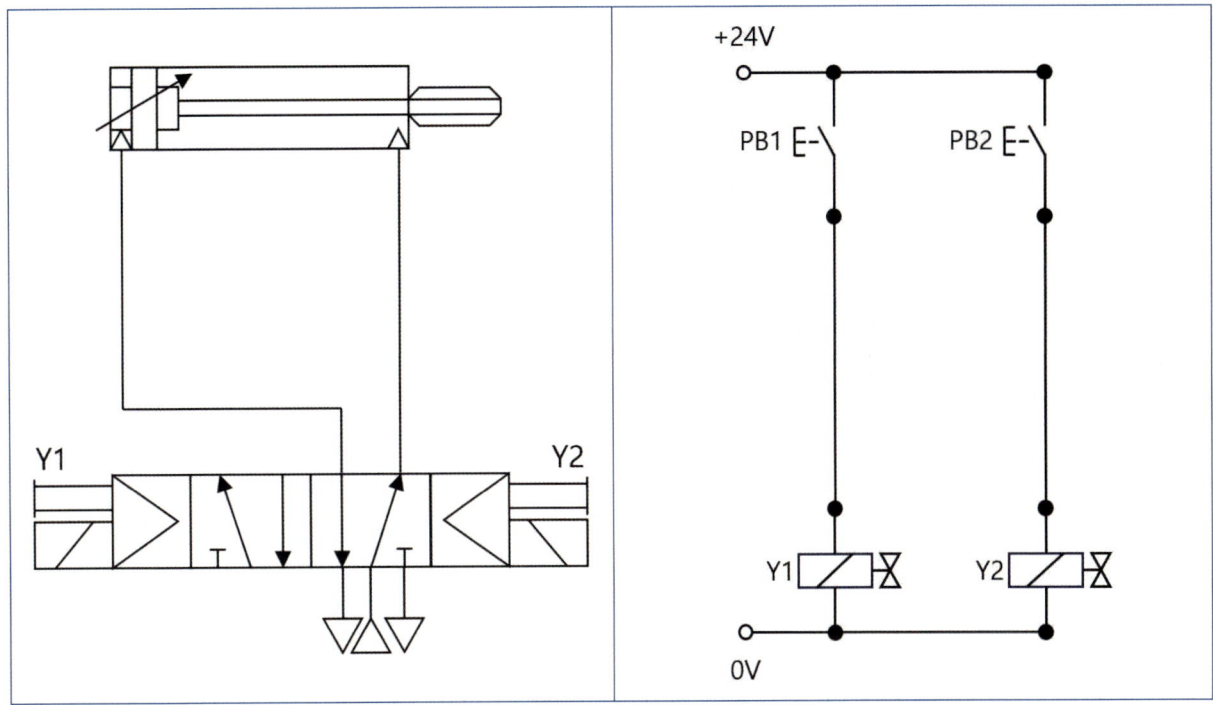

앞서 언급했듯이, 솔레노이드 밸브는 전기 신호를 이용해 방향 제어 밸브를 제어한다. 편솔레노이드(스프링 리턴형)는 전원을 인가하면 밸브가 전환되고, 전원을 차단하면 스프링 복귀로 원위치로 돌아간다. 그러나 양솔레노이드 밸브는 구조와 특성이 다르다.

양솔 밸브는 '메모리 밸브(Memory Valve)'라고도 불리며, 마지막으로 인가받은 전기 신호 상태를 유지하는 특징이 있다. 내부에 스프링이 없기 때문에 자기 유지 회로 없이도 마지막 동작 위치에서 고정된다. 예를 들어, 한쪽 코일(Y1)에 전류를 인가하면 밸브가 해당 위치로 전환되고, 전류를 끊어도 그 상태를 계속 유지한다. 반대로 다른 쪽 코일(Y2)에 전류를 인가하면 반대 방향으로 전환되어, 역시 그 상태를 유지한다.

cf. 이중코일 에러란?

다만, 양솔 밸브를 사용할 때 반드시 주의해야 할 점이 있다. 그림에서 보듯, Y1과 Y2 양쪽 코일에 전류를 동시에 인가해서는 안 된다. 이를 '이중코일 에러(Double Coil Error)'라고 하며, 밸브 내부에서 코일이 과열되거나 기계적 손상이 발생할 수 있다. 따라서 제어 회로 설계 시 반드시 상호 인터록을 구성하여 두 코일이 동시에 동작하지 않도록 해야 한다.

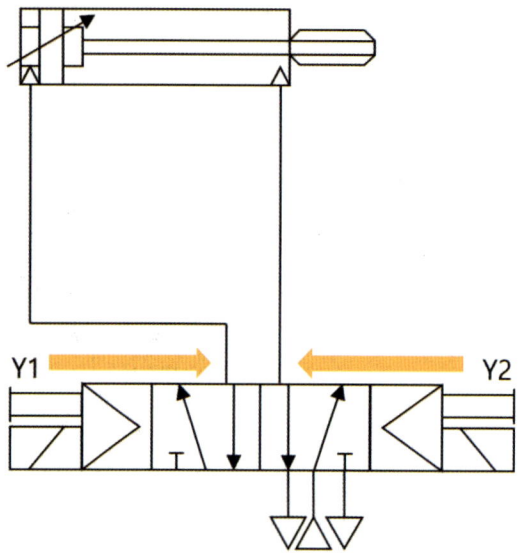

양솔 밸브는 메모리 기능 덕분에 반복적인 동작에서 자기 유지 회로가 불필요하고, 전력 소모를 줄일 수 있으며, 정전 후에도 밸브 위치가 유지되는 장점이 있다. 그러나 이러한 특성이 때로는 안전성 문제로 이어질 수 있으므로, 정전 후 설비 재가동 시 초기화 동작을 반드시 거치도록 설계하는 것이 중요하다.

이중코일 에러가 발생하면 제조사와 밸브 모델에 따라 반응이 다르게 나타난다. 어떤 제품은 방향 제어 밸브가 양쪽으로 빠르게 전환을 반복하며 '왔다 갔다'하는 현상을 보이기도 하고, 또 어떤 경우에는 그림처럼 스풀이 한쪽에도 속하지 못한 채 중간 위치에서 멈춰 버리기도 한다. 어느 경우든 액추에이터는 정상적인 동작을 수행하지 못한다.

이러한 상태에서는 실린더가 전진과 후진 동작을 모두 잃어버리거나, 부하가 중간에서 멈춰 버려 공정이 중단될 수 있다. 더 심한 경우, 반복적인 코일 전환으로 인한 과열과 내부 손상이 발생할 수 있어 밸브 수명이 크게 단축된다.

따라서 양솔 밸브 제어 회로 설계 시, Y1과 Y2 코일이 동시에 전류를 받지 않도록 반드시 전기적·논리적 인터록을 구성하는 것이 중요하다. 이는 단순한 동작 오류 방지를 넘어, 장비 보호와 작업 안전을 확보하는 핵심적인 설계 요소다.

제8항 복동실린더 + 5/2-way 양솔레노이드 : 센서 활용1

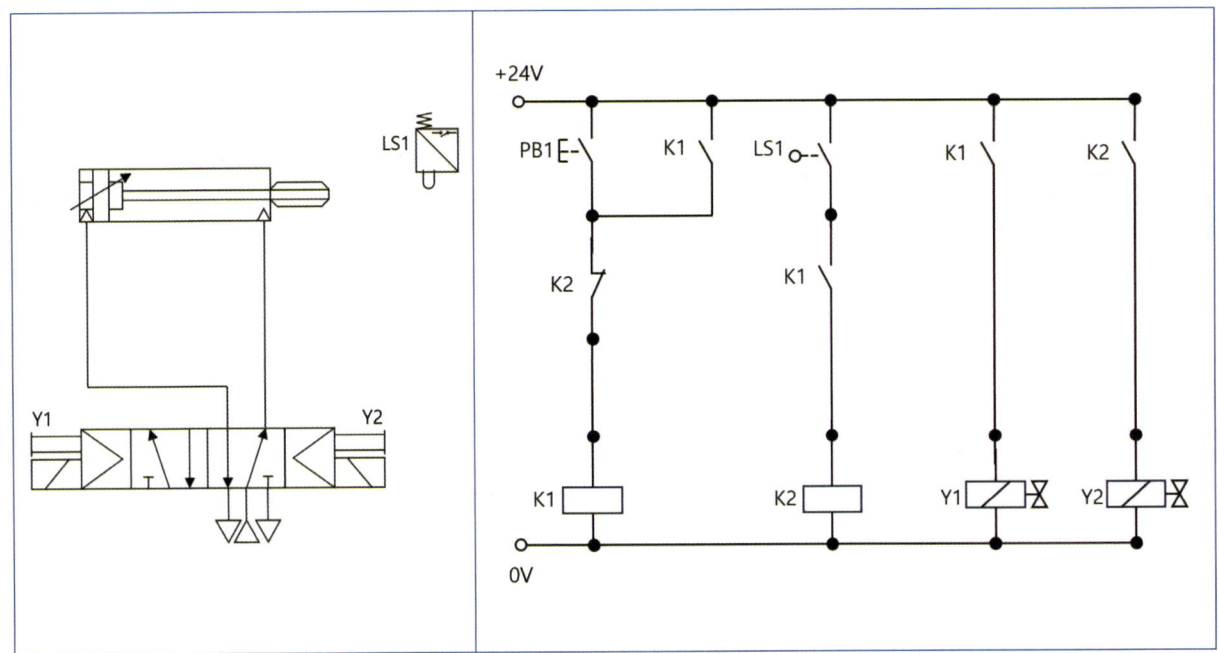

PB1을 눌렀다 손을 떼면, 실린더는 최대 행정 거리까지 전진하여 LS1을 작동시키게 되고, 이를 신호로 받아 자동 복귀 동작이 이루어지는 회로이다.

해당 회로를 분석·해석하는 훈련을 위해, 펜을 사용하여 회로도의 각 구간에 전진·후진 등 명령 흐름을 직접 표시해 보는 것이 좋다. 이러한 필기 연습은 신호의 전달 경로와 동작 순서를 직관적으로 이해하는 데 큰 도움이 된다.

제9항 복동실린더 + 5/2-way 양솔레노이드 : 센서 활용2

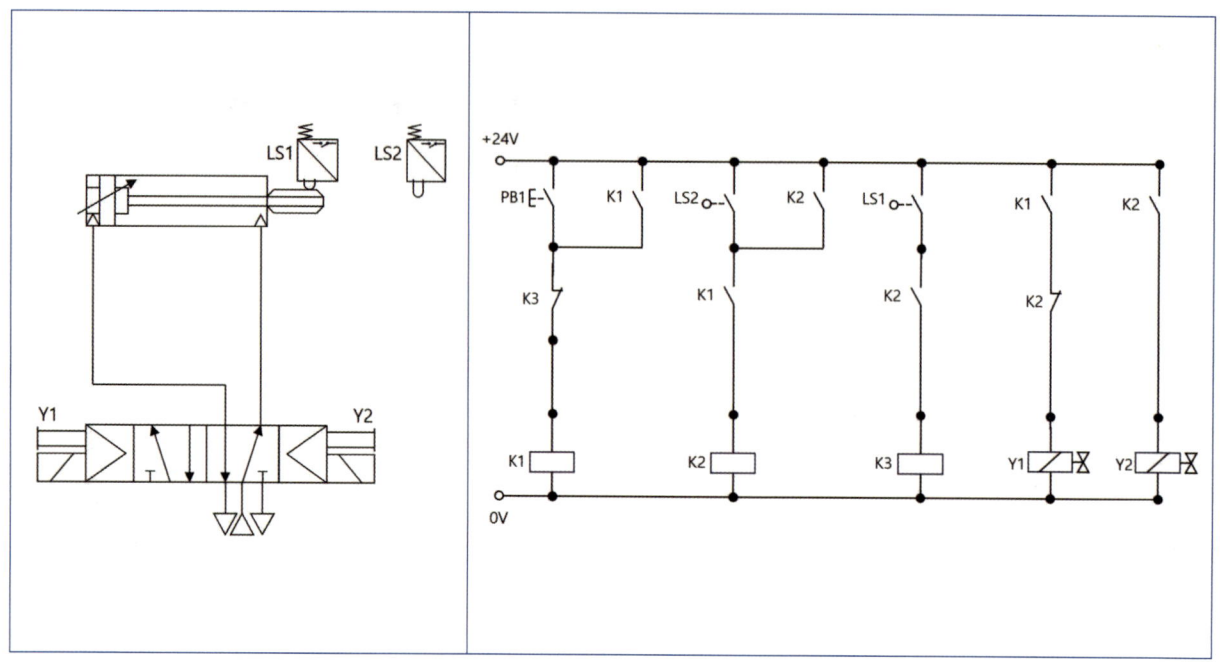

리미트 스위치가 1개인 예제와 비교했을 때, 가장 먼저 눈에 띄는 변화는 'K3' 릴레이의 추가다. 회로를 해석해 보면, 실린더 헤드가 완전히 후진하여 LS1을 눌렀을 때 K3가 여자되며 첫 번째 스텝을 끊는, 즉 '종료' 신호를 발생시키는 역할을 하고 있다. 이로써 회로는 특정 조건이 만족되면 자동으로 동작을 마무리하도록 설계된 것을 알 수 있다.

또한 출력부를 살펴보면, 'Y1' 솔레노이드와 연결된 부분에 K2의 b접점이 추가되었다. 이는 실린더가 후진할 때 'Y1'으로 가는 신호를 차단해 이중코일 에러를 방지하는 기능을 한다. 이 방식은 출력부 단계에서 에러를 원천적으로 차단하는 구조로, 앞선 예제보다 안정성이 강화된 형태다.

이번 회로는 단순히 동작을 제어하는 것에서 나아가, 종료 신호를 별도로 설정하여 불필요한 동작을 방지하고, 출력부에서 직접 이중코일 에러를 예방하는 구조적 장치를 더했다는 점에서 의미가 크다. 왜 종료 신호를 회로에 포함했는지, 그리고 왜 이번에는 출력부에서 에러를 차단하는 방식을 채택했는지 고민해 보는 것은 시퀀스 회로 설계 원리를 깊이 이해하는 데 도움이 된다.

제10항 복동실린더 + 5/2-way 양솔레노이드 : 센서 활용3

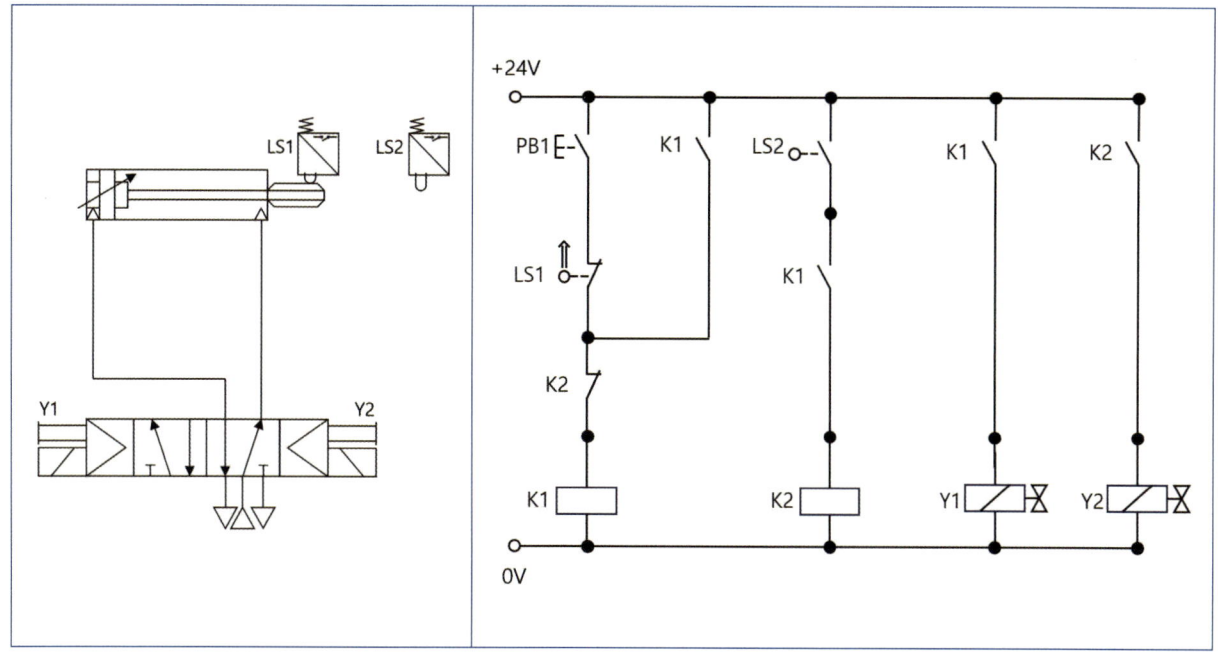

또 하나의 예제를 살펴보자. 언뜻 보면 8번 예제와 동일해 보이지만, 이번 회로는 LS1과 LS2, 두 개의 리미트 스위치를 사용했다. 동작 방식은 9번 예제와 동일하게 작동하지만, 구성 요소의 배치와 활용 방식에서 차이를 보인다.

이처럼 같은 동작을 구현하더라도 시퀀스 회로도는 다양한 방법으로 작도할 수 있다. 설계자의 개성과 관점, 그리고 특정 상황에서의 안전성이나 유지보수 편의성에 대한 중요도에 따라 회로의 형태가 달라질 수 있다. 결국, 동일한 결과를 얻더라도 설계 방식에는 여러 가지 선택지가 존재하며, 이는 시퀀스 회로 설계의 유연성과 창의성을 잘 보여 주는 예라 할 수 있다.

cf. 생각해 보기

제9항, 제10항 예제와 관련하여 'LS1'의 위치에 따라 어떤 의미가 있는가?

① 동작 안전성 확보 : LS1이 후진 위치를 감지하는 센서로 배치되면, 실린더가 완전히 복귀하지 않은 상태에서는 다음 동작이 시작되지 않는다.

이로써 실린더가 중간 위치에 멈춰 있는 상황에서 의도치 않은 재작동을 방지할 수 있어, 장비나 작업자가 손상·부상을 입을 위험을 줄인다.

② 오작동 방지 : 만약 LS1이 전진 위치나 중간 지점에 설치되어 있다면, 실린더가 완전히 후진하기 전에 다음 사이클이 시작될 수 있다. 이 경우 실린더와 다른 부품이 간섭하거나, 동작 순서가 꼬여 공정 불량이 발생할 가능성이 커진다.

정리하자면, LS1을 후진 위치 감지용으로 배치하면 실린더의 정확한 초기 상태를 확인하고, 재작동 시 안전성을 확보하며, 불필요한 오작동을 예방할 수 있다는 것이 핵심이다.

제3절 간단한 공압 실전 연습

가. 공기압 회로도

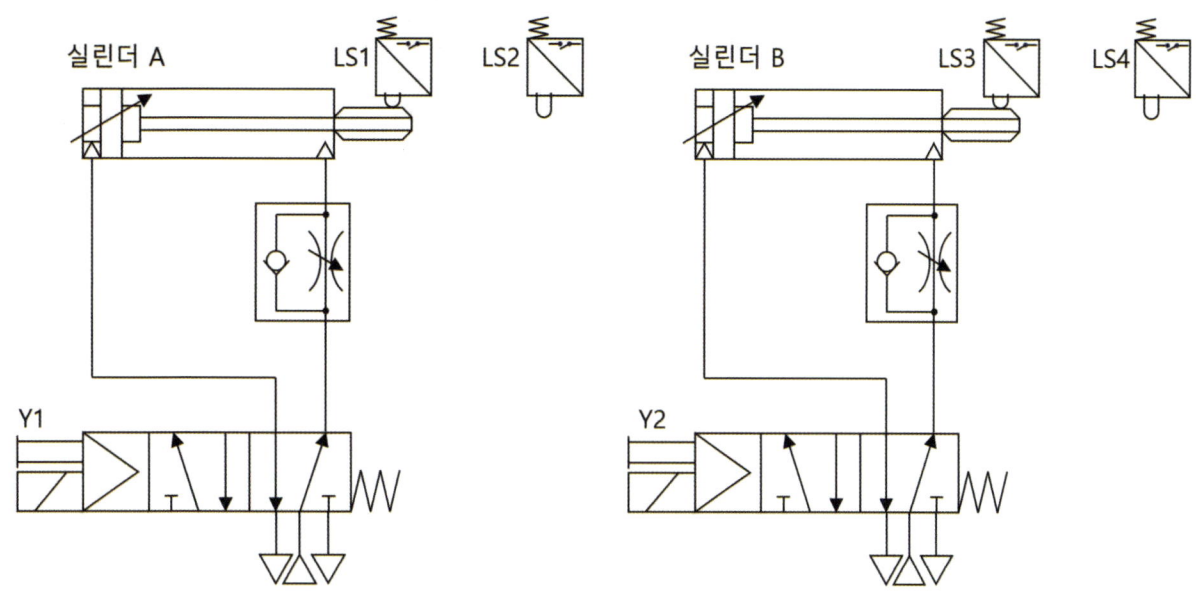

나. 전기 회로도

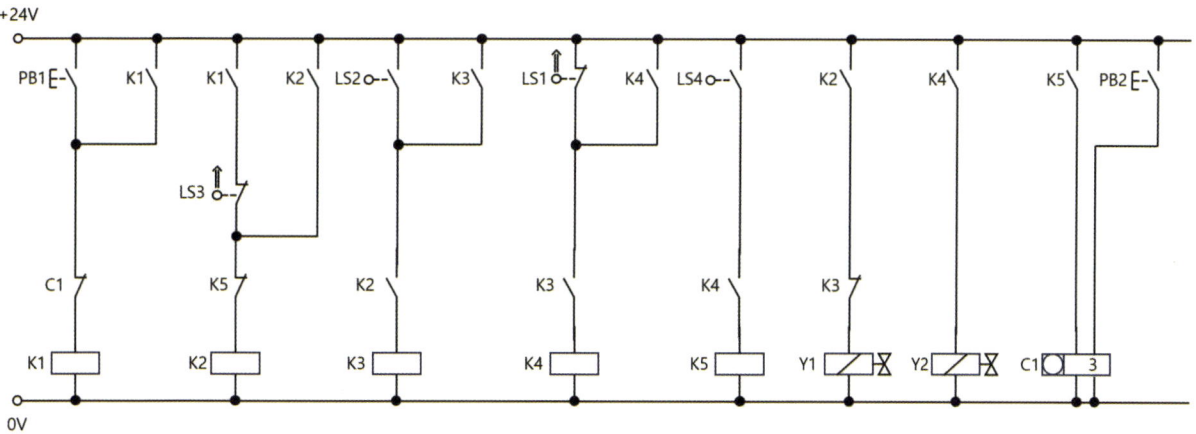

다. 변위단계선도

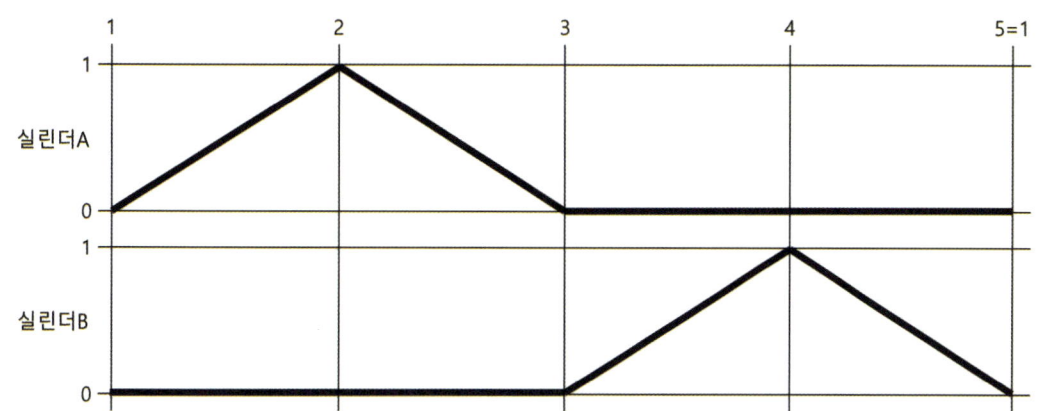

라. 동작 설명

1) 아래 표와 같이 스위치가 동작하도록 하시오.

스위치	기능	동작설명
PB1	연속 운전	1회 ON-OFF하면 변위단계선도와 같이 3사이클 운전 후 정지
PB2	카운터 초기화	1회 ON-OFF하면 카운터 초기화

2) 회로도의 유량 제어 밸브는 속도가 약 50% 정도가 되도록 하시오.

실전에서 공압 시퀀스 회로를 분석할 때 가장 먼저 확인해야 하는 것은 변위단계선도이다. 변위단계선도는 액추에이터가 어떤 시점에서 어떤 방향으로 움직이는지를 직관적으로 보여 주기 때문에, 이를 먼저 파악하면 전기 회로도를 해석하는 속도가 크게 향상된다.

예를 들어, 이번 예제에서 실린더 A와 B의 동작 순서는 다음과 같다.

A전진	A후진	B전진	B후진

여기에 조금 더 세부적으로 들어가면, 각 동작이 시작과 완료로 나뉜다.

A전진	A전진완료	A후진	A후진완료	B전진	B전진완료	B후진	B후진완료

이 '완료'라는 개념은 시퀀스 제어에서 매우 중요하다. '완료' 신호가 없다면 기계는 전기 신호의 빠른 특성 때문에, 예를 들어 'A 전진' 신호가 나가는 동시에 'B 후진' 신호로 넘어가 버릴 수 있다. 즉, 각 동작이 끝나야 다음 동작으로 넘어가도록 해야 하는데, 이를 위해 '리밋 스위치(LS)'를 활용한다.

	LS2 누름		LS1 누름		LS4 누름		LS3 누름
A전진	A전진완료	A후진	A후진완료	B전진	B전진완료	B후진	B후진완료

위와 같이 'LS 누름'이라는 시점에 해당 동작이 완료되었음을 쉽게 파악해 볼 수 있다. 조금 더 나아가서 어떤 솔레노이드에 인가해야 해당 동작이 진행되는지도 표기해 보자.

Y1	LS2 누름	Y1 끊음	LS1 누름	Y2	LS4 누름	Y2 끊음	LS3 누름
A전진	A전진완료	A후진	A후진완료	B전진	B전진완료	B후진	B후진완료

'전진/후진' 위에 'Y' 또는 'Y 끊음'이라고 표기한 것은, 해당 동작이 이루어지기 위해 어떤 솔레노이드에 전류를 인가해야 하는지를 의미한다. 이는 곧, 특정 동작을 시작하려면 해당 솔레노이드 코일에 직접적으로 전류를 흘려주는 명령이 필요하다는 뜻이다.

이번 예제에서는 사용된 방향 제어 밸브가 모두 편측 솔레노이드 타입이므로, 전진 동작을 위해 솔레노이드(Y)에 전류를 인가하면 밸브가 전환되고 실린더가 전진한다. 이후 'Y'의 전류를 차단하기만 하면 스프링 복귀력에 의해 밸브가 원위치로 돌아가고, 이와 함께 실린더는 자동으로 후진하게 된다.

위와 같이 표로 정리한 동작 분석은 이번 실습에서 한 번만 수행해도 충분하다. 다만, 스스로 이해가 부족하다고 느끼는 경우에는 매번 회로를 해석하며 필기를 반복해 보는 것이 큰 도움이 된다. 반복 학습을 통해 각 동작과 신호 흐름을 자연스럽게 익히면, 회로 해석 능력과 문제 해결 속도가 크게 향상된다.

실전에서는 모든 세부 과정을 장황하게 기록하기보다는, 핵심 신호와 동작만을 간단히 표기하는 방식이 효율적이다. 예를 들어, '전진/후진'과 함께 해당 동작을 실행하는 솔레노이드의 인가 또는 차단 여부를 표시하면, 불필요한 해석 과정을 줄이고도 전체 동작 순서를 빠르게 파악할 수 있다.

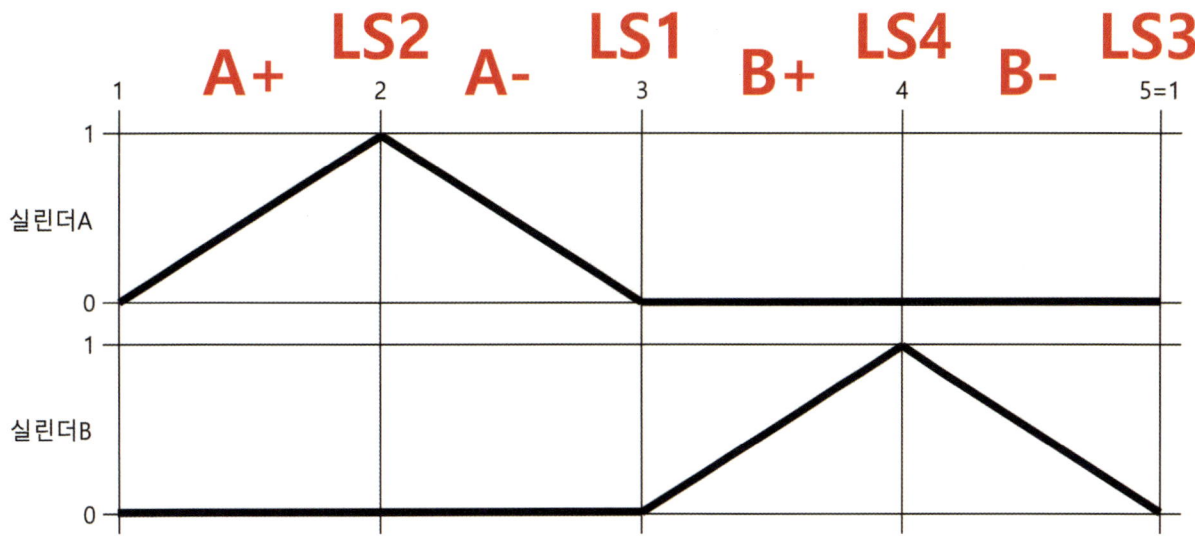

'변위단계선도' 분석이 끝났다면, 이제 이를 기반으로 전기 회로도 해석 연습을 시작해 보자. 기능사 수준의 시험에서는 회로도를 해석하지 않아도, 제시된 도면대로 케이블 결선과 공압 장비 구성만 하면 충분하다. 그러나 산업기사나 기사 수준 이상의 시험에서는 상황이 다르다. 회로도에서 오류를 찾아 수정하거나, 아예 처음부터 전기 회로도를 설계해야 하는 경우가 많기 때문에, 전기 회로도 해석 능력은 필수적이다.

시퀀스 회로도는 하나의 언어다. 우리가 흔히 프로그래밍 언어라 부르는 C#, C++처럼, 시퀀스 회로도 역시 공장 자동화를 위한 1세대 프로그래밍 언어이며, 0과 1의 논리 신호로 구성되어 있다. 이는 우리가 사용하는 국가별 언어와 본질적으로 크게 다르지 않다.

언어 학습 과정을 떠올려 보자. 대부분의 사람들은 영어를 처음 배울 때 알파벳부터 시작한다. 이후 단어, 숙어를 배우고, 마지막으로 문장을 읽고 해석하는 '독해' 단계로 나아간다. 시퀀스 회로도 학습도 마찬가지다.

아래 표를 보고 현재 배우고 있는 언어인 시퀀스 회로도가 어떤 역할을 하는지 보자.

영어	시퀀스 회로도
A, B, C 알파벳 등	여러 가지 기초 용어
Happy, Love 영단어 등	A접점, B접점 등
be going to 숙어 등	자기 유지 회로, 인터록 회로 등
영어 문장 독해	시퀀스 회로도 해석
영어 문장 작성	시퀀스 회로도 작도
영어 회화 실무	공정 프로세스 구축

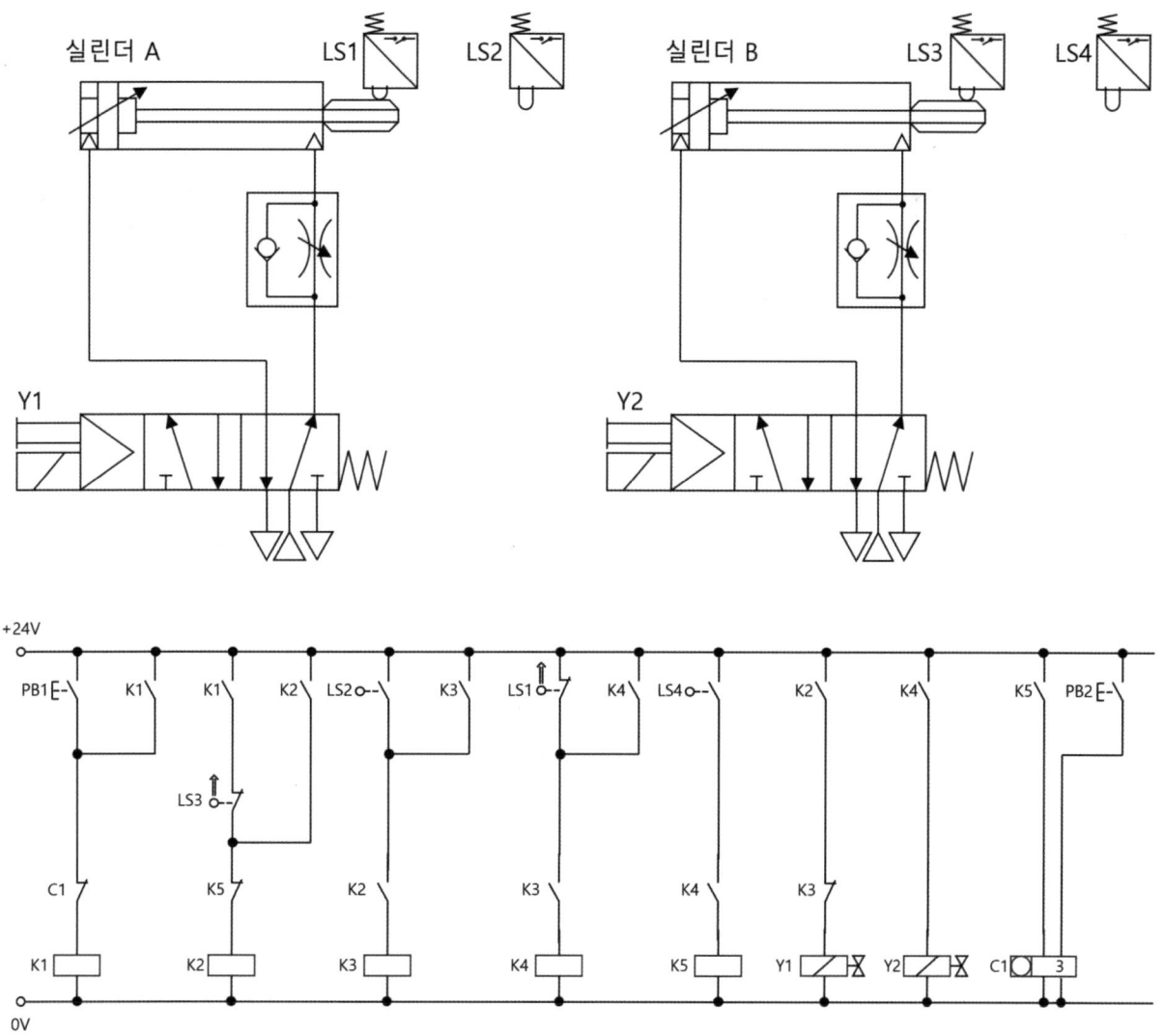

해석 과정에서는 공압 회로도와 전기 회로도를 동시에 보면서 진행하는 것이 좋다. 실제 동작은 여러 신호가 동시에 발생할 수 있으므로, 서두르지 말고 천천히, 정확하게 각 신호의 흐름을 따라가야 한다.

전기 회로도 좌측 상단에 표시된 '+24V' 지점이 전류의 출발점이다. 해석 시에는 여기서부터 전류가 어떻게 흐르는지를 상상하며, 각 릴레이와 스위치, 솔레노이드까지의 경로를 하나씩 추적해야 한다.

처음에는 머릿속으로만 전류 흐름을 상상하기가 쉽지 않다. 이럴 때는 펜으로 전류 경로를 표시하면서 해석하는 것이 큰 도움이 된다. 예를 들어, 흐르는 경로를 붉은색 펜으로 따라가며 표기하면 직관적으로 이해할 수 있고, 회로 해석 실수를 줄일 수 있다.

필자 역시 현재까지 강의를 진행할 때 이 방법을 적극적으로 활용하고 있으며, 학습자들에게도 추천한다. 이러한 시각적 표기 습관은 회로 분석 속도를 높이고, 시험이나 실무에서 빠른 판단을 가능하게 한다.

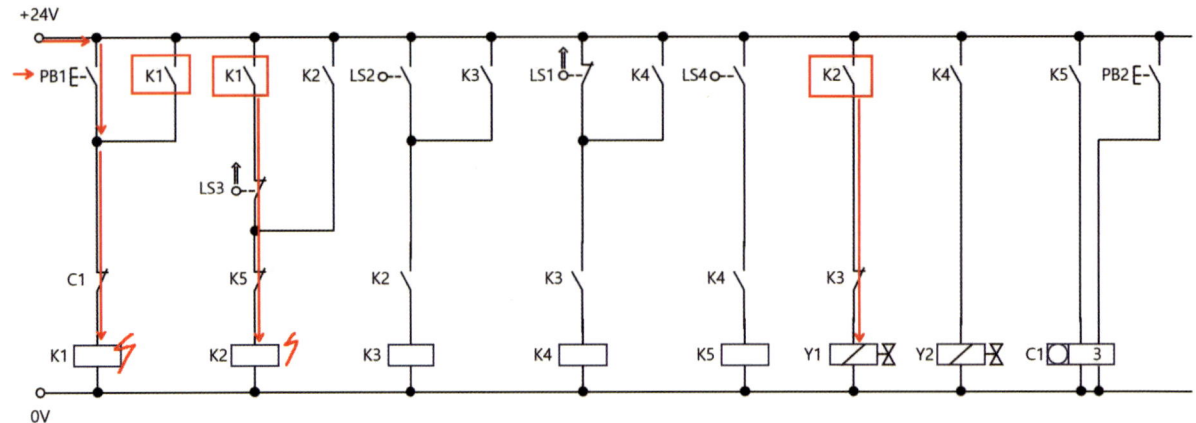

① 전원을 켜면 상단의 '+24V' 플러스 라인에 전류가 인가되어 신호가 출발할 준비가 된다.

② 이 상태에서 'PB1'을 누르면, 원래 열려 있던 a접점이 닫히면서 전류가 플러스에서 마이너스로, 즉 위에서 아래로 흐르기 시작한다.

③ 회로상에 보이는 'C1'이라는 이름의 부품이 정확히 어떤 역할을 하는지는 아직 모르더라도, 우선 b접점이므로 전류는 계속 흐른다고 판단한다.

④ 전류가 'K1'이라는 릴레이에 도달하면, 릴레이가 여자되어 같은 이름을 가진 'K1' 접점들이 동시에 열리거나 닫히게 된다.

⑤ 이때 변경되는 접점을 회로도에 별도로 표기하여 구분하고, 시선을 출력부 쪽으로 옮겨 실제로 어떤 장치가 동작하는지 확인한다.

이 절차에 따라 해석하면 대부분의 회로에서 동작 흐름을 문제없이 파악할 수 있다. 중요한 것은 서두르지 않고, 신호의 흐름을 정확하게 추적하는 습관을 들이는 것이다. 숙달되면 10분 이내에 해석이 가능하다.

설비보전기능사의 공개문제 도면을 이 방식으로 해석할 수 있다면, 다음 단계로 실제 결선 실습에 도전하는 것이 좋다. 해석 능력이 기반이 되면 보다 빠르고 정확하게 장비를 구성할 수 있다.

이후 문제 풀이 내용은, 책 속의 글과 사진만으로는 모든 내용을 충분히 전달하기 어렵기 때문에, 보다 명확한 이해를 위해 아래에 안내된 유튜브 채널을 참고하여 학습하길 권한다.

좋아요, 댓글, 구독, 알림 설정은 합격으로 가는 지름길이다.

어린이가 처음 만나는 과학

제4장

유압

우리가 일상에서 접하는 굴착기, 엘리베이터, 자동차 브레이크 등은 모두 '유압'이라는 기술로 움직인다. 그렇다면 유압은 언제, 어떻게 시작되었을까? 사실 유압의 역사는 단순한 기계 부품의 발전 과정이 아니라, 수천 년 동안 인간이 물과 힘을 다루어 온 지혜의 기록이기도 하다.

인류는 오래전부터 물을 움직이고 활용하는 방법을 고민해 왔다. 고대 이집트 사람들은 나일강의 물을 논으로 끌어들이기 위해 관과 수로를 만들었다. 이는 물의 흐름과 압력을 인위적으로 조절한, 가장 초기 형태의 유체 이용 기술이었다.

기원전 3세기, 그리스의 수학자 아르키메데스는 '아르키메데스 나사'를 발명했다. 이 장치는 회전하는 나사 구조를 이용해 낮은 곳의 물을 높은 곳으로 끌어올릴 수 있었고, 오늘날에도 일부 농업 현장에서 관개용으로 사용되고 있다.

 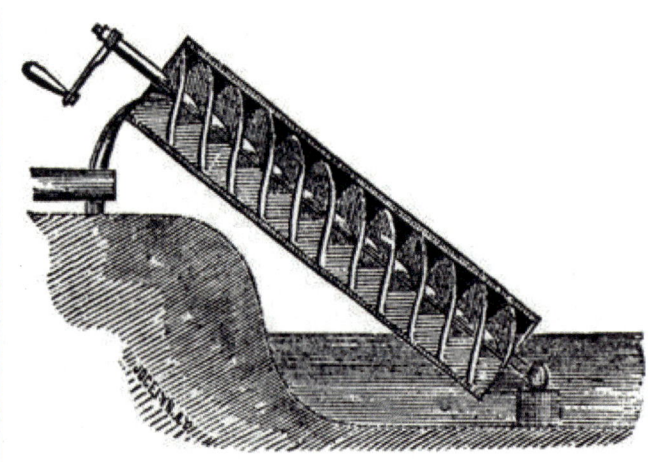

중세 유럽에서는 강물의 흐름을 이용한 물레방아가 널리 사용되었다. 회전판이 강물의 힘으로 돌아가면, 곡식을 빻거나 망치를 드는 기계 장치가 작동했다. 비록 현대적 의미의 '유압 시스템'은 아니었지만, 유체의 힘을 동력으로 전환해 기계를 움직인다는 개념이 이 시기에 자리 잡았다.

 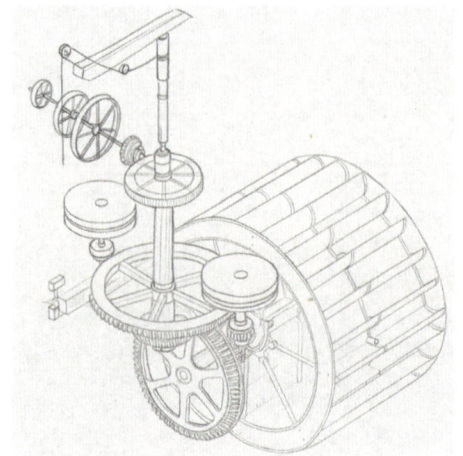

17세기, 프랑스의 과학자 블레즈 파스칼은 '밀폐된 용기 안의 유체는 어느 방향으로든 동일한 압력을 전달한다'는 사실을 발견했다. 이를 '파스칼의 원리'라고 부른다.

이 원리는 작은 힘으로도 큰 힘을 만들어 낼 수 있다는 점에서 유압 기술의 핵심 기반이 되었다. 즉, 힘의 전달이 손실 없이 이루어지고, 유체가 압력을 고르게 전달하는 성질을 이용해 오늘날의 유압 장비가 탄생한 것이다.

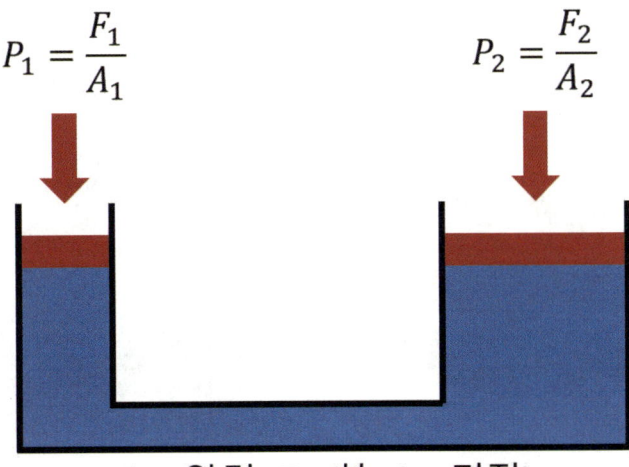

(P : 압력, F : 힘, A : 면적)

18세기 말, 산업혁명으로 인해 대량 생산과 강력한 기계의 필요성이 급격히 높아졌다. 이 시기에 영국의 발명가 조지프 브라마(Joseph Bramah)는 파스칼의 원리를 실제 기계에 적용하여 '브라마 프레스(Bramah Press)'라는 유압 프레스를 개발했다.

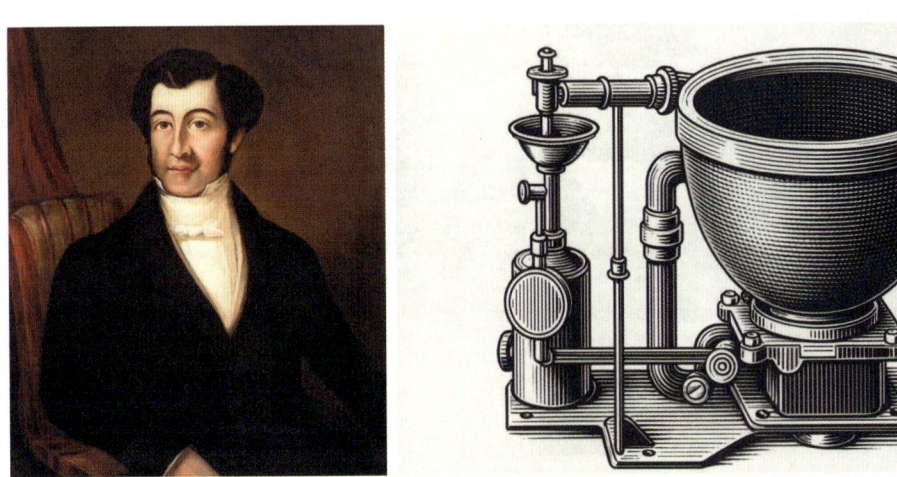

브라마 프레스는 적은 힘으로도 매우 무거운 물체를 눌러 가공할 수 있는 장치로, 당시 금속 가공과 제조 분야에 혁신을 가져왔다. 이 발명은 유압 기술이 실험실 이론을 넘어 산업 현장에서 활용된 첫 사례로, 현대 유압 기계의 시초라 할 수 있다.

초기의 유압 기계는 물을 압력 매체로 사용했지만, 점차 '유압유(오일)'로 대체되었다. 오일은 물보다 윤활성이 뛰어나고, 쉽게 얼거나 금속을 부식시키지 않기 때문에 훨씬 안정적이다.

이후 유압 기술은 건설기계, 항공기, 선박, 공장 자동화 설비 등 다양한 산업 분야로 빠르게 확산되었다. 버튼 하나만 눌러도 거대한 힘을 낼 수 있게 되면서 인력 의존도가 크게 줄었고, 작업 효율은 비약적으로 향상됐다.

오늘날의 유압 시스템은 단순한 힘의 전달 장치를 넘어, 전자 제어 기술과 결합한 '전자유압 시스템(Electro-Hydraulic System)'으로 진화했다. 이를 통해 유압 장비는 더 정밀하고 신속하게 반응하며, 자동화 생산 라인과 로봇 산업에서도 핵심적인 역할을 하고 있다.

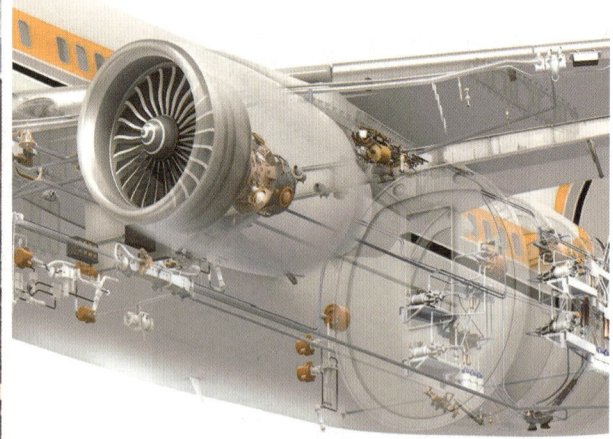

왜 유압인가?

유압 시스템이란 '유압유(오일)'라는 매체를 사용하여 힘을 전달하고, 그 힘을 통해 액추에이터를 움직이는 기술을 말한다. 기본 구조는 공압과 유사하다. 전동기나 엔진을 사용해 펌프를 구동하고, 이를 통해 고압의 압유를 만든다. 이렇게 생성된 압유는 각종 밸브를 거쳐 제어된 후, 액추에이터로 전달되어 다양한 유압 장치와 시스템을 작동시킨다.

공압과의 가장 큰 차이는 '사용된 매체의 처리 방식'이다. 공압은 사용 후의 공기를 대기 중으로 배기하지만, 유압은 사용된 오일을 반드시 탱크로 되돌려 재순환시킨다. 이는 오일의 재사용을 가능하게 하고, 시스템 내 압력 유지와 효율성 향상에 기여한다.

유압 시스템의 장점은 다음과 같다.

① 높은 출력 밀도 : 작은 장치로도 매우 큰 힘을 낼 수 있다.
② 정밀한 제어 가능 : 유량과 압력 조절을 통해 속도·위치·힘을 세밀하게 제어할 수 있다.
③ 부드러운 동작 : 유체 특성 덕분에 진동과 충격이 적다.
④ 연속 가변 제어 : 회전속도나 추진력을 자유롭게 변화시킬 수 있다.

물론 유압 시스템은 오일 누유 가능성, 온도 변화에 따른 점도 변화, 유지보수의 번거로움 같은 단점도 존재하지만, 강력한 힘과 정밀한 제어가 필요한 산업 현장에서는 여전히 필수적인 기술이다.

이러한 유압의 힘이 어떻게 전달되는지 알아보자.

유압 기초 이론

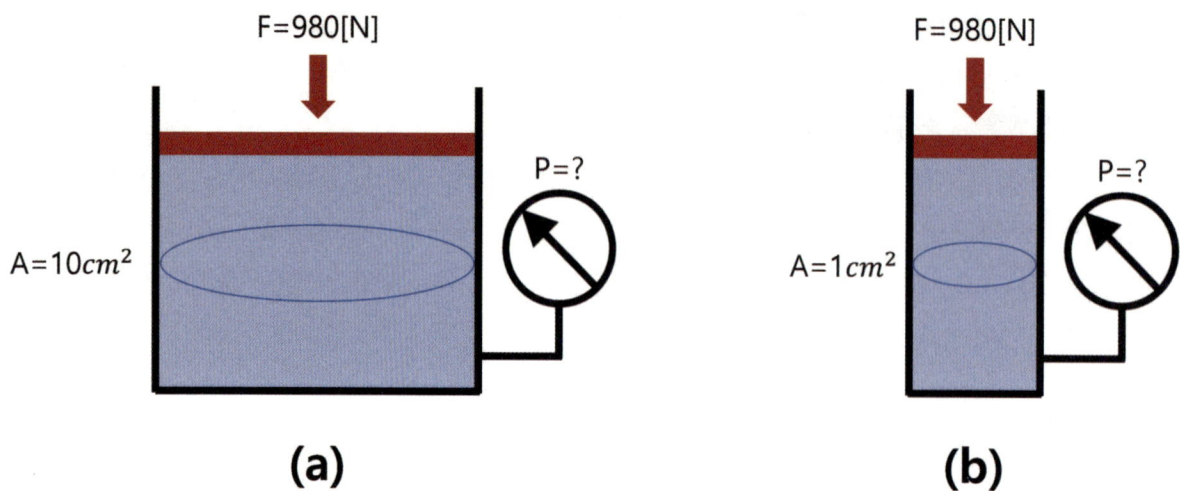

압력이란 단위 면적당 힘으로 표시되고, 아래 식으로 나타낼 수 있다.

$$압력(P) = \frac{힘(F)}{면적(A)} \quad \cdots \text{①}$$

위 식을 활용하여 그림(a), 그림(b) 각각 얼마의 압력을 받는지 계산해 보자. (a)와 (b)에서 동일하게 980[N]의 힘으로 받고 있지만, 수압 면적으로는 (a)는 10[cm^2], (b)는 1[cm^2]로 받고 있다. 이를 식으로 표현하여 압력 값을 구해 보자면 다음과 같다.

$$(a) : P = \frac{980[N]}{10[cm^2]} = 0.98[MPa]$$

$$(b) : P = \frac{980[N]}{1[cm^2]} = 9.8[MPa]$$

결과 값을 봤을 때, 같은 힘으로 눌렀음에도 서로 다른 압력을 받고 있음을 알 수 있다. 즉, 같은 힘을 받을 경우에는, 면적이 작으면 압력이 커진다.

예를 들어, 옆 친구를 볼펜으로 찔렀을 때와 같은 힘으로 손바닥으로 눌렀을 때를 생각해 보자. 어느 것이 더 고통스러운가? 단순히 뾰족한 볼펜이라서 더 아픈가? 이유는, 볼펜 촉의 단면적이 손바닥보다 훨씬 작으므로, 찔린 쪽의 압력이 커지는 것과 같은 것이다.

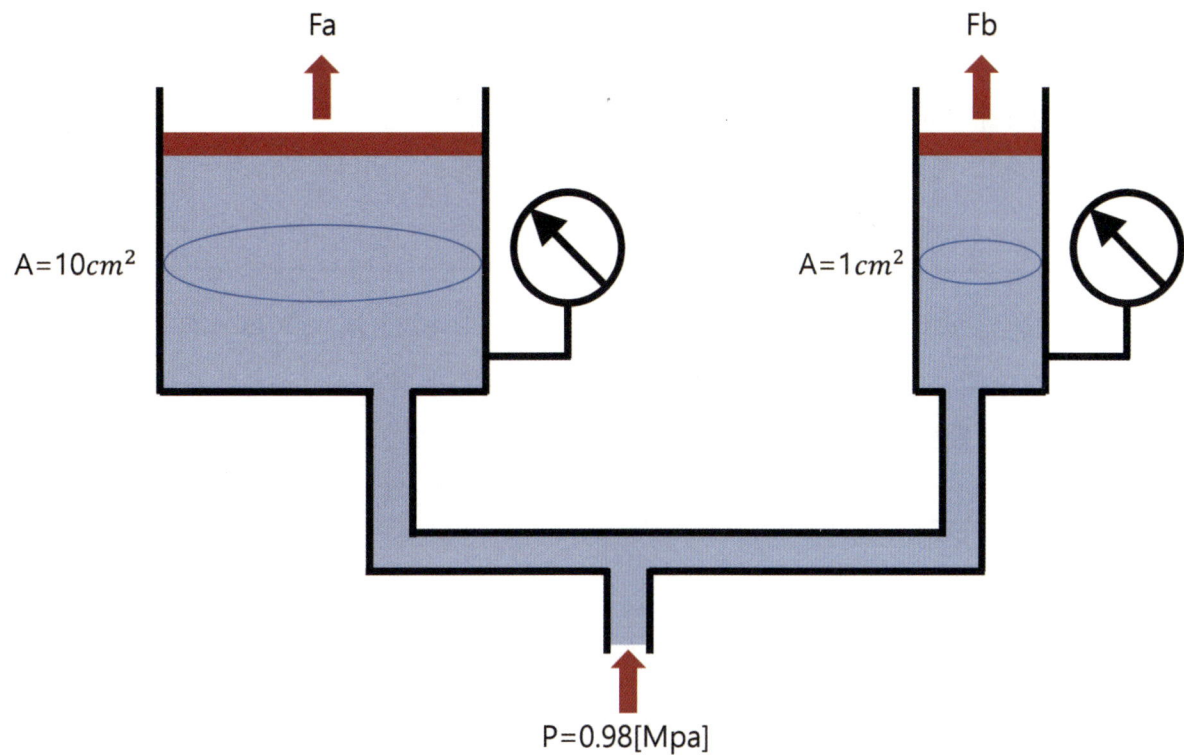

이번에는 반대로 압력(P)이 있고, 힘(F)을 구하는 것을 생각해 보자.

식 ①을 변형하여 아래와 같이 보자.

$$힘(F) = 압력(P) \times 면적(A) \cdots ②$$

즉, 압력에 면적을 곱하면 힘이 된다. 아래 그림에서 마찬가지로 Fa와 Fb를 계산해 보자.

$$Fa = 0.98[MPa] \times 10[cm^2] = 980[N]$$

$$Fb = 0.98[MPa] \times 1[cm^2] = 98[N]$$

위 계산대로라면 면적이 큰 쪽이 얻어지는 출력(힘)도 크다. 유압 실린더가 전진할 때 힘을 내보내는 거의 원리가 위 그림과 같이 행해진다.

이처럼 액체의 힘은 압력의 형태로 전달된다는 것을 알 수 있다. 따라서 원하는 힘을 얻기 위해서는 압력의 크기를 조절하거나, 힘이 작용하는 면적을 바꾸는 방법을 활용하면 된다. 파스칼의 원리에 따라 압력은 면적과 힘의 비례 관계를 갖기 때문에, 면적을 크게 하면 같은 압력에서도 더 큰 힘을 얻을 수 있고, 면적을 줄이면 정밀하고 빠른 동작을 구현할 수 있다.

그러나 유압 실린더나 유압 모터와 같은 주요 부품은 일단 크기와 구조를 결정해 제작해 버리면, 사용 중에 간단히 변경하기 어렵다. 반면 압력은 시스템 운전 중에도 비교적 손쉽게 조절이 가능하다. 이때 압력의 크기를 제어하고, 필요에 따라 일정한 압력을 유지하거나 한도를 제한하는 장치가 바로 '압력 제어 밸브'이다.

압력 제어 밸브는 유압 시스템의 안전성과 효율성을 유지하는 핵심 부품으로, 장비를 과부하로부터 보호하고, 작업에 적합한 힘을 안정적으로 공급한다. 앞으로 우리는 이러한 압력 제어 밸브의 종류와 구조, 그리고 실제 현장에서의 활용 방법에 대해 하나씩 배워 볼 것이다.

제1절 유압의 5대 요소

앞서 공압의 5대 요소를 배울 때와 마찬가지로, 유압에서도 그 역할과 기능이 비슷한 요소들이 존재한다. 이미 공압 파트에서 중복되는 원리와 부품을 학습했으므로, 이번에는 같은 그림을 그대로 가져오는 대신, 유압에 맞춘 새로운 그림으로 표현해 보겠다. 이렇게 하면 중복된 내용은 줄이면서도, 유압만의 특징과 차이점을 보다 명확하게 이해할 수 있을 것이다.

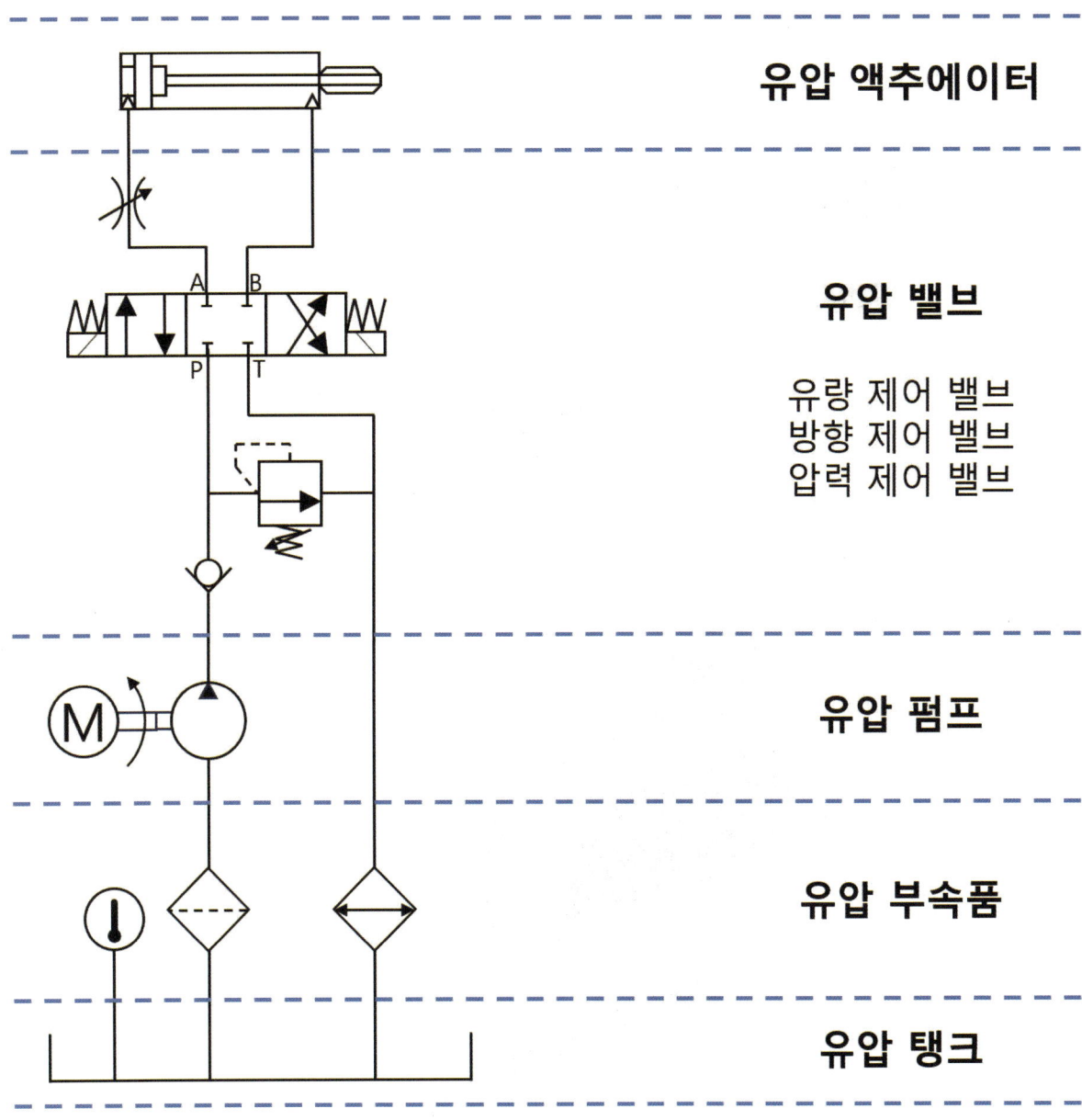

제1항 유압 액추에이터

설비보전 분야에서 널리 사용되는 대표적인 유압 액추에이터로는 왕복 운동을 수행하는 유압 실린더와 회전 운동을 수행하는 유압 모터가 있다.

유압 실린더는 직선 방향으로 힘을 전달해 물체를 밀거나 당기는 데 쓰이며, 유압 모터는 회전력을 발생시켜 컨베이어, 윈치, 선박 추진 장치 등 다양한 기계 구동에 사용된다.

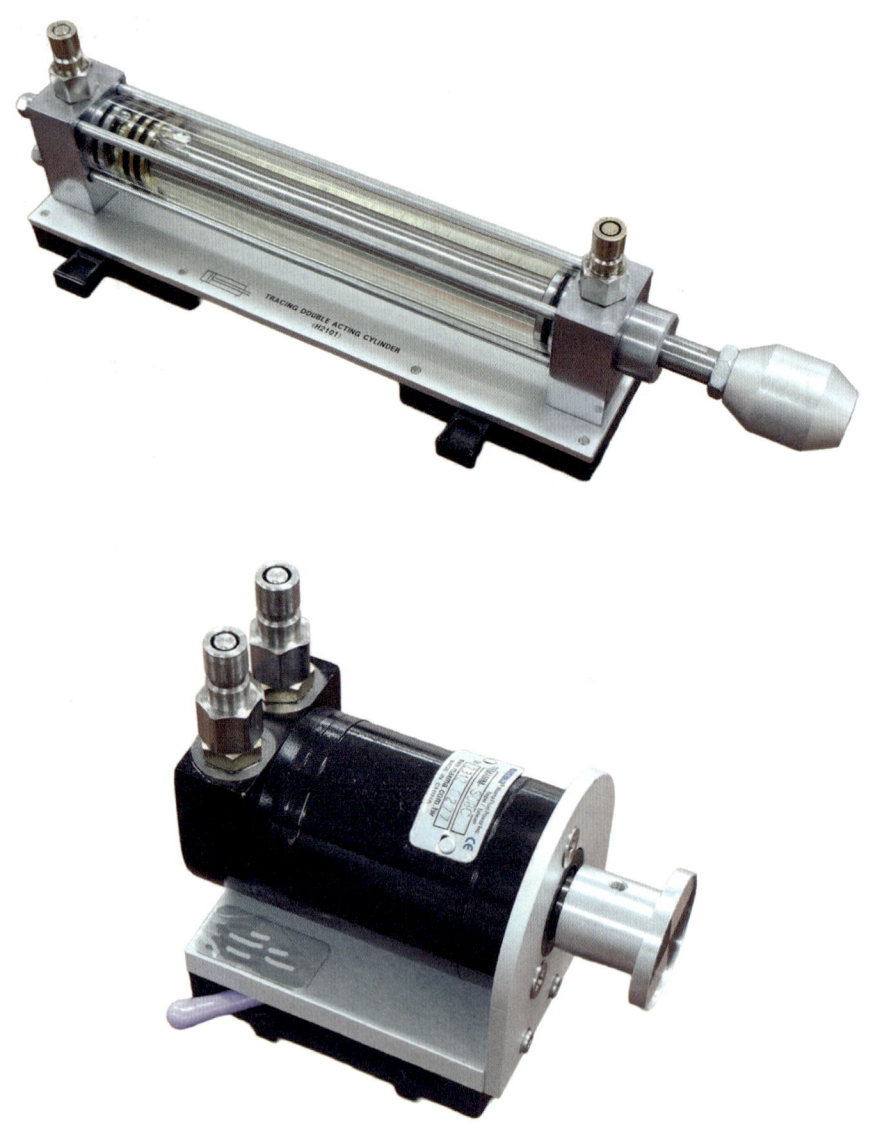

인간의 신체에 비유하면, 이 두 장치는 손과 발에 해당한다고 볼 수 있다. 손과 발이 뇌의 명령에 따라 움직이듯, 유압 액추에이터 역시 독립적으로 작동하지 않고 반드시 '명령 신호'에 의해 움직인다. 이러한 명령 신호를 만드는 장치가 바로 유압 밸브다. 유압 밸브는 압력, 유량, 방향을 조절하여 액추에이터가 원하는 동작을 수행하도록 제어한다. 결국 액추에이터의 성능과 효율은 밸브의 제어 능력에 크게 좌우된다.

제2항 유압 밸브

액추에이터의 출력, 방향, 속도를 제어하기 위해서는 유압유의 압력, 방향, 유량을 정밀하게 조절해야 한다. 이러한 기능을 수행하는 장치가 바로 유압 밸브다.

유압 밸브는 액추에이터가 필요로 하는 힘의 크기와 작동 방향, 속도를 정확하게 맞춰 주어 시스템이 계획한 동작을 수행하도록 한다.

인간의 신체에 비유하면, 유압 밸브는 근육과 같다. 근육이 뼈를 움직일 때 적절한 힘과 방향을 조절하듯, 유압 밸브도 유압유를 알맞게 제어하여 액추에이터가 안정적이고 효율적으로 작동하도록 만든다. 따라서 밸브의 제어 특성은 유압 시스템 전체의 성능과 직결되며, 설계 단계에서부터 신중한 선정과 세팅이 필요하다.

(1) 압력 제어 밸브

일의 출력을 결정한다. 액추에이터는 유압유가 전달하는 압력에 의해 움직이므로, 필요한 작업에 맞는 적정 압력으로 제어하는 것이 중요하다. 압력이 부족하면 액추에이터가 충분한 힘을 발휘하지 못해 작업이 실패할 수 있고, 반대로 압력이 과도하면 부품이 손상되거나 장치 전체가 파손될 위험이 있다.

따라서 압력 제어 밸브는 시스템이 항상 안정적으로 작동하도록 압력을 일정하게 유지하고, 상황에 따라 압력을 낮추거나 차단하는 기능을 수행한다. 이를 통해 불필요한 에너지 낭비를 줄이고, 장비의 수명과 안전성을 동시에 확보할 수 있다.

기호	명칭	설명
P→□→A	감압 밸브(2-way)	설정된 압력 이하로 유압을 낮춰 일정하게 유지시켜 주는 밸브이다. (2차측 압력을 조절)
P→□→A	감압 밸브(3-way)	
P→□→A	릴리프 밸브	압력이 설정 값을 초과할 경우 이를 방출하여 과압을 방지하는 안전장치이다. (1차측 압력을 조절)
P, A	카운터 밸런스 밸브	부하를 안정적으로 제어하기 위해, 설정된 압력 이상에서만 유압을 흐르게 하는 밸브이다.

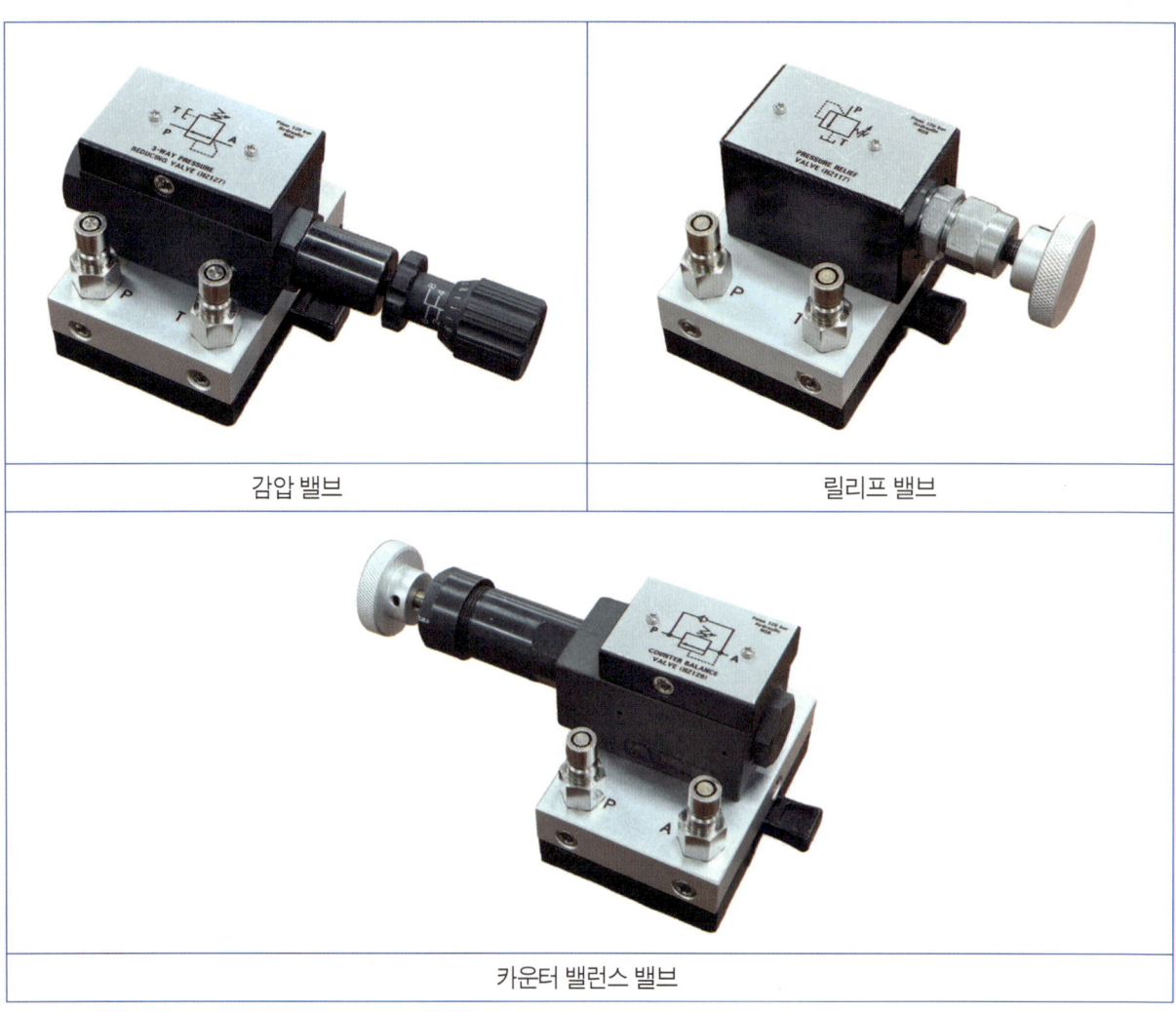

감압 밸브	릴리프 밸브

카운터 밸런스 밸브

cf. '릴리프 밸브'와 '감압 밸브'의 차이?

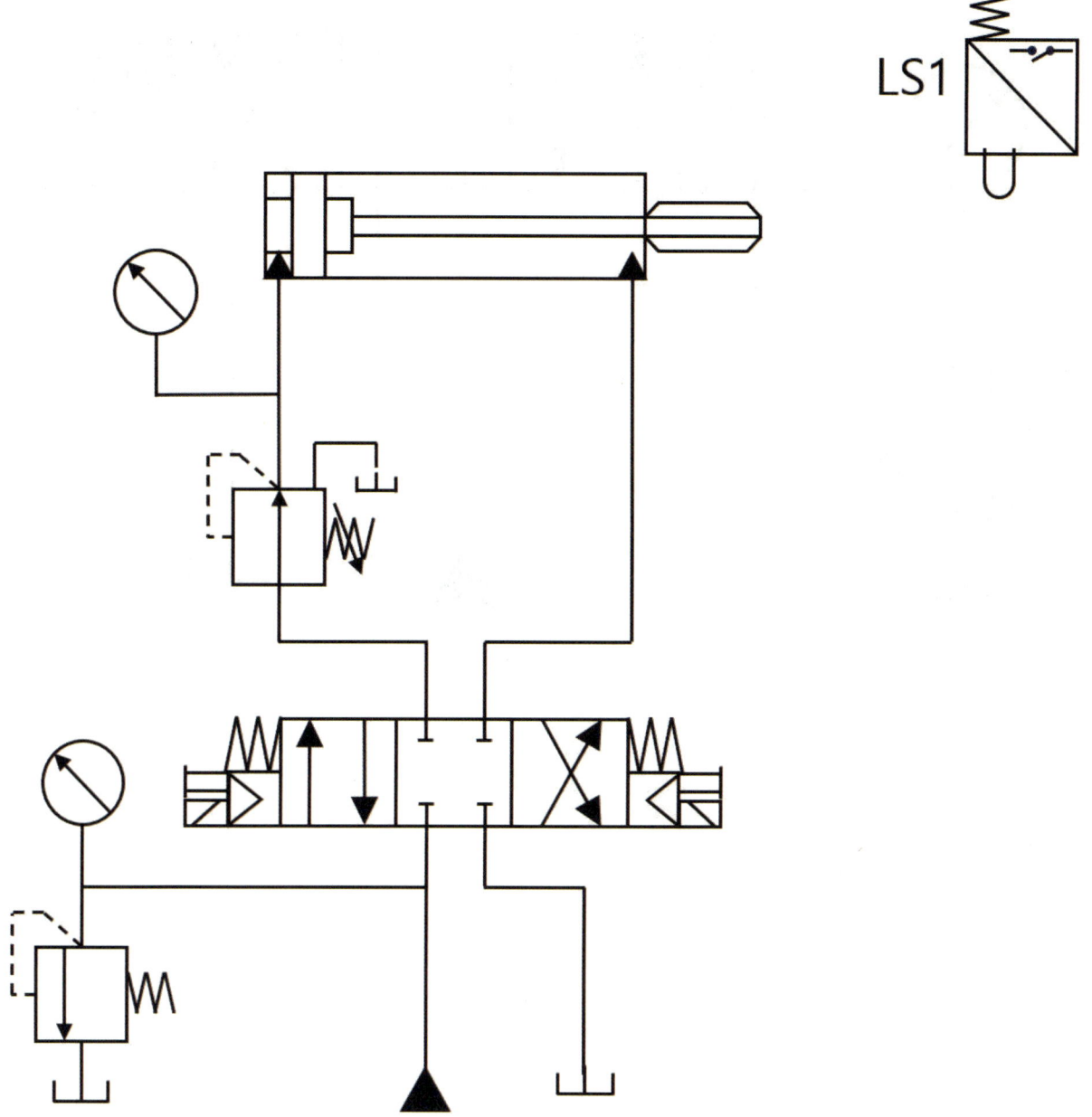

상단에 있는 밸브가 '감압 밸브'이고, 하단에 있는 밸브가 '릴리프 밸브'이다.

감압 밸브와 릴리프 밸브는 모두 압력 제어 밸브에 속하며, 시스템의 안전과 안정성을 유지하기 위해 필수적인 역할을 한다. 두 밸브 모두 내부에 스프링과 밸브 요소를 갖추고 있어, 설정된 압력 이상이 되면 자동으로 작동하여 유체 흐름을 조절한다는 공통점이 있다.

따라서 두 밸브 모두 과도한 압력으로 인한 장비 손상이나 오작동을 방지하며, 시스템 전반의 효율성과 수명을 높이는 데 필수적인 장치이다.

우선 하단에 있는 '릴리프 밸브'를 먼저 보자.

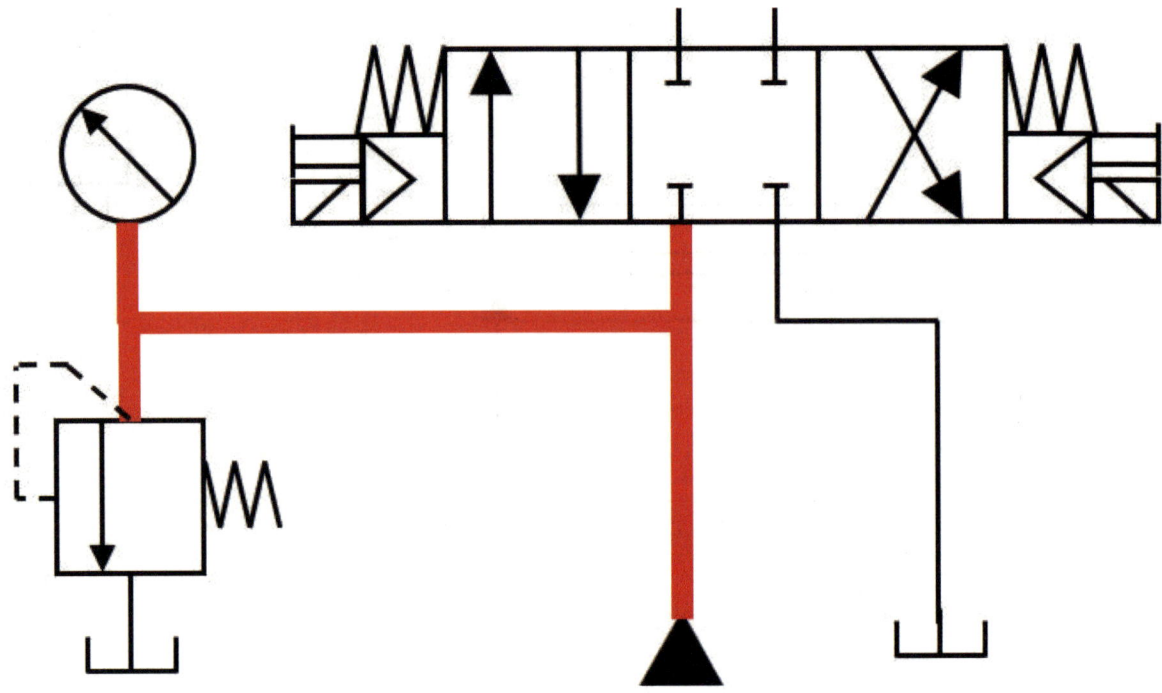

위 그림에서 유압 펌프가 계속 작동하는 상황이라면, 붉은색으로 표시된 라인(1차측)에는 압력이 지속적으로 상승하게 된다. 그러나 이러한 과도한 압력 상승을 방지하기 위해 '릴리프 밸브'가 설치되어 있다. 릴리프 밸브는 설정된 압력 값을 초과하면 즉시 개방되어, 초과된 유압유를 탱크로 되돌려 보냄으로써 시스템 압력을 일정하게 유지한다.

즉, 붉은색 라인은 릴리프 밸브를 기준으로 1차측(고압측)이며, 릴리프 밸브는 시스템 전체의 압력이 허용 범위를 초과하지 않도록 안전판 역할을 수행한다. 이를 통해 장비 손상이나 고장을 예방하고, 유압 시스템이 안정적으로 운전될 수 있도록 한다.

그다음, 상단의 '감압 밸브'를 보자.

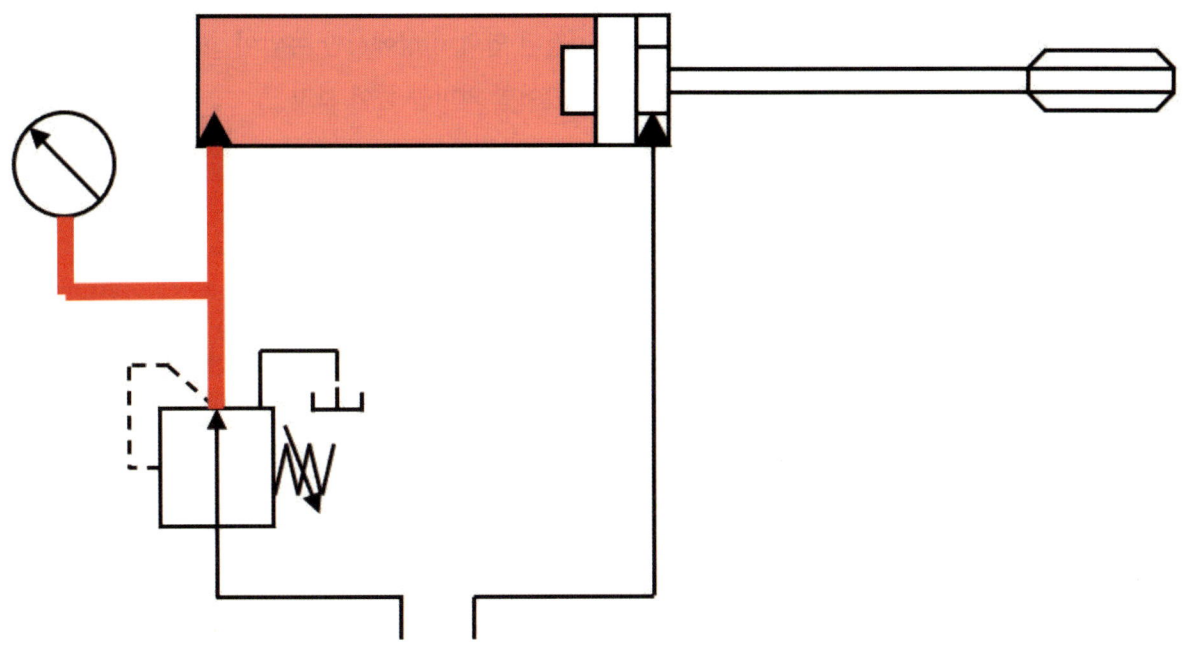

이 상황은 유압 실린더 전진단에 기름이 공급되어, 실린더가 최대 행정 거리에 도달했을 때를 가정한 것이다. 만약 이 상태로 방치하면 회로 내 압력이 계속 상승하여 유압 호스가 파손되거나, 장비 누유와 같은 심각한 손상이 발생할 수 있다. 이를 방지하기 위해 '감압 밸브'가 설치된다.

감압 밸브는 설정된 압력 이상이 되면 내부 관로가 압력에 밀려 우측으로 이동하며, 유압유를 탱크로 되돌려 압력을 낮춘다. 이렇게 함으로써 특정 회로나 부품에는 항상 일정하고 낮은 압력이 공급되도록 제어할 수 있다.

붉은색으로 표시된 라인은 '감압 밸브'를 기준으로 2차측(저압측) 라인이다. 즉, 감압 밸브는 시스템 전체 압력을 제어하는 릴리프 밸브와 달리, 특정 구간이나 장치에 필요한 압력만을 유지·공급하는 역할을 한다. 이를 통해 장치의 수명을 연장하고, 불필요한 에너지 낭비와 손상을 방지할 수 있다.

결국, 감압 밸브는 '필요한 만큼만 압력을 낮춰 주는' 기능, 릴리프 밸브는 '위험할 때 압력을 빼 주는' 안전 기능이 핵심이다. 두 장치는 모두 과도한 압력으로 인한 장비 손상과 오작동을 방지하며, 시스템의 수명과 효율성을 높이는 데 중요한 역할을 한다.

cf. 카운터 밸런스 밸브란?

사전적 정의로는 '부하를 안정적으로 제어하기 위해, 설정된 압력 이상에서만 유압이 흐르도록 하는 밸브'를 말한다. 정의만 보면 다소 어렵게 느껴질 수 있으니, 단어별 의미를 풀어 보자.

① 카운터(Counter)
- 의미: '반대의', '상쇄하는', '대응하는'.
- 여기서는 하중이 아래로 당기는 힘(중력)에 맞서서 작용한다는 뜻이다.
- 즉, 무게가 아래로 떨어지려는 힘을 그대로 두지 않고, 반대로 저항을 주어 속도를 제어하는 기능을 한다.

② 밸런스(Balance)
- 의미: '균형을 맞추다', '평형 상태를 유지하다'.
- 갑작스러운 낙하를 막고, 하중이 부드럽게 내려가도록 균형을 유지한다.

따라서 '카운터 밸런스 밸브'는 하중에 맞서 균형을 잡아 주는 밸브라는 뜻이 된다. 실제 구성은 릴리프 밸브와 체크 밸브를 결합해 이루어지며, 무거운 하중이 갑자기 내려가거나 급격히 움직이는 것을 방지하는 역할을 한다.

다음 예시를 보면, 구조와 작동 원리를 더욱 쉽게 이해할 수 있을 것이다.

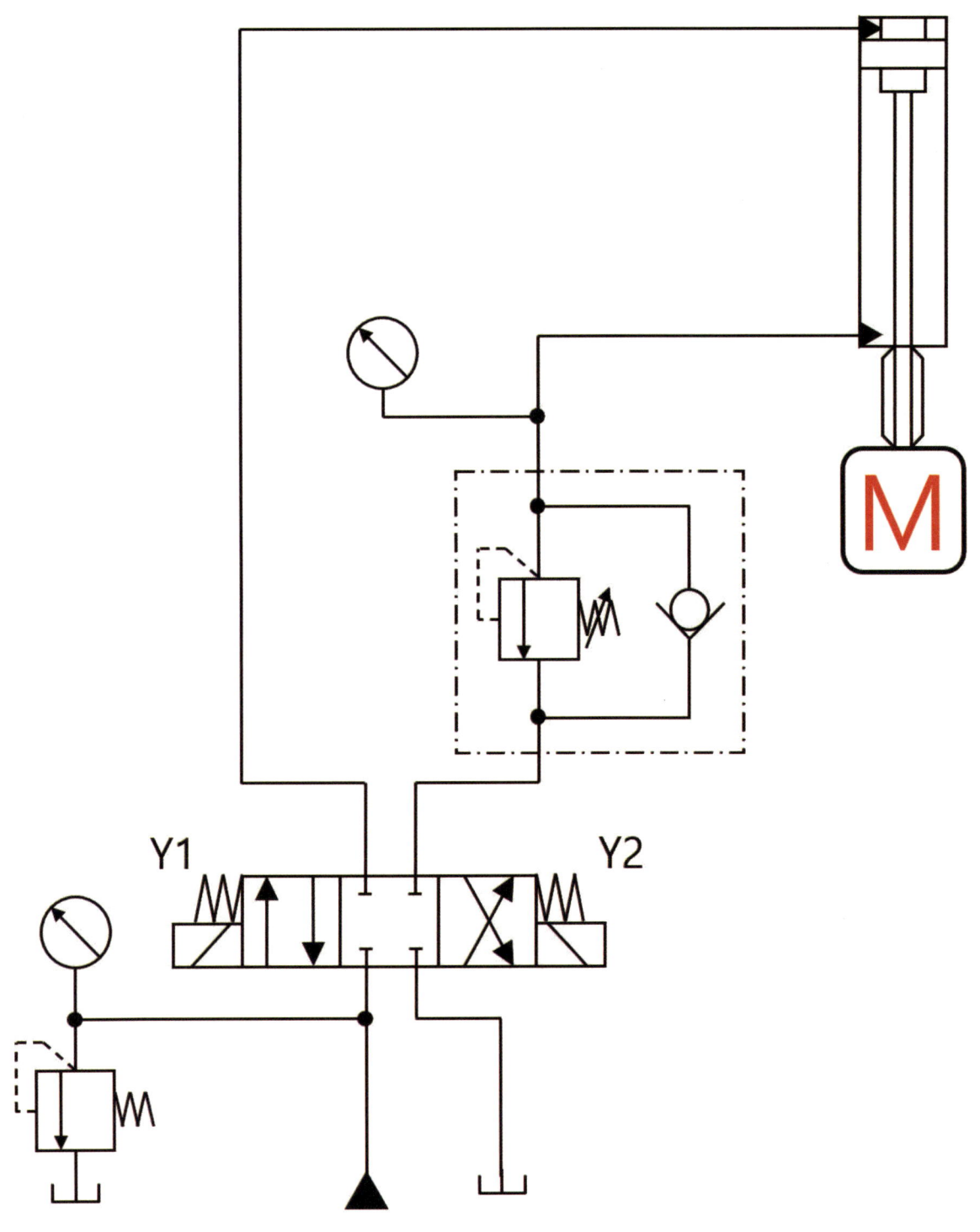

이 예시는 실린더가 수평이 아닌 수직으로 설치된 상황을 보여 준다.

시험 회로나 교재 예제에서는 보통 하중이 없는 수평 상태로 단순 동작만 다루지만, 실제 산업 현장에서는 장비 구조나 작업 환경에 따라 실린더의 설치 각도와 하중 조건이 크게 달라진다.

그림에서 'M'으로 표시된 부분은 드릴, 절삭 공구, 또는 작업물처럼 무게가 있는 장치이다.
이러한 하중이 실린더 헤드에 걸린 상태에서는 중력이 지속적으로 하중을 아래로 당기는 힘으로 작용한다. 만약 밸브를 단순히 개방하면, 하중이 중력에 의해 급격히 떨어지면서 장비 손상이나 작업물 파손, 심지어 작업자 안전사고까지 초래할 수 있다.

이러한 문제를 예방하기 위해 카운터 밸런스 밸브를 설치한다. 이 밸브는 설정된 압력 이상이 되어야만 오일이 흐르도록 제어해, 하중이 부드럽게 내려가도록 속도를 유지한다. 쉽게 말해, 유압식 브레이크처럼 급강하를 방지하고 위치 안정성을 확보하는 장치다.

카운터 밸런스 밸브는 특히 가공 장비, 금형 프레스, 리프트 장치 등 하중이 있는 수직 실린더가 쓰이는 곳에서 필수적이다. 이를 설계 단계에서 적용하면 작업자의 안전 확보, 장비 수명 연장, 그리고 정밀 가공 품질 유지까지 동시에 달성할 수 있다.

실린더가 수직 상태에서 하중을 받게 되면, 중력의 영향으로 평상시에도 전진하려는 힘이 계속 작용한다. 물론 카운터 밸런스 밸브가 없더라도, 방향 제어 밸브가 중립 위치에 있다면 내부 유로가 막혀 있어 실린더는 전진하지 않는다.

그러나 문제는 실린더가 전진 중일 때 발생한다. 만약 유압 모터의 시동이 꺼지거나, 갑작스러운 전원 차단과 같은 위급 상황이 발생한다면 어떻게 될까? 아래 그림은 그 상황을 예시로 보여 준다.

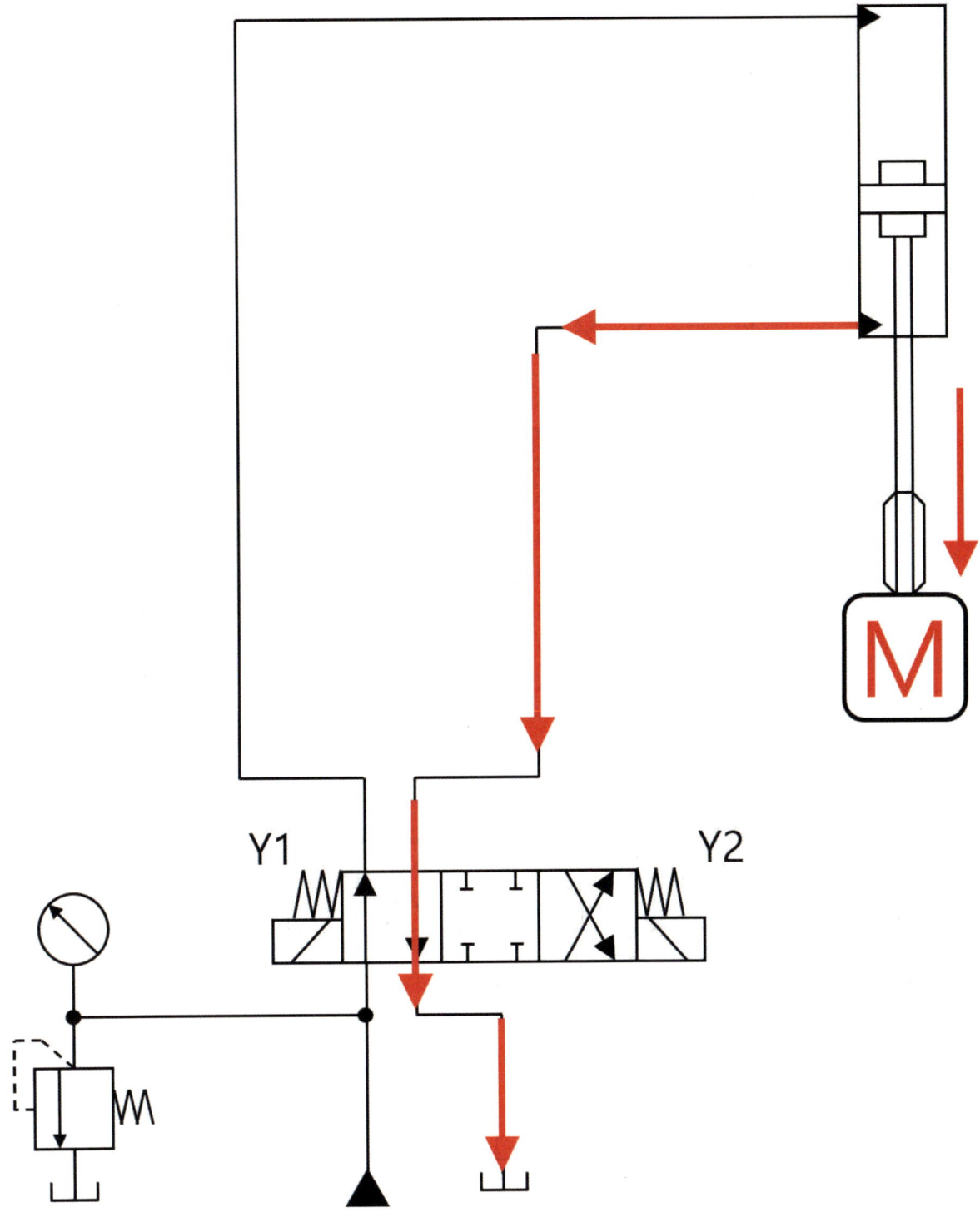

카운터 밸런스 밸브가 없는 상태에서는, 유압 공급이 끊기면 붉은 화살표 방향으로 하중이 그대로 실린더를 밀어내게 된다. 이 경우 실린더를 지탱할 장치가 없으므로, 하중은 중력 방향으로 계속 전진하게 된다.

제4장 유압 117

그렇다면 이번에는 '카운터 밸런스 밸브'가 있는 경우를 생각해 보자.

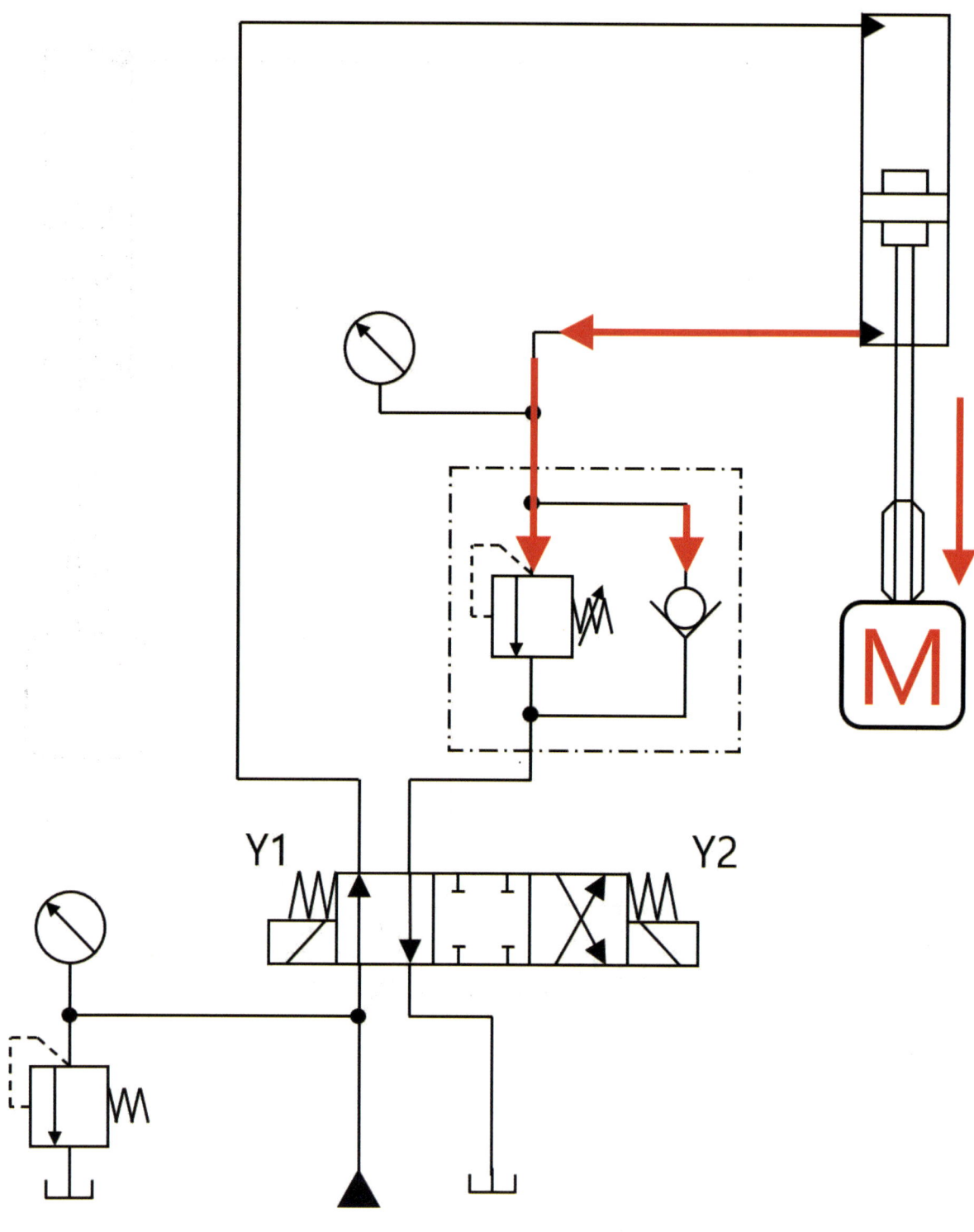

방향 제어 밸브의 스풀이 중립 위치에서 멈추더라도, 관로 중간에 있는 릴리프 밸브와 체크 밸브가 유압의 흐름을 막아 주기 때문에 쉽게 압력이 빠져나가지 않는다. 이로 인해 위급 상황에서도 실린더의 움직임을 즉시 멈출 수 있게 된다.

그렇다면 한 가지 의문이 생긴다.

"위와 같이 릴리프 밸브와 체크 밸브가 막고 있다면, 평상시에는 언제 기름이 통과하여 실린더가 전진할 수 있는가?"

이 질문의 답은 카운터 밸런스 밸브의 설정 압력에 있다. 카운터 밸런스 밸브는 설정된 압력 이상이 되어야만 개방되어, 유압유가 체크 밸브를 통과해 실린더로 공급된다.

즉, 정상 동작 시에는 펌프에서 공급되는 유압이 설정 압력 이상이 되면 밸브가 열려 전진이 가능하고, 비상 상황에서는 설정 압력 이하로 떨어지므로 밸브가 닫혀 하중을 지탱하게 된다.

이번에는 각 릴리프 밸브에 설정된 압력 값을 표시하여 이해를 돕겠다. 시스템 하단에 위치한, 전체 유압 시스템의 압력을 조절하는 릴리프 밸브는 약 4MPa로 설정되어 있다.

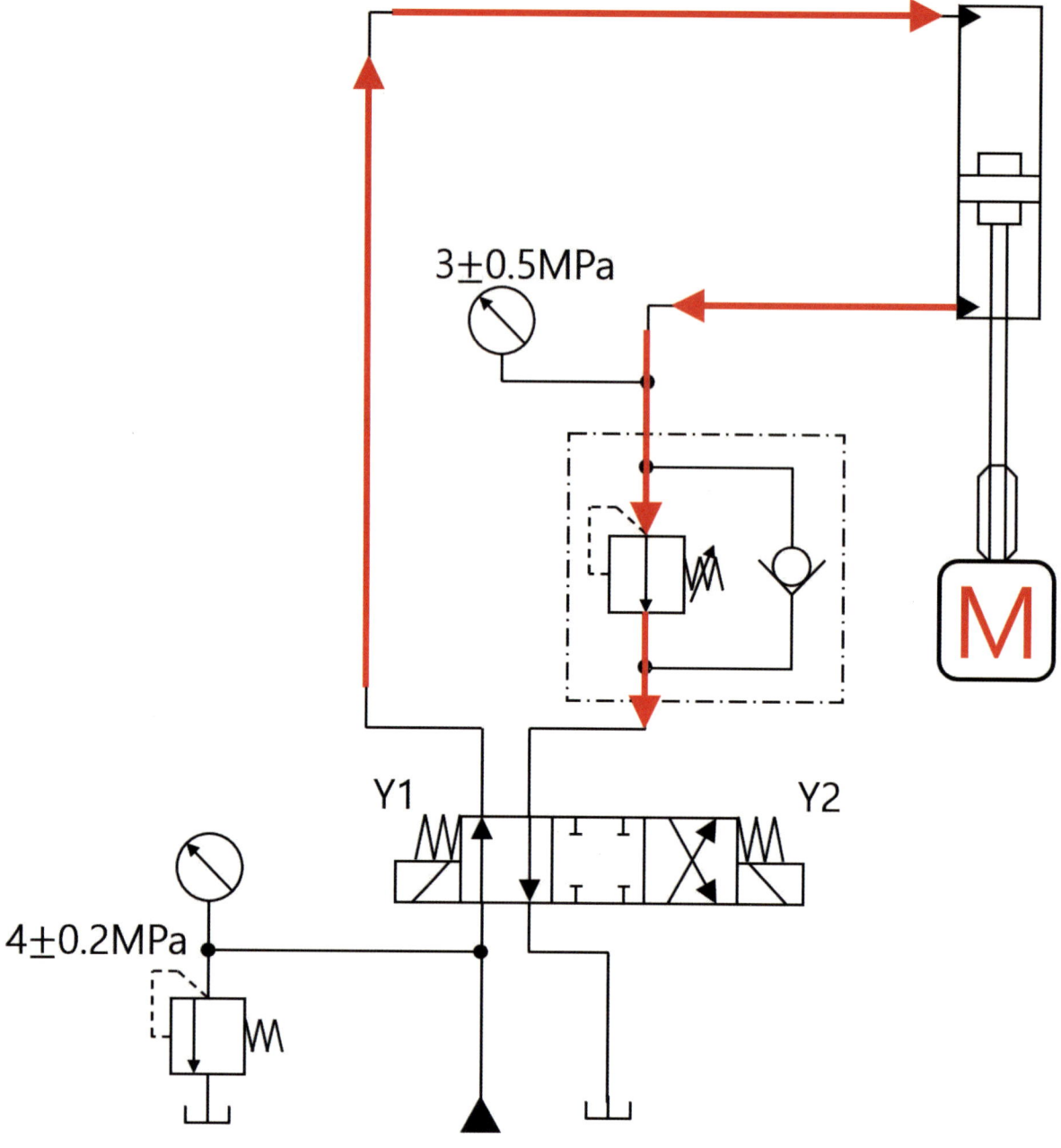

반면, 카운터 밸런스 밸브 내부에 있는 릴리프 밸브는 약 3MPa로 설정되어 있다. 즉, 카운터 밸런스 밸브 내부의 릴리프 밸브는 3MPa 이상의 압력이 되었을 때만 개방되어 기름이 흐르고, 그 이하의 압력에서는 유압유가 통과하지 않는다.

따라서, 전체 시스템 압력이 4MPa로 3MPa보다 크기 때문에 정상 동작 시 실린더는 전진이 가능하다.

더 나아가, 이는 곧 실린더 헤드에 걸린 하중 압력이 3MPa 이하일 때만 카운터 밸런스 밸브가 하중을 지탱하는 역할을 수행한다는 의미이기도 하다. 이 설정 덕분에, 평상시에는 전진이 원활하게 이루어지고, 비상 상황에서는 하중을 안전하게 유지할 수 있다.

(2) 유량 제어 밸브

일의 속도를 결정한다. 유량 제어 밸브는 액추에이터의 속도와 회전수를 조절하기 위해, 필요한 유량만큼을 액추에이터로 보내도록 제어하는 장치이다. 유압 시스템에서는 급발진이나 급정지가 발생하면 시스템에 과도한 부하가 걸려 부품 손상, 진동, 소음 등이 발생할 수 있다. 따라서 유량 제어 밸브를 활용하여 부드러운 발진과 충격 없는 감속 및 정지를 구현함으로써, 장비의 안정성과 수명을 높일 수 있다.

기호	명칭	설명
B ―⤰― A	양방향 유량 조절 밸브	유체가 흐르는 두 방향 모두에서 유량을 조절할 수 있는 밸브이다.
B ―⤰― A	일방향 유량 조절 밸브	한 방향으로는 유량을 조절, 반대 방향으로는 자유롭게 흐르게 하는 밸브이다.
B ―⤰― A	압력 보상 밸브	부하 변화에도 유량을 일정하게 유지하기 위해 압력 차를 보정해 주는 밸브이다.

양방향 유량 조절 밸브	일방향 유량 조절 밸브

압력 보상 밸브

(3) 방향 제어 밸브

일의 방향을 결정한다. 유압 실린더에서는 전진과 후진을 제어하며, 유압 모터에서는 시계 방향과 반시계 방향 회전을 선택적으로 제어한다. 또한 방향 제어 밸브는 단순히 방향만 전환하는 것이 아니라, 필요할 경우 액추에이터를 특정 위치에서 정지시키는 기능도 수행한다. 이를 통해 장비의 안전성을 확보하고, 작업 과정에서의 정밀한 위치 제어를 가능하게 한다.

즉, 방향 제어 밸브는 작업의 흐름을 결정짓는 '길목'과 같은 존재로, 원하는 동작을 안정적이고 정확하게 수행하게 만드는 핵심 부품이다.

기호	명칭	설명
	2/2-way (2포트, 2위치)	초기 위치 닫힌 상태
		초기 위치 열린 상태
	3/2-way (3포트, 2위치)	초기 위치 닫힌 상태
		초기 위치 열린 상태
	4/2-way (4포트, 2위치)	두 개의 작업 포트, 주로 복동 실린더와 사용
		두 개의 작업 포트, 주로 복동 실린더와 사용
	5/2-way (5포트, 2위치)	두 개의 작업 포트, 두 개의 배기 포트

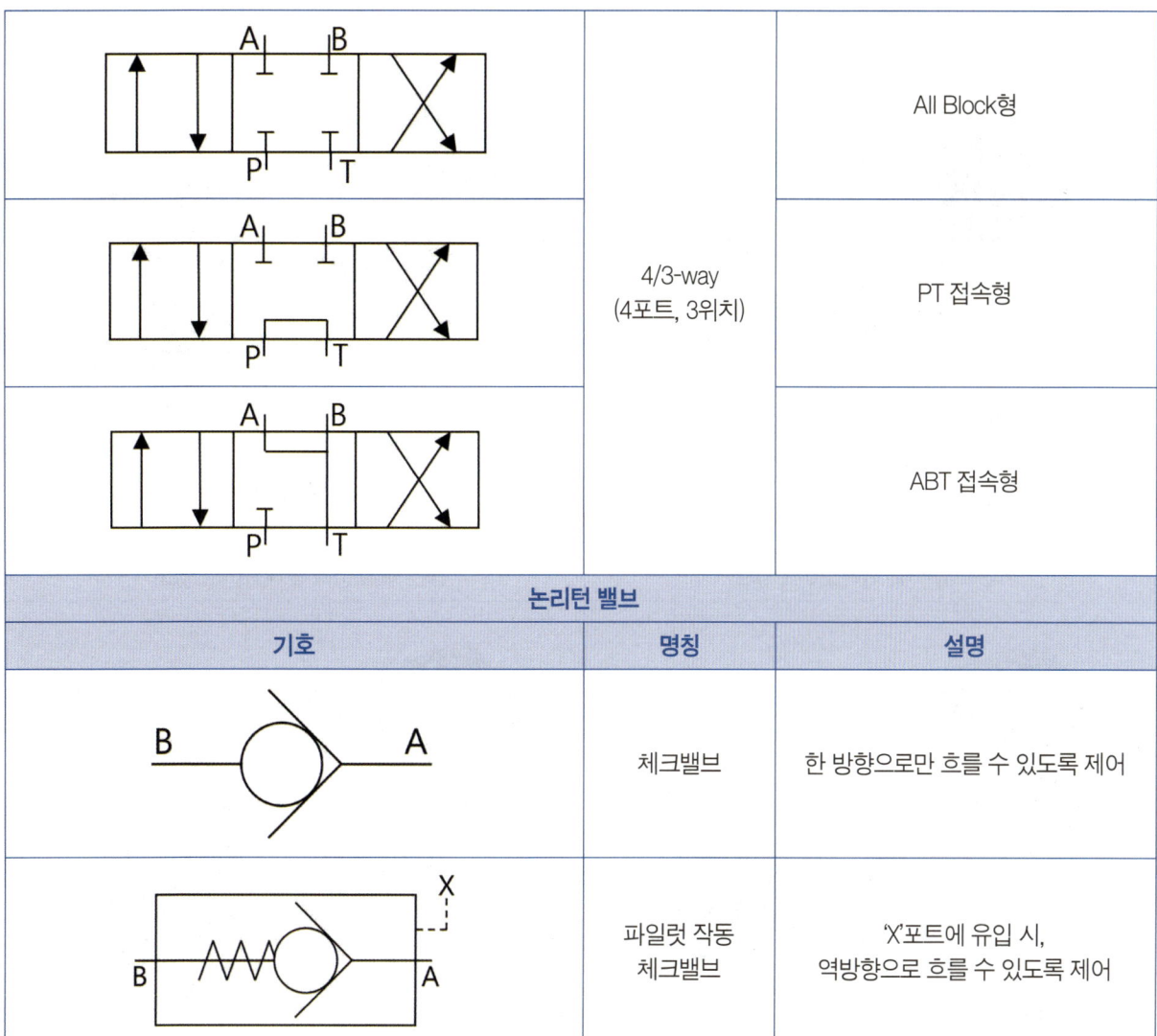

cf. 밸브 연결구 표시 방법

구분	ISO 1219 규정	ISO 5539 규정
에너지 공급부	P	1
작업 라인	A, B, C, …	2, 4, 6, …
배출구	R, S, T, …	3, 5, 7, …
누출 라인	L	9
제어 라인	Z, Y, X	10, 13, 14

4/2-way 편측 솔레노이드 밸브

4/2-way 양측 솔레노이드 밸브

4/3-way 양측 솔레노이드 밸브(All Block)

4/3-way 양측 솔레노이드 밸브(ABT 접속형)

4/3-way 양측 솔레노이드 밸브(PT 접속형)

제3항 유압 펌프 & 탱크

유압 시스템의 심장 역할을 하는 구성 요소로, 탱크에서 저장된 기름을 끌어올려 유압 밸브로 압유를 공급한다. 유압 펌프는 시스템이 요구하는 최대 유량과 최대 압력을 충분히 공급할 수 있는 사양을 선택해야 한다.

펌프의 종류에는 다음 두 가지가 있다.

① 정토출량형 펌프 : 일정한 유량을 지속적으로 공급하는 방식
② 가변토출량형 펌프 : 필요에 따라 토출량을 조절할 수 있는 방식

인체가 스스로 혈액을 생성하여 순환시키듯이, 펌프는 유압유를 순환시켜 시스템을 작동시킨다. 하지만 기계는 스스로 기름을 만들 수 없으므로 탱크가 필수적이다.

탱크는 누유로 인해 부족해진 기름을 보충할 뿐만 아니라, 사용된 기름을 회수하여 재사용한다. 이 과정에서 오일의 품질을 유지하기 위해 필터를 통한 정화가 반드시 필요하다.

결국, 펌프와 탱크는 유압 시스템의 동력을 제공하고 순환을 유지하는 핵심이며, 안정적인 작동과 장비 수명을 위해서는 정확한 사양 선정과 청결 유지가 필수적이다.

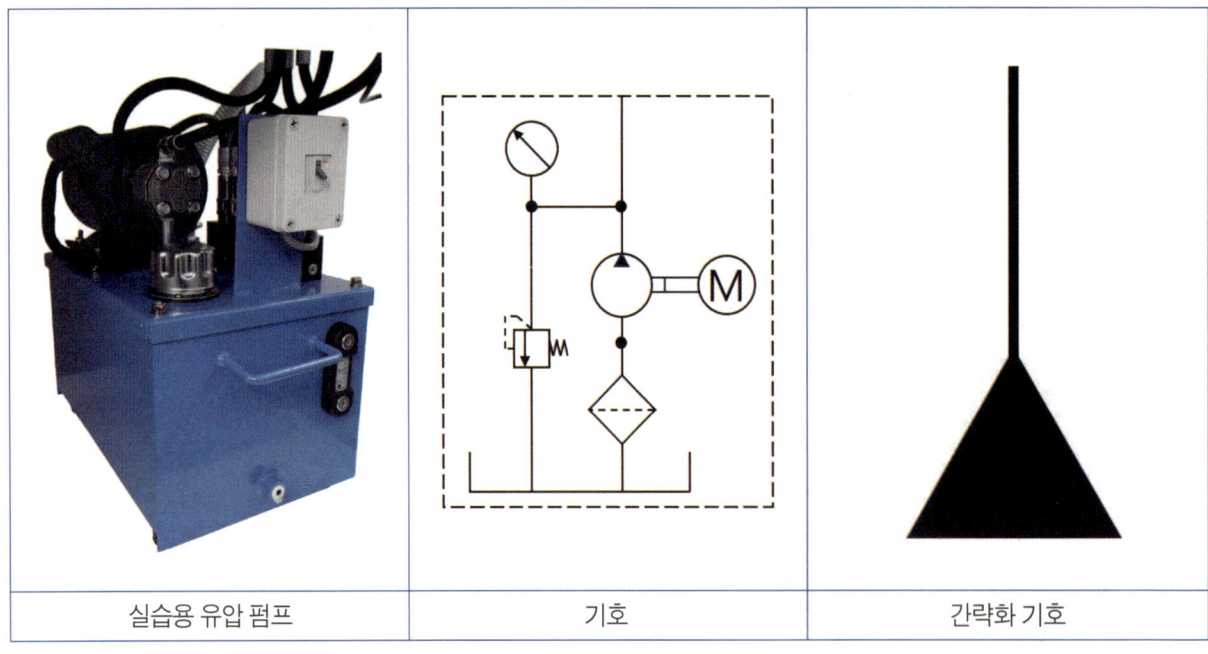

| 실습용 유압 펌프 | 기호 | 간략화 기호 |

제4항 부속품

유압 시스템의 안정적 운전과 수명을 위해서는 펌프, 밸브, 액추에이터 외에도 다양한 보조 장치가 필요하며, 이들은 직접 동력을 전달하지는 않지만 시스템의 안정성, 정밀성, 내구성을 유지하는 데 중요한 역할을 한다.

유체 압축 및 순환 과정에서 발생하는 발열을 제거하는 쿨러는 유압유 온도가 과도하게 상승하여 점도가 낮아지고 누유, 출력 저하, 부품 마모가 발생하는 것을 방지하며, 공냉식 또는 수냉식 방식으로 설치된다.

오일 필터는 유압유 속의 먼지, 금속 입자, 슬러지 등의 불순물을 제거하여 밸브나 실린더 내부의 마모와 고착을 예방하며, 흡입 필터, 라인 필터, 리턴 필터로 구분되어 사용된다.

압력계는 시스템의 현재 압력을 실시간으로 확인하여 운전 상태 점검과 고장 진단에 필수적이며, 온도계는 유압유의 온도를 감시하여 과열로 인한 점도 저하, 산화, 부품 손상을 예방하고 일부 시스템에서는 자동 냉각이나 차단 기능과 연동된다.

이 밖에도 호스와 피팅류는 유압유를 누유 없이 전달하고 내압, 내열, 내마모성이 중요하며, 체크 밸브는 역류를 방지하고, 어큐뮬레이터는 압력 충격 완화와 유량 보조, 비상 운전 시 압유 공급을 담당하며, 씰과 패킹류는 밀폐 유지와 누유 방지 역할을 한다. 이러한 부속품들은 유압 시스템의 수명 연장, 고장 예방, 안정 운전을 위해 반드시 고려해야 하며, 설비보전 자격증 학습에서도 중요한 이해 대상이다.

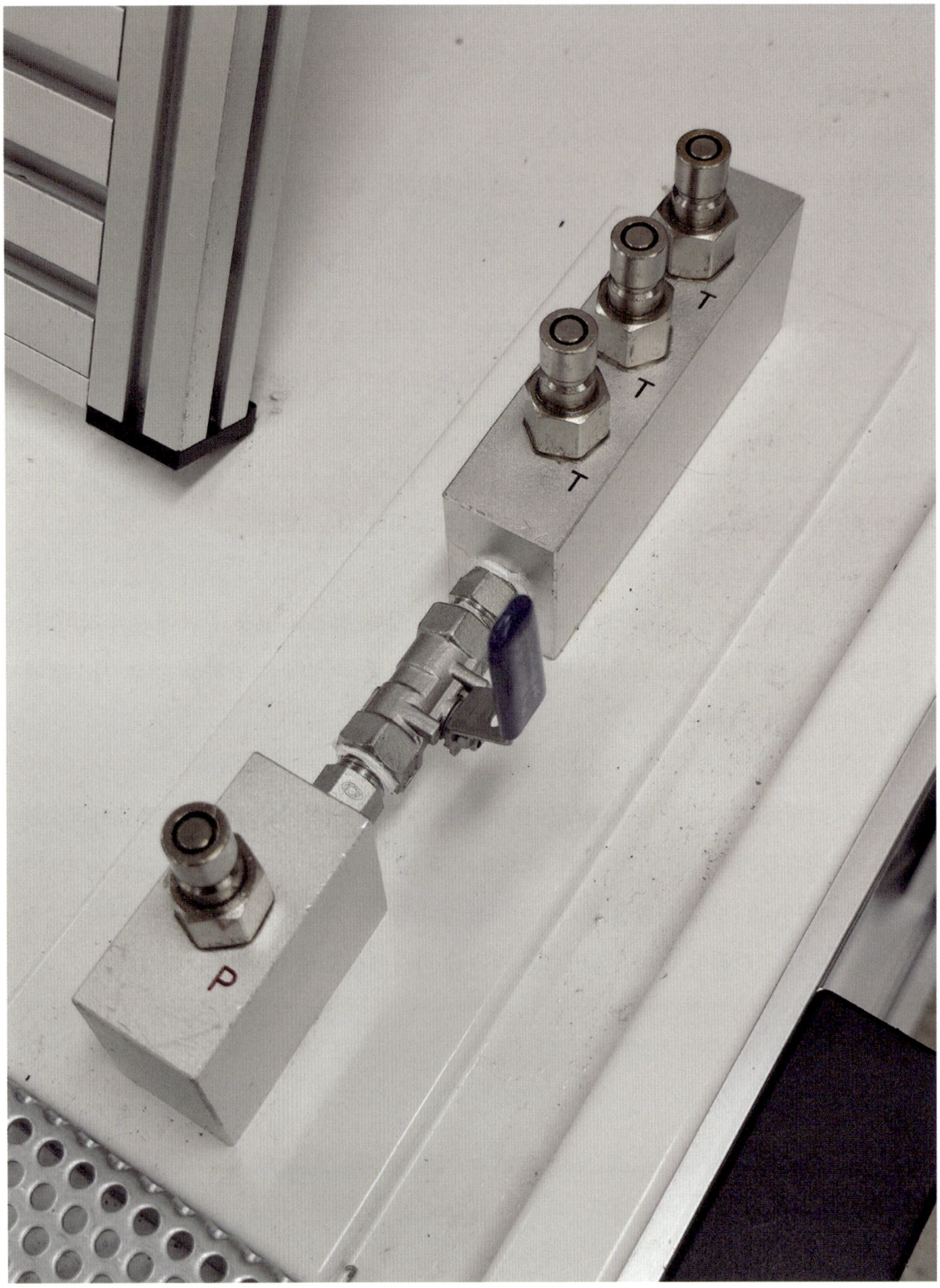

유압 P 포트와 T 포트

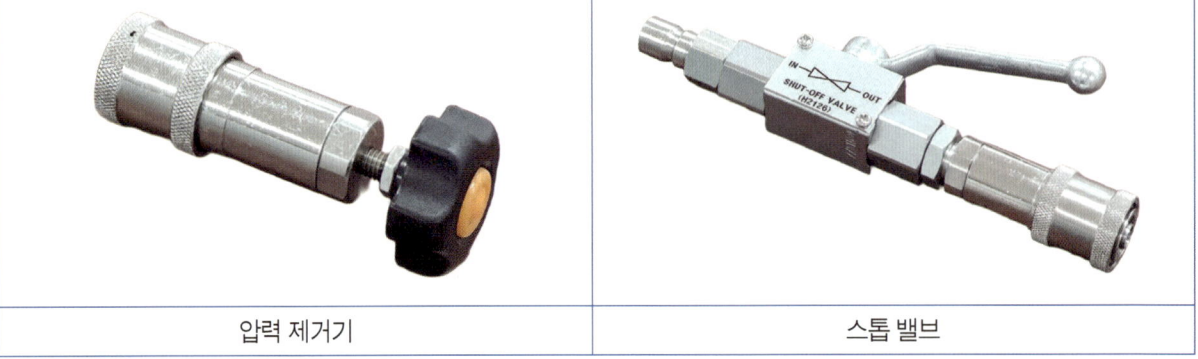

| 압력 제거기 | 스톱 밸브 |

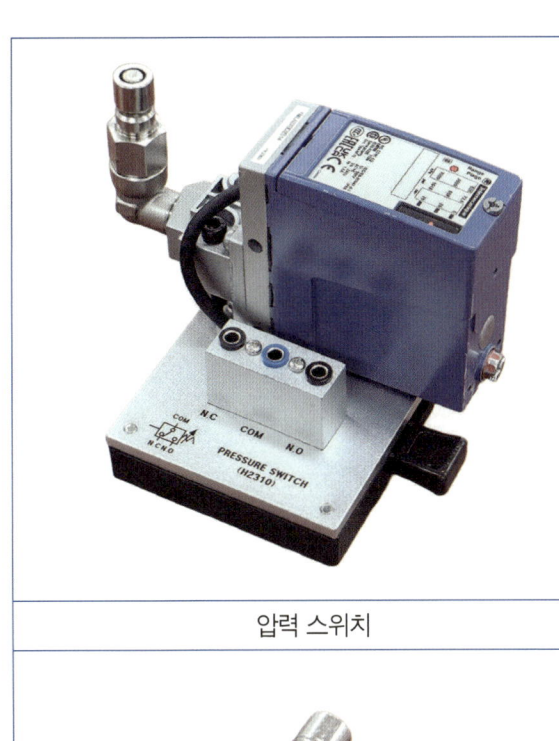 압력 스위치	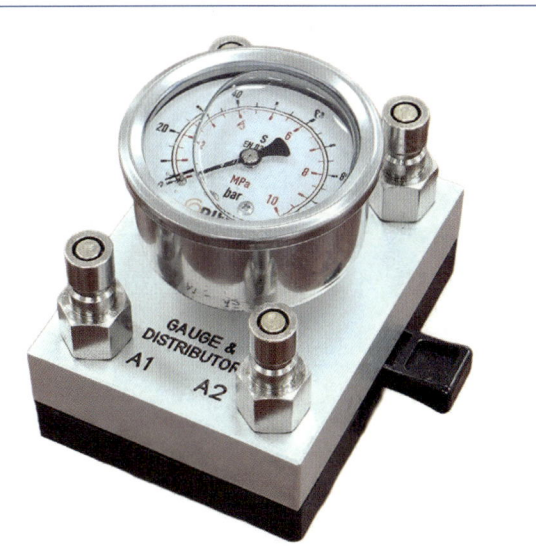 압력 게이지 부착형 분배기
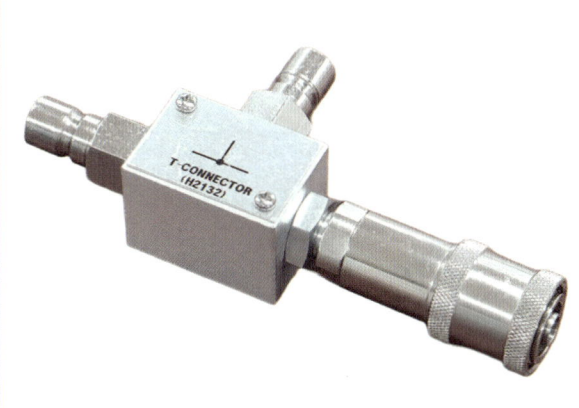 T 커넥터	 유압 분배기
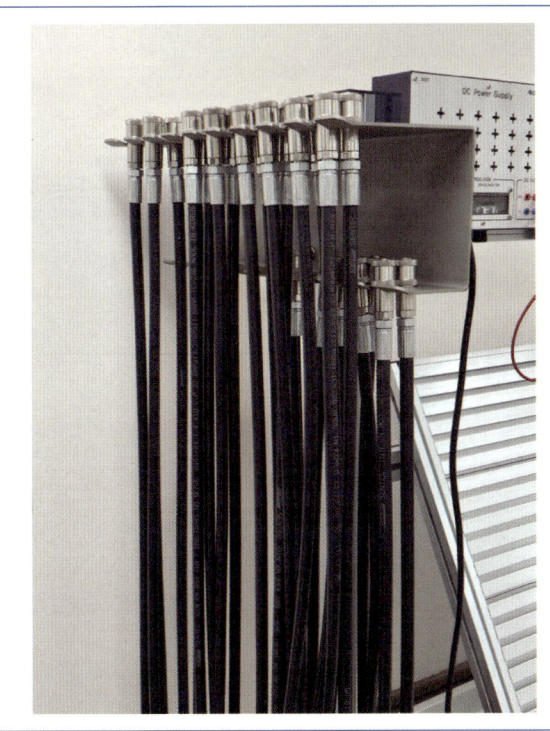 유압 호스	 액주관

제4장 유압

필기는 이렇게 나올 수 있다!

문제1 다음 중 유압 시스템의 특징에 대한 설명으로 옳지 않은 것은?
① 큰 힘과 토크를 부드럽게 전달할 수 있다.
② 에너지 밀도가 높아 소형 장치로도 큰 출력을 낼 수 있다.
③ 누유가 발생할 경우 작업 환경이 오염될 수 있다.
④ 장거리 동력 전달 시 에너지 손실이 매우 크기 때문에 비효율적이다.

해설)
유압은 에너지 손실이 상대적으로 적고 일정한 출력을 유지할 수 있어 장거리 동력 전달에도 적합하다.

문제2 다음 중 유압유(Hydraulic Oil)의 주된 역할이나 성질에 대한 설명으로 옳지 않은 것은?
① 동력을 전달하는 매개체 역할을 한다.
② 시스템 내 부품의 마찰을 줄이고 윤활 작용을 한다.
③ 부식과 마모를 방지하고 냉각 작용을 돕는다.
④ 압축성이 높아야 에너지 전달이 용이해진다.

해설)
유압유는 압축성이 낮아야 동력을 효율적으로 전달할 수 있으며, 압축성이 높으면 에너지가 압축에 소모되어 제어가 불안정해진다.

문제3 액추에이터를 임의의 위치에서 고정시킬 수 있도록 방향 제어 밸브의 중립 스풀에서 모든 포트를 막은 형태는?
① 클로즈드 센터형
② 탠덤 센터형
③ 오픈 센터형
④ 세미 오픈 센터형

해설)
중립 스풀에서 모든 포트가 막혀 있는 형태는 '클로즈드 센터형'이다. 반대로 모든 포트가 연결되어 있는 형태는 '오픈 센터형'이라 한다.

제2절 간단한 유압 실전 연습

가. 유압 회로도

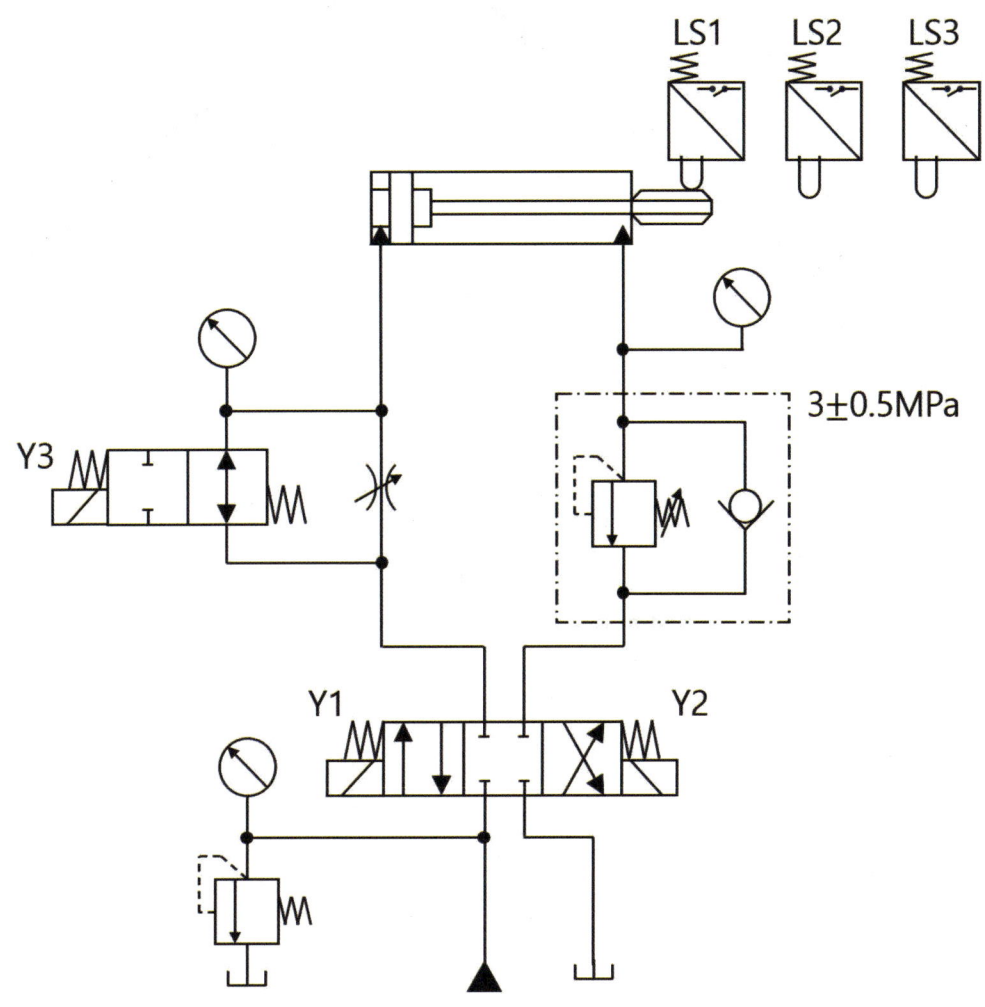

나. 전기 회로도

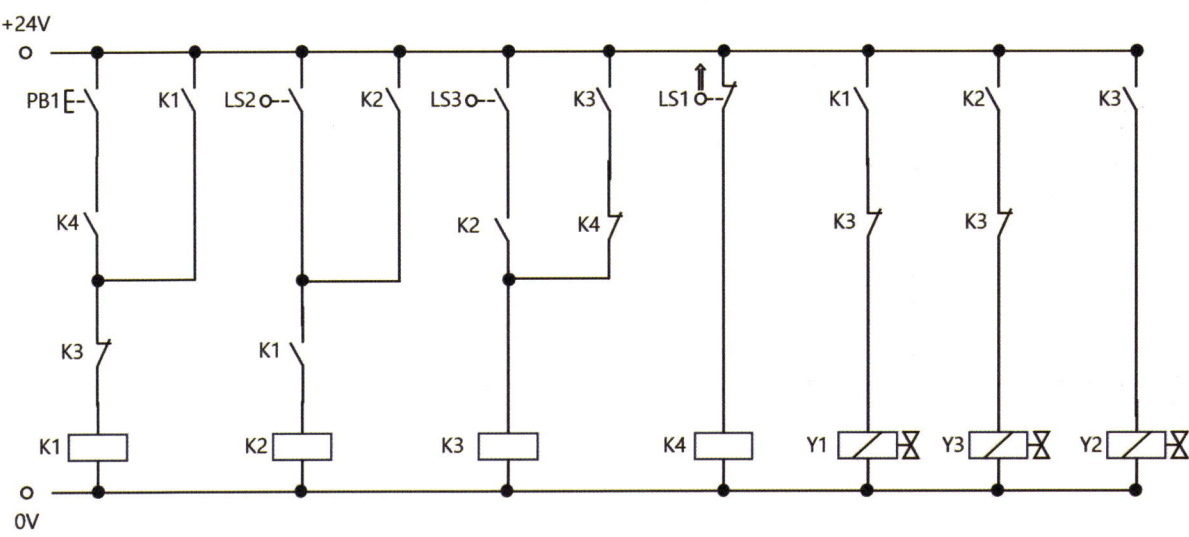

다. 변위단계선도

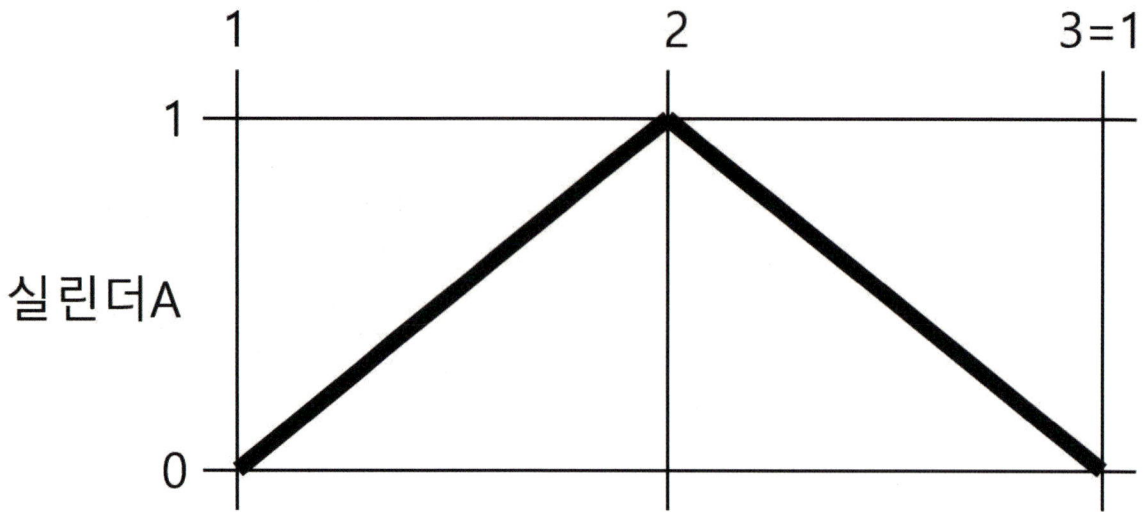

라. 동작 설명

1) PB1을 ON-OFF하면 변위단계선도와 같이 1사이클 운전하도록 하시오.
2) B부분의 부품은 카운터 밸런스 밸브를 사용하고 압력은 3±0.5MPa로 설정하시오.
3) 실린더A 전진 동작 중 LS2가 감지되면 속도가 약 50% 정도가 되도록 조정하시오.

위 예제를 풀기 위해서는, 공압과 마찬가지로 '다. 변위단계선도'를 먼저 파악해야 한다. 다만 현재 예제에서는 실린더가 1개밖에 없기 때문에 PB1을 누르면 단지 전·후진만 동작하는 것을 간단히 파악할 수 있다.

그렇다면 동작 설명을 한 번 보자. 특히 '3)' 항을 본다면, 실린더가 전진 중일 때 LS2를 누르면 원래 속도의 50%로 진행하라는 문구가 있다.

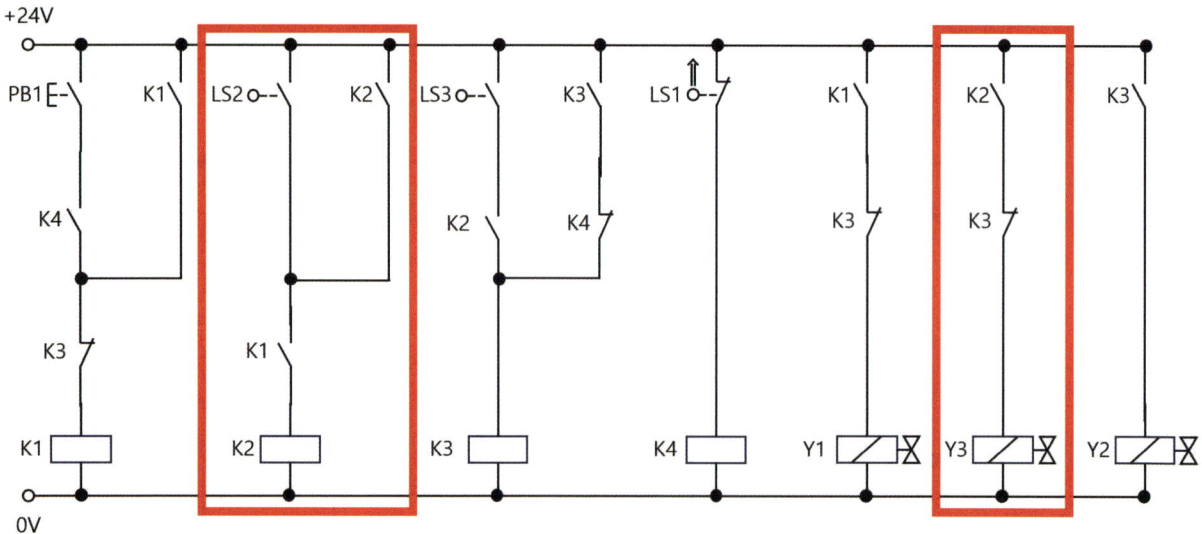

이는 전기 시퀀스 회로 중, 두 번째 스텝에서 LS2를 실린더 헤드가 누르게 된다면 K2가 동작을 할 것이고, 출력부에서 K2가 닫히게 되어 Y3 솔레노이드를 여자시키는 것을 알 수 있다.

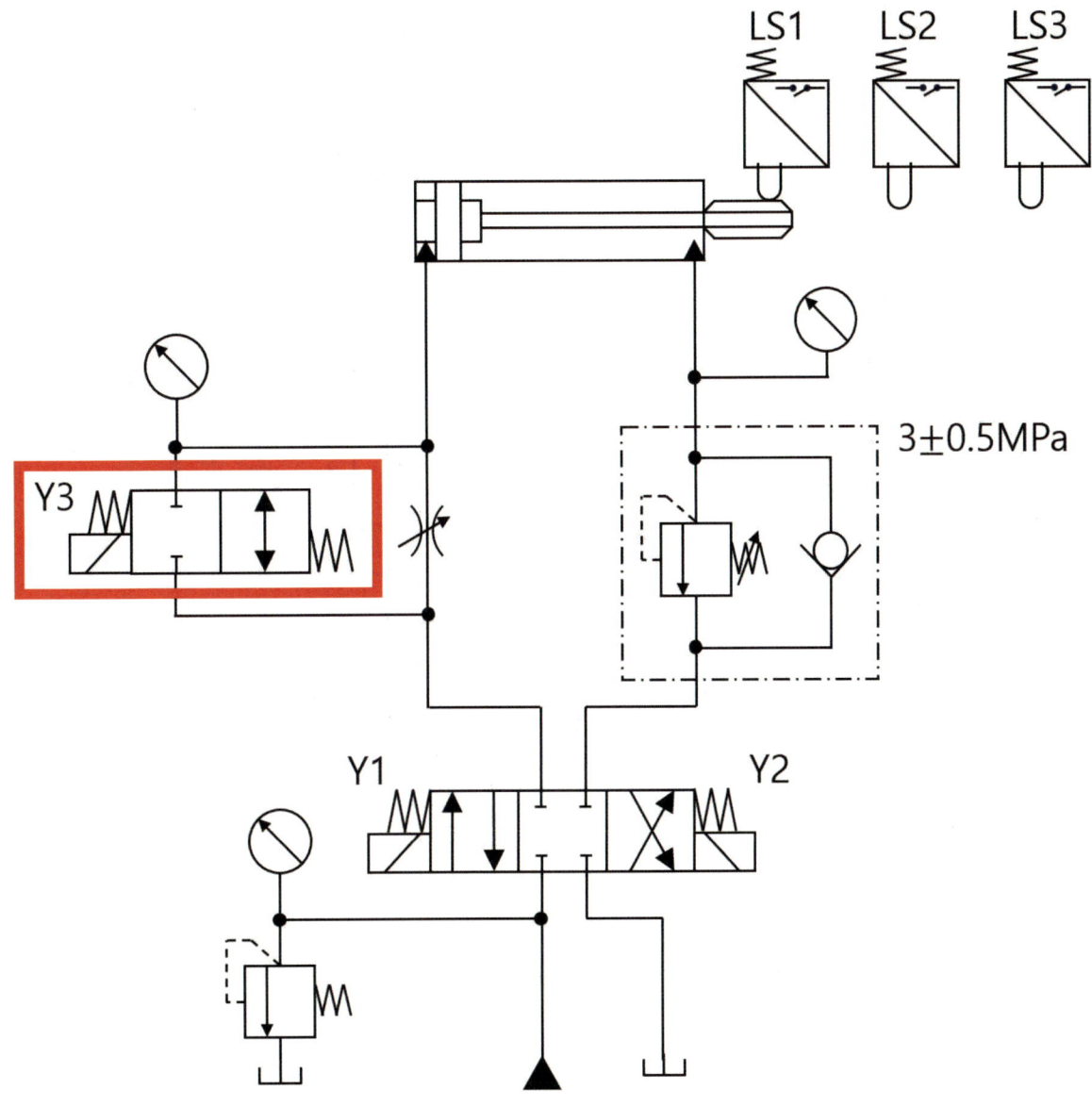

이때 Y3 솔레노이드에 여자가 되면, 그림과 같이 방향 제어 밸브 스풀이 움직여 왼쪽 관로가 막히게 될 것이고, 오른쪽 '양방향 유량 조절 밸브'로만 기름이 흐를 것이다. 그럼 자연스럽게 속도가 조절된 기름만이 실린더를 전진시키며, 개도율을 50%로 조정한다면 실린더 전진 속도 또한 약 50%가 될 것이다(약 50%라 했으므로 그냥 속도가 어느 정도 줄어든 것만 보여 줄 정도면 된다.).

이런 식으로 '변위단계선도'와 '동작 설명'을 보며 '전기 회로도'를 해석하면 되는데, 공압과 달리 유압 회로도는 조금 더 복잡하여 연습이 많이 필요하다.

그렇다면 이번에는 '카운터 밸런스 밸브' 압력을 세팅하는 방법에 대해 알아보자.

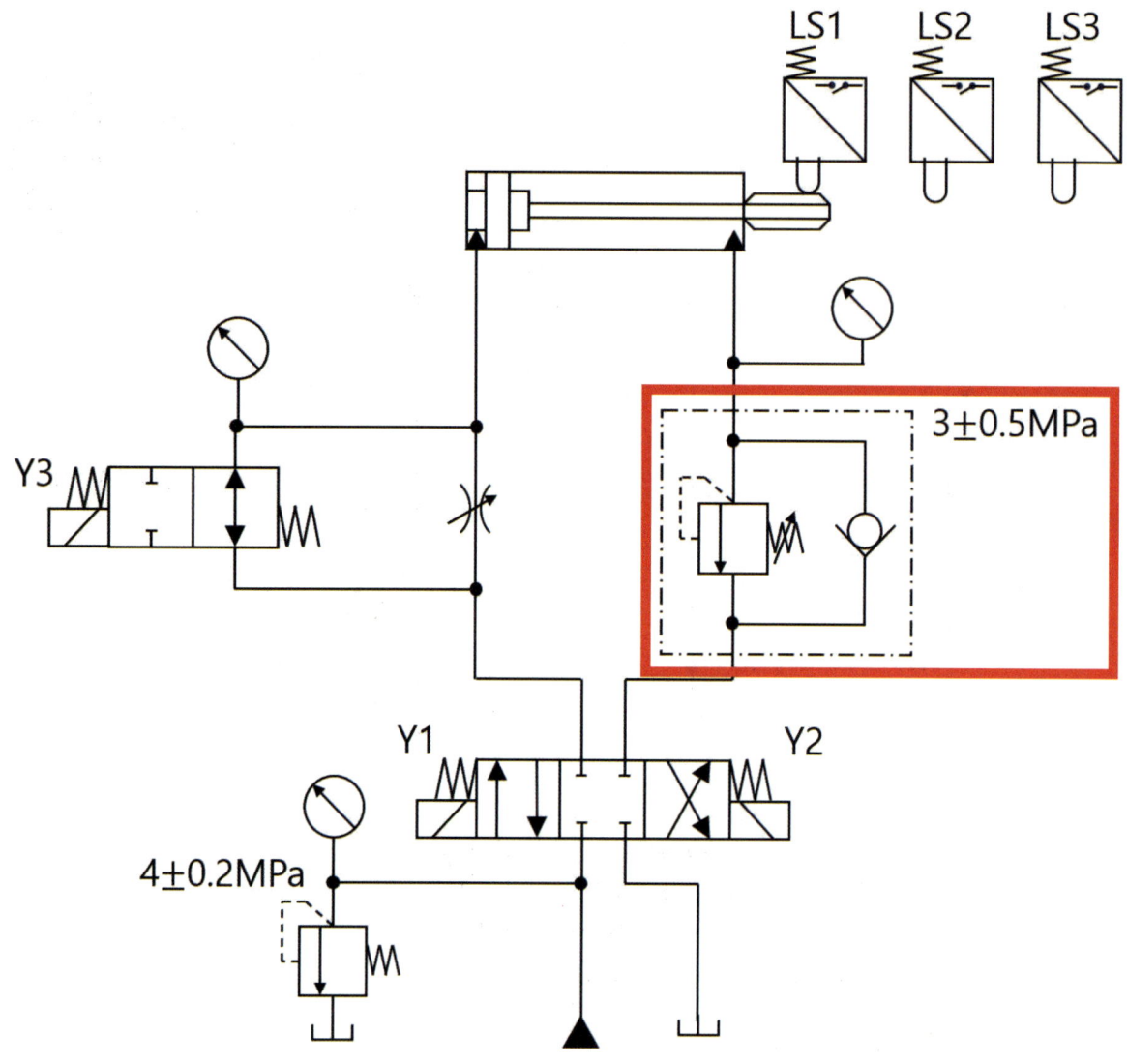

결국 압력 값을 세팅하는 건 '카운터 밸런스 밸브' 내부의 '릴리프 밸브'이다. 즉, '릴리프 밸브'는 1차 측의 압력을 조절하는 역할을 하며, 1차 측에 연결된 압력 게이지를 보고 밸브를 돌리면 된다.

① 전체 시스템의 압력을 문제 요구사항에 따라 약 4MPa로 세팅한다.
② 최대한 '카운터 밸런스 밸브'의 래버를 최대한 풀어 어느 압력에서나 통과할 수 있도록 한다.
③ 완성된 유압 회로도에서 실린더를 전진시킨다.
④ 전진이 되는 그 찰나에, 카운터 밸런스 밸브와 연결된 압력 게이지를 보며 래버를 돌린다.
⑤ 전진 속도가 찰나이기 때문에 반복하여 약 3MPa로 맞출 수 있도록 한다.

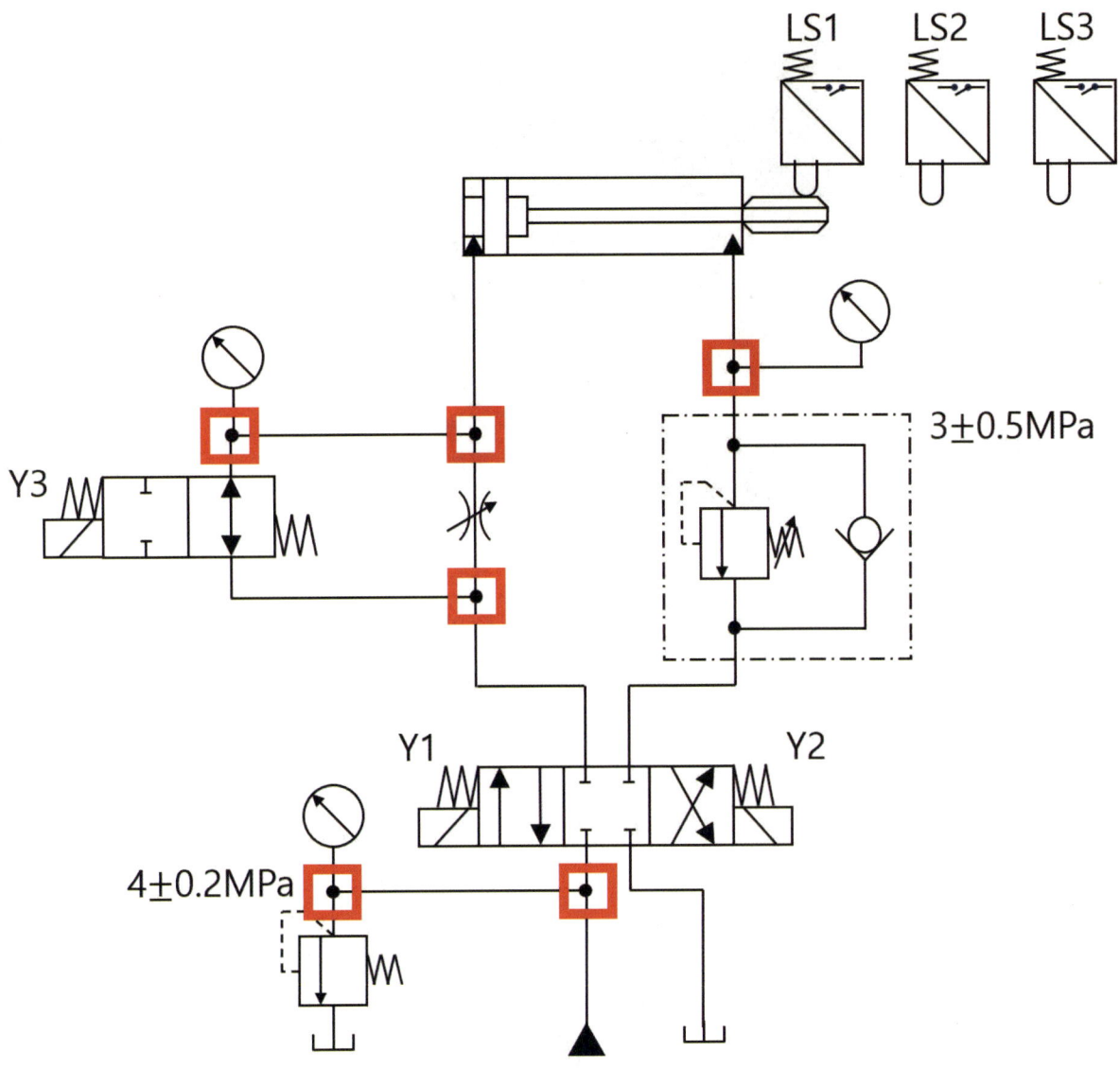

또한 위 붉은 박스처럼 서로 다른 관로가 연결되는 부분이 있다. 유압 부품 중 'T커넥터'를 활용하여 해당 부분을 연결하면 되지만, 'T커넥터'를 사용하지 않아도 되는 부분이 있는데, 다음 사진을 보자.

위 장비의 명칭은 '압력 게이지 부착형 분배기'이다. 말 그대로 압력 게이지의 역할도 하면서, 분배기의 역할도 한다. 즉 'T커넥터'의 역할도 한다는 뜻이다. 릴리프밸브 쪽의 연결을 먼저 해 보자.

P에서 곧바로 압력게이지로 연결하고, 또 압력게이지에서 방향 제어 밸브 P포트로 연결해 준 이유는, 압력게이지 자체가 'H'형태로 연결이 되어 있기 때문이다.

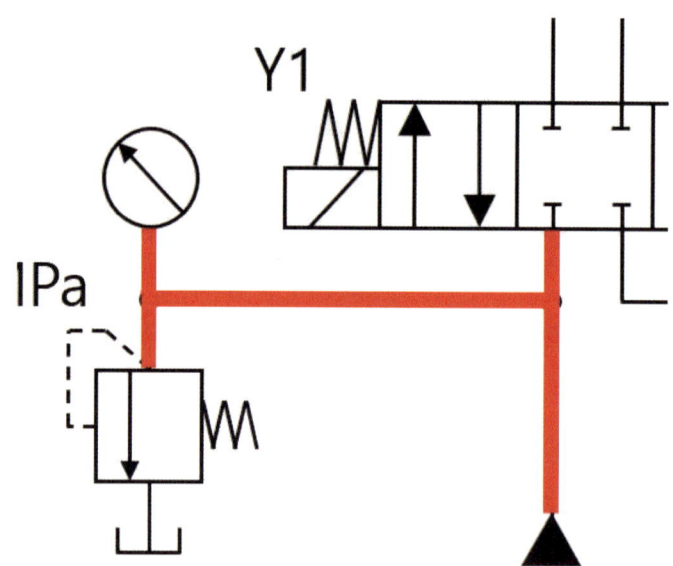

정리를 하자면, 유압 호스를 처음 연결하는 경우에 '유압회로도'와 같이 길이가 길게 표현이 되어 있어 "무조건 호스로 연결해야 하는 것이 아닌가" 착각을 한다는 것이다.

선으로 연결이 되어 있는 것은 단지, '이어져 있다'에 의미를 두고, 압력 게이지와 같이 부품으로 연결하거나, 필요로 한다면 그때 유압 호스로 연결하면 된다.

이후 문제 풀이 내용은, 책 속의 글과 사진만으로는 모든 내용을 충분히 전달하기 어렵기 때문에, 보다 명확한 이해를 위해 아래에 안내된 유튜브 채널을 참고하여 학습하길 권한다.

 허책임의 책임 있는 강의

좋아요, 댓글, 구독, 알림 설정은 합격으로 가는 지름길이다.

제3절 여러 가지 유압 회로

유압 파트의 마지막으로, 자격증 시험을 준비하다 보면 응용과제, 즉 유지보수 관련 문제가 출제된다. 해당 문제에서는 기존 유압 시스템을 변경하거나 개선하는 내용이 포함되며, 실무 현장에서도 빈번하게 활용되는 회로들이 등장한다.

따라서 이번에는 여러 가지 유압 회로의 구조와 원리를 함께 살펴보며 학습해 보도록 하겠다.

제1항 자중 낙하 방지 회로

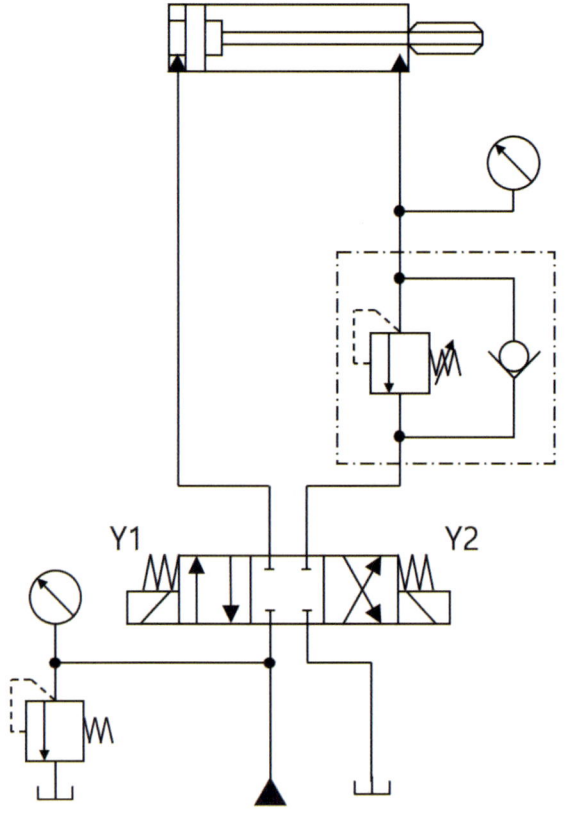

제일 먼저, '자중 낙하 방지' 회로이다. 의미 그대로 해석을 해 본다면,

① 자중 : 스스로의 무게 ② 낙하 : 떨어지는 것 ③ 방지 : 막는 것

즉, 스스로의 무게에 의해 낙하를 방지하는 회로이다. 어디서 많이 들어 보지 않았나? 우리가 이미 앞서 카운터 밸런스 밸브를 활용하여 구성한 회로를 예시로 선행학습을 한 내용이다. 따라서 '자중 낙하 방지' 회로에 대한 설명은 넘어가도록 하겠다.

제2항 미터인/미터아웃 회로

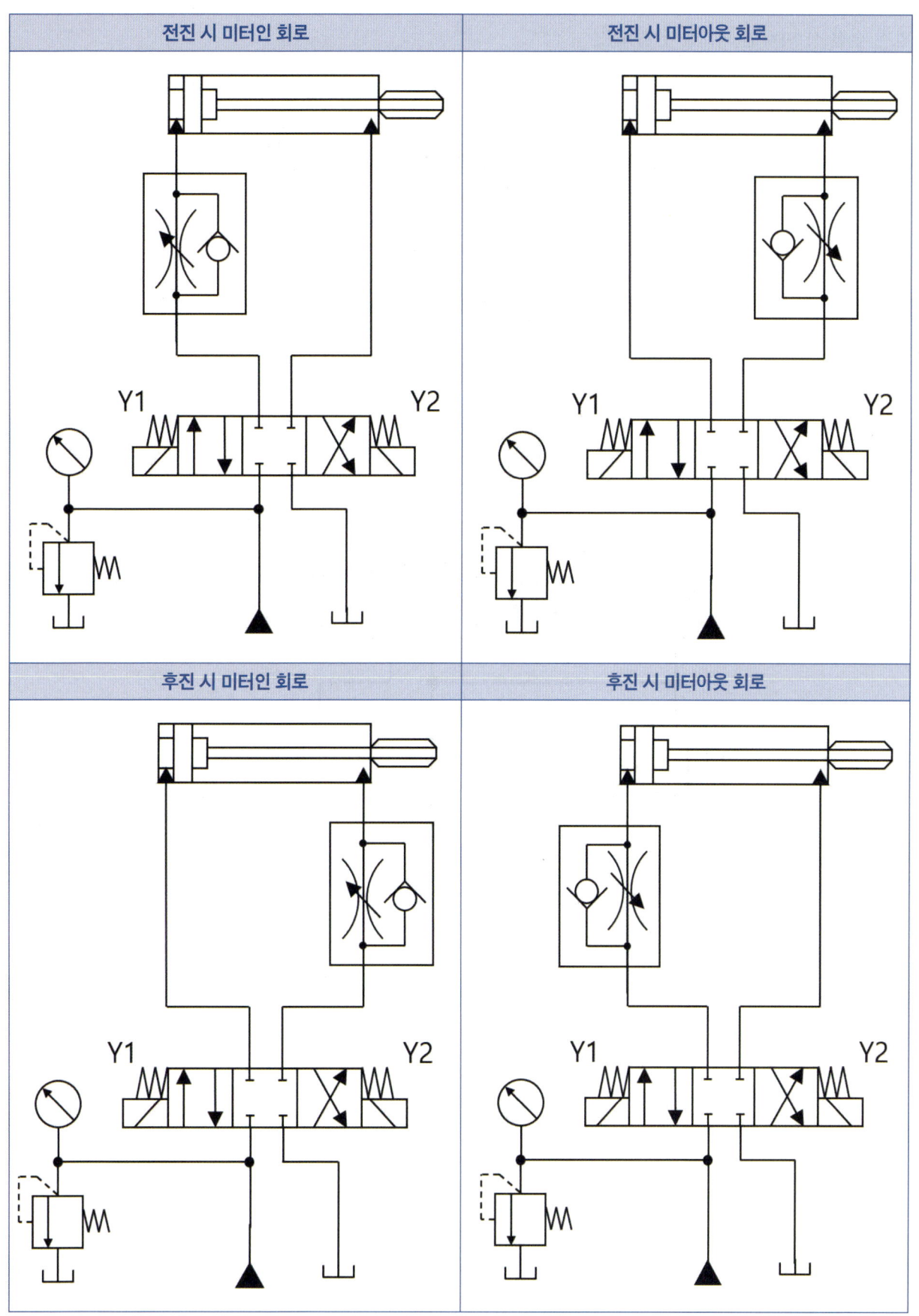

미터인과 미터아웃이란 공유압 시스템에서 유량 제어 밸브를 설치하는 위치에 따라 액추에이터의 속도를 제어하는 대표적 방식이다.

먼저 전진 시 미터인 회로를 살펴보자.

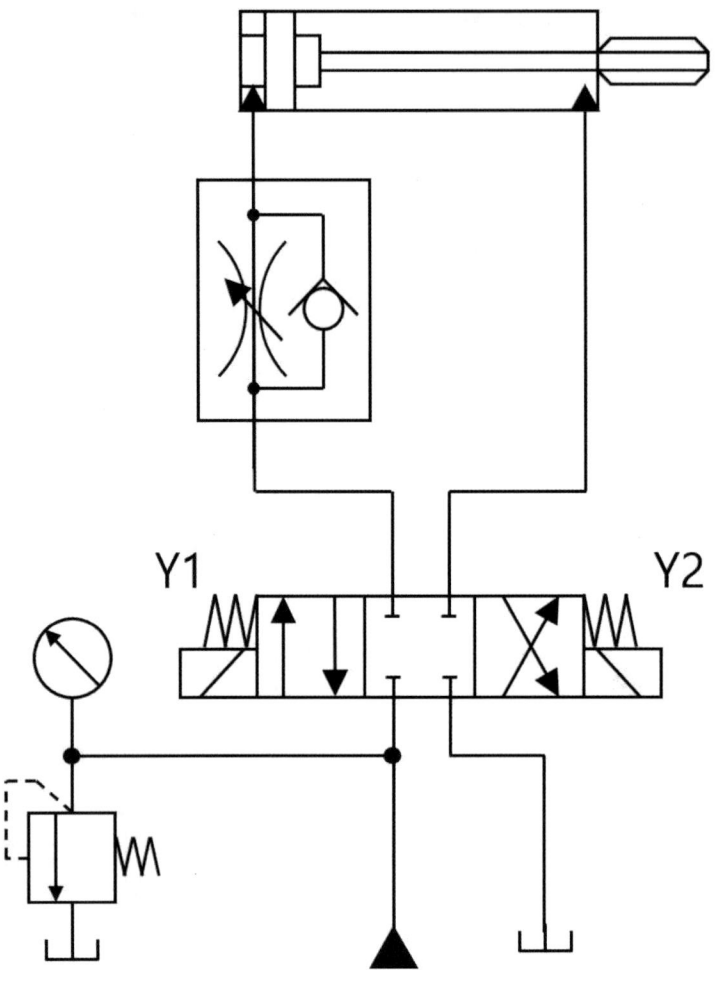

단어의 의미를 풀어 보면 다음과 같다.

① 전진 시: 실린더가 전진하는 순간을 의미한다.
② 미터인(Meter-in): 실린더 기준으로 들어오는(in) 유체의 흐름을 조절하는 방식이다.

따라서 이 회로는 실린더가 전진할 때, 실린더 기준으로 유체가 유입되는 측 관로의 속도를 제어하는 구조이다.

구체적으로, Y1 솔레노이드가 여자되면 전진단으로 압유가 공급되고, 이 유체는 일방향 유량 조절 밸브를 통과하면서 속도가 조절된다. 이렇게 조절된 유체가 실린더로 들어오기 때문에, 실린더는 평소보다 느리게 전진할 것이다.

그다음 전진 시 미터아웃 회로를 살펴보면,

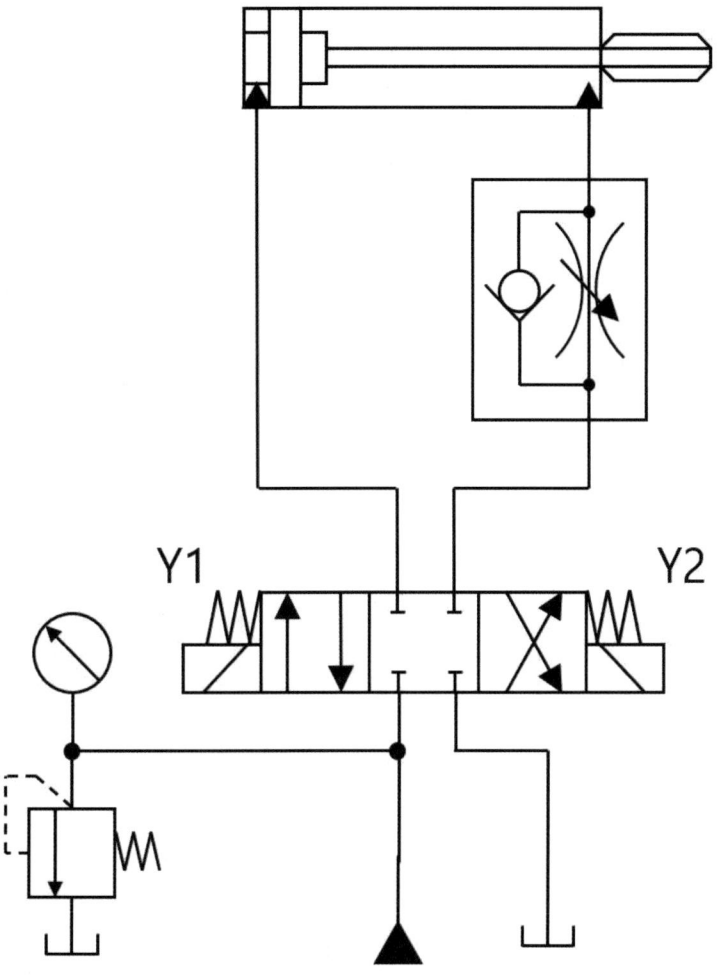

역시나 단어의 의미는 다음과 같다.

① 전진 시 : 실린더가 전진하는 순간을 의미한다.
② 미터아웃(Meter-out) : 실린더 기준으로 나가는(out) 유체의 흐름을 조절하는 방식이다.

즉, 이 회로는 실린더가 전진할 때, 실린더에서 배출되는 유체의 속도를 조절한다.

구체적으로, Y1 솔레노이드가 여자되면 전진단으로 압유가 공급되고, 이때 실린더 내부에 있던 유체가 배출되면서 일방향 유량 조절 밸브를 통과하게 된다. 이 밸브에서 유속이 조절되기 때문에, 실린더는 평소보다 느리게 전진을 하게 된다.

정리하면, '전진 시'라는 조건은 전진 동작 중 속도를 제어한다는 공통점을 가지며, 미터인은 유체가 실린더로 들어가는(in) 측을 제어하고, 미터아웃은 유체가 실린더에서 나가는(out) 측을 제어한다는 차이가 있다.

동일한 원리로 아래 후진 시 미터인/미터아웃 회로 또한 해석을 스스로 해 보자.

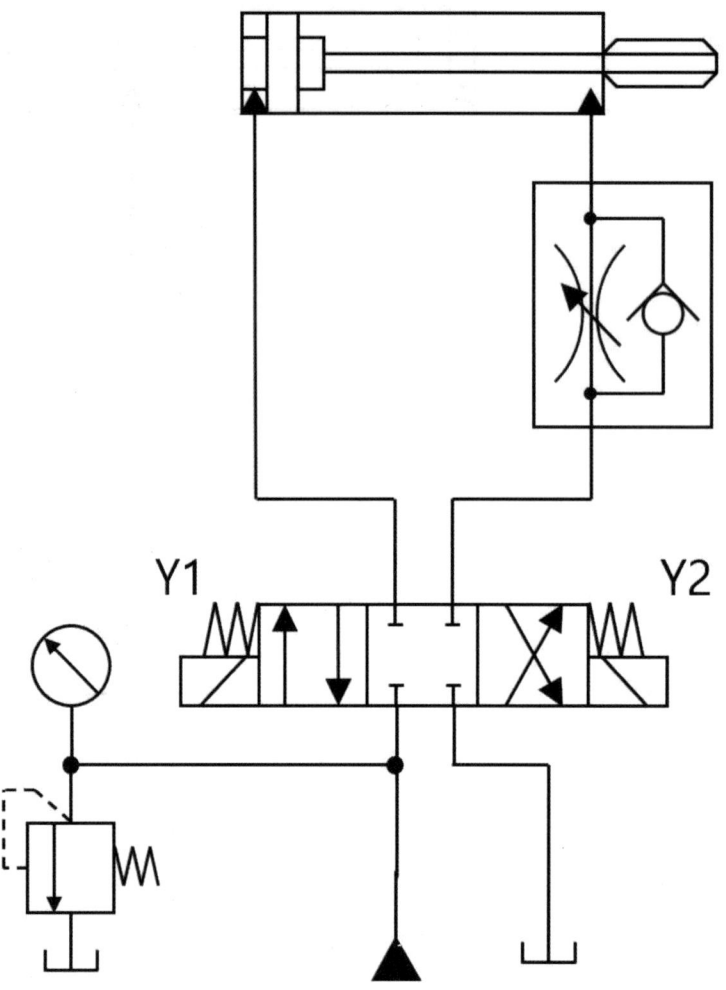

① 후진 시: 실린더가 후진하는 순간을 의미한다.

② 미터인(Meter-in): 실린더 기준으로 들어오는(in) 유체의 흐름을 조절하는 방식이다.

따라서 이 회로는 실린더가 후진할 때, 실린더 기준으로 유체가 유입되는 측 관로의 속도를 제어하는 구조이다.

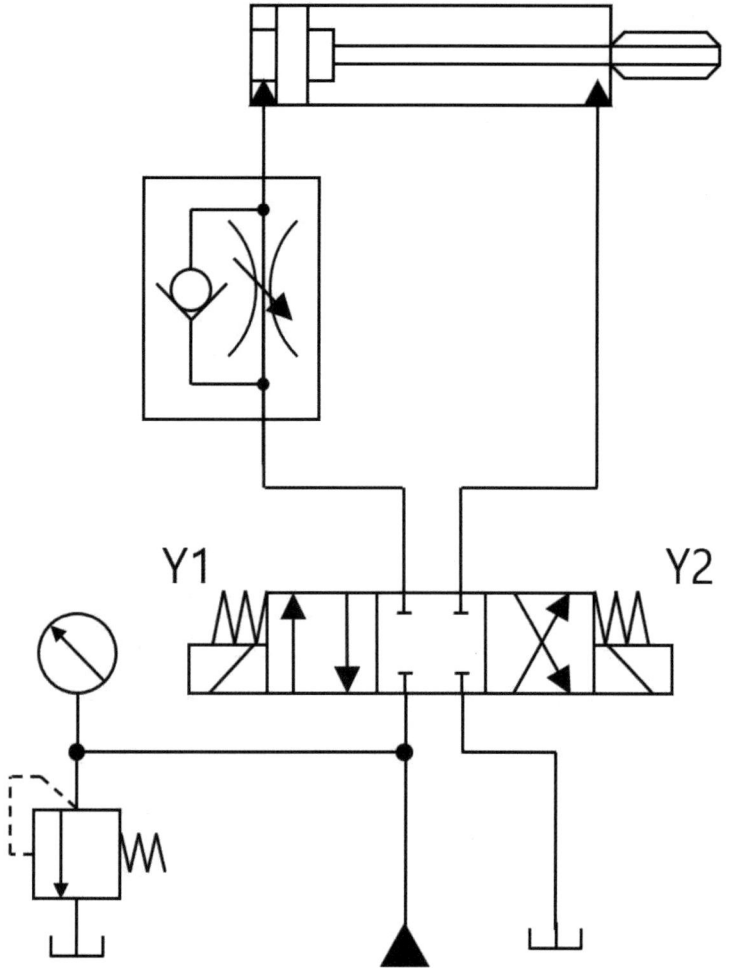

① 후진 시 : 실린더가 후진하는 순간을 의미한다.
② 미터아웃(Meter-out) : 실린더 기준으로 나가는(out) 유체의 흐름을 조절하는 방식이다.

즉, 이 회로는 실린더가 후진할 때, 실린더에서 배출되는 유체의 속도를 조절한다.

제3항 로킹 회로

로킹 회로는 실린더나 액추에이터를 현재 위치에 그대로 고정시켜 주는 회로로, 하중 유지나 안전 확보를 위해 사용된다.

기본 원리는 유체의 흐름을 양방향 모두 차단하여 액추에이터 내부의 압력을 가둠으로써 움직임을 방지하는 것이며, 이를 위해 파일럿 체크 밸브를 주로 사용한다. 평상시에는 밸브가 닫혀 있어 유체가 빠져나가지 못하고, 반대쪽에서 일정한 파일럿 압력이 가해질 때만 밸브가 열려 원하는 방향으로 움직일 수 있게 된다.

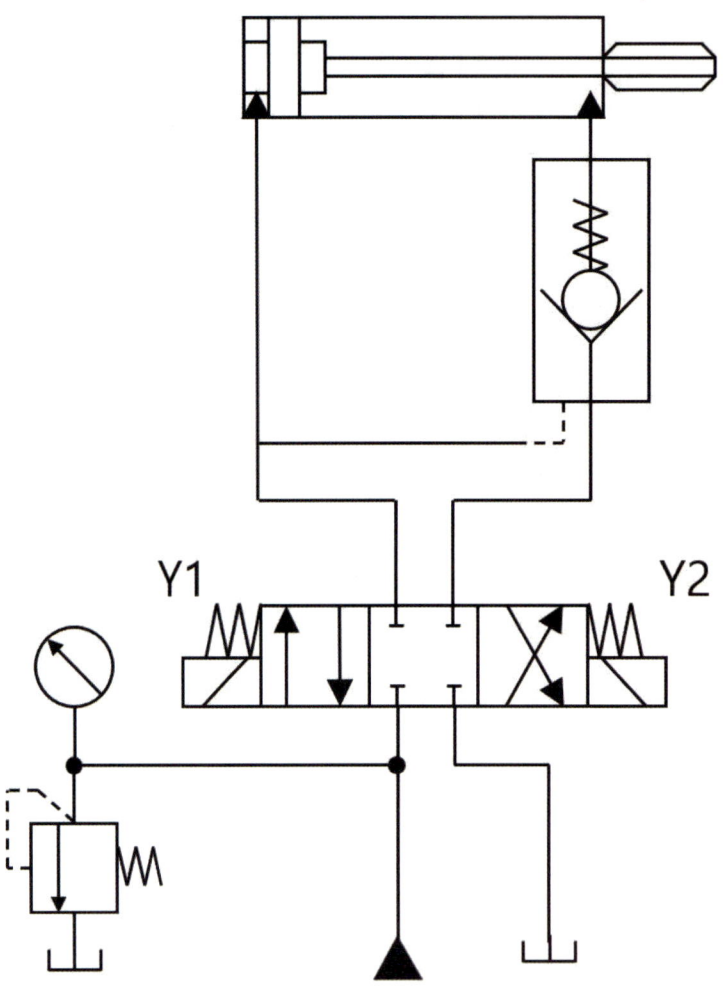

이러한 구조 덕분에 시동이 꺼지거나 비상 상황이 발생했을 때도 하중이 걸린 상태에서 실린더가 갑자기 내려오지 않으며, 정밀 가공이나 고정 작업처럼 위치 변화를 최소화해야 하는 상황에서도 안정적으로 위치를 유지할 수 있다. 유압 리프트, 프레스, 산업용 로봇 등 다양한 산업 현장에서 폭넓게 활용되며, 특히 안전성과 작업 효율을 동시에 확보할 수 있다는 점에서 실무와 자격증 시험 모두에서 반드시 숙지해야 할 회로 중 하나이다.

제4항 블리드 오프 회로

블리드 오프 회로는 유압 시스템에서 액추에이터의 속도나 작동 압력을 조절하기 위해, 공급되는 유량의 일부를 메인 회로로 보내지 않고 탱크로 직접 되돌려 보내는 방식의 회로이다.

이때 사용되는 밸브는 주로 유량 조절 밸브로, 설정된 유량만큼만 액추에이터로 보내고 나머지는 우회시켜 버린다. 이러한 구조는 펌프가 생산하는 전체 유량 중 필요한 양만을 사용하므로 불필요한 에너지 낭비를 줄이고, 회로에서 과도한 압력이 형성되는 것을 방지한다는 장점이 있다.

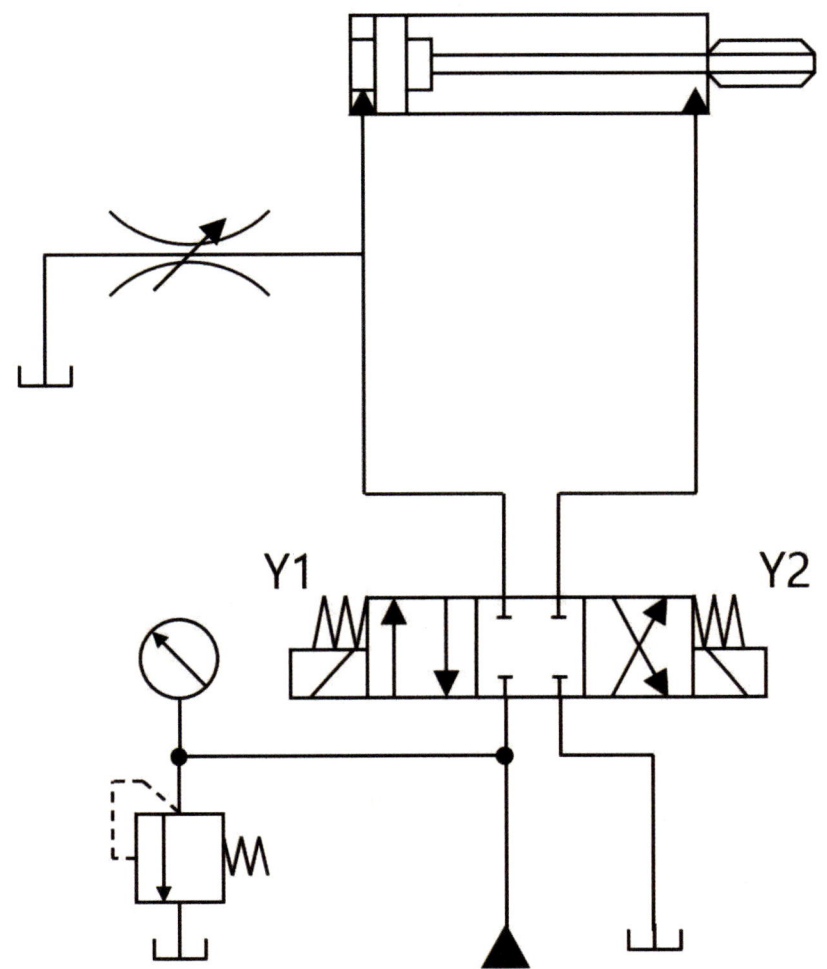

특히 부하가 가벼워 고속 작동이 불필요한 공정, 혹은 작동 중 부드러운 속도 제어가 필요한 경우에 효과적이며, 부하 변화에 따른 유속 변동을 안정적으로 유지할 수 있다. 다만, 블리드 오프 회로는 공급 측에서 일부 유량을 빼내는 구조이므로 펌프의 토출 효율은 낮아질 수 있으며, 고정밀 하중 제어보다는 간단한 속도 조절이나 부하 완화에 더 적합하다. 이와 같은 특징 덕분에 소형 실린더의 속도 제어, 시험 장비, 경량 가공 장비 등에서 자주 활용되며, 자격증 실습에서도 종종 등장하는 기본 응용 회로 중 하나이다.

제5항 압력 보상 회로

압력 보상 회로는 부하 변화에도 불구하고 액추에이터에 일정한 속도를 유지하도록 유량을 안정적으로 공급하는 회로로, 주로 유량 제어 밸브와 압력 보상 밸브를 함께 사용하여 구성된다.

일반적인 유량 제어 회로에서는 부하가 증가하면 유속이 느려지고, 부하가 감소하면 유속이 빨라지는 문제가 발생하는데, 압력 보상 회로는 이러한 변화를 자동으로 조절해 부하 변화에 관계없이 일정한 유속을 유지하게 한다.

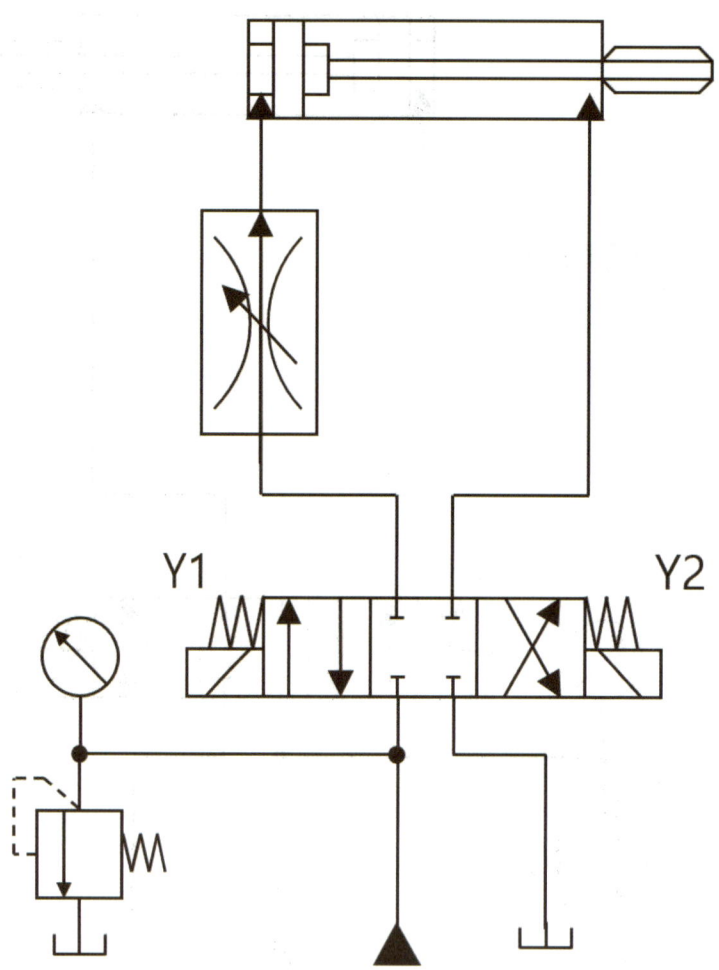

작동 원리는 유량 제어 밸브 전단에 설치된 압력 보상 밸브가 회로의 압력 차를 일정하게 유지시킴으로써, 유량이 부하 변화에 영향을 받지 않도록 하는 것이다. 이를 통해 작업의 정밀도를 높이고, 제품 품질을 안정적으로 유지할 수 있으며, 특히 연마기, 절삭기, 포장기 등과 같이 균일한 속도가 필수적인 장비에서 많이 사용된다. 다만, 압력 보상 회로는 구조상 일반 회로보다 복잡하며, 초기 세팅과 유지보수에 세심한 관리가 필요하다는 단점이 있다. 그럼에도 불구하고, 속도 변화가 제품 불량으로 직결되는 공정에서는 필수적으로 채택되는 중요한 응용 회로이다.

제6항 서지압 방지 회로

서지압 방지 회로는 유압 시스템에서 밸브의 급격한 전환, 부하의 급정지, 혹은 배관 내 유체의 급격한 흐름 변화로 인해 발생하는 순간적인 고압, 즉 서지압(Surge Pressure)을 흡수하고 완화하기 위해 설계된 회로이다.

서지압은 짧은 시간 동안 평상시 운전 압력보다 훨씬 높은 압력이 발생하는 현상으로, 호스 파열, 씰 손상, 밸브 오작동 등 심각한 고장을 유발할 수 있다. 이 회로는 일반적으로 배관의 적절한 위치에 서지압 흡수용 어큐뮬레이터나 감압 기능을 갖춘 바이패스 밸브를 설치하여, 순간적으로 발생한 압력을 흡수하고 서서히 방출함으로써 시스템을 보호한다.

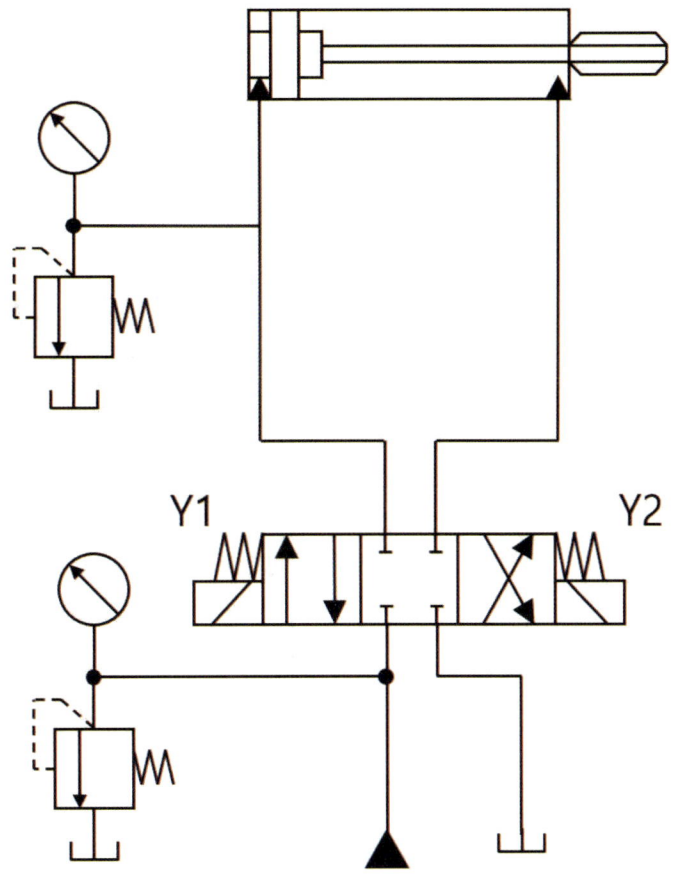

작동 원리는 압력이 설정 값 이상으로 급상승할 때, 서지압 방지 장치가 즉각적으로 반응하여 여분의 유체를 임시 저장 공간으로 이동시키고, 압력이 안정되면 다시 회로로 돌려보내는 방식이다. 이를 통해 장비의 수명을 연장하고, 예기치 못한 고장을 방지할 수 있으며, 특히 대유량·고속 동작이 많은 프레스 장비, 사출기, 건설기계 등의 회로에서 중요한 역할을 한다. 다만, 서지압 방지 회로의 설계 시 흡수 용량, 반응 속도, 설치 위치를 잘못 설정하면 오히려 서지압을 제대로 억제하지 못할 수 있으므로, 실제 설계와 시공 단계에서 충분한 검토와 경험이 필요하다.

제7항 역류 방지 회로

체크 밸브를 활용하여 토출구의 역류를 방지하는 회로는 유압 펌프나 특정 장치에서 압력이 해제되었을 때, 배관 내에 남아 있는 유체가 역방향으로 흐르는 것을 차단하기 위해 설계된 회로이다.

체크 밸브는 한쪽 방향으로만 유체가 흐르도록 허용하고 반대 방향의 흐름은 즉시 차단하는 구조를 가지고 있으며, 스프링과 디스크(또는 볼)로 구성된 간단하면서도 신뢰성 높은 장치이다.

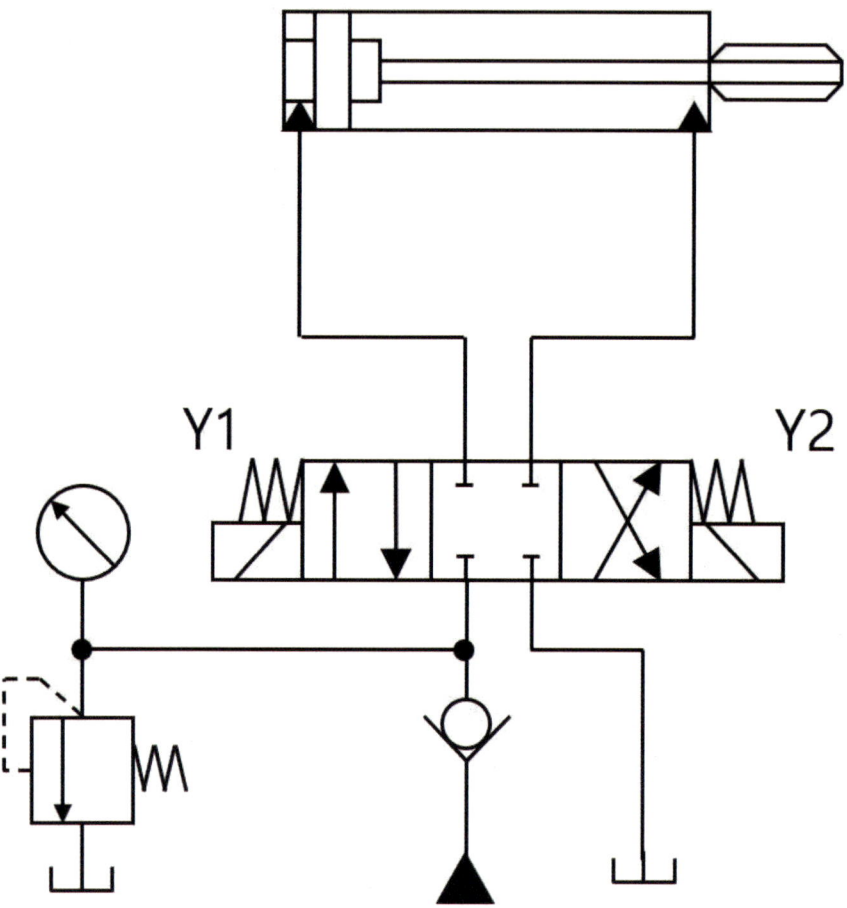

이 회로의 원리는 펌프가 작동 중일 때는 유체가 체크 밸브를 밀고 나가도록 열리지만, 펌프가 정지되거나 압력이 사라지면 스프링의 힘과 유체 압력 차에 의해 즉시 닫혀 역류를 차단하는 것이다. 이를 통해 펌프 및 유압 장치의 손상을 방지하고, 시스템 내부의 압력 손실과 불필요한 작동을 최소화할 수 있다. 특히, 고위치에 설치된 유압 모터, 수직 실린더, 또는 장시간 대기 상태를 유지해야 하는 회로에서 필수적으로 사용되며, 저장 탱크로의 불필요한 유체 회귀를 막아 장비의 효율과 안전성을 높인다.

제8항 재생 회로

재생 회로는 실린더의 빠른 전진, 즉 고속 전진을 구현하기 위해 사용되는 회로이다. 이 회로는 실린더 로드측에서 배출되는 유압유를 단순히 탱크로 보내지 않고, 펌프에서 공급되는 유량과 합쳐서 실린더 헤드측으로 다시 보내는 방식으로 작동한다. 이렇게 하면 펌프 용량을 크게 늘리지 않고도 실린더에 공급되는 총 유량이 증가하게 되어 전진 속도가 빨라진다.

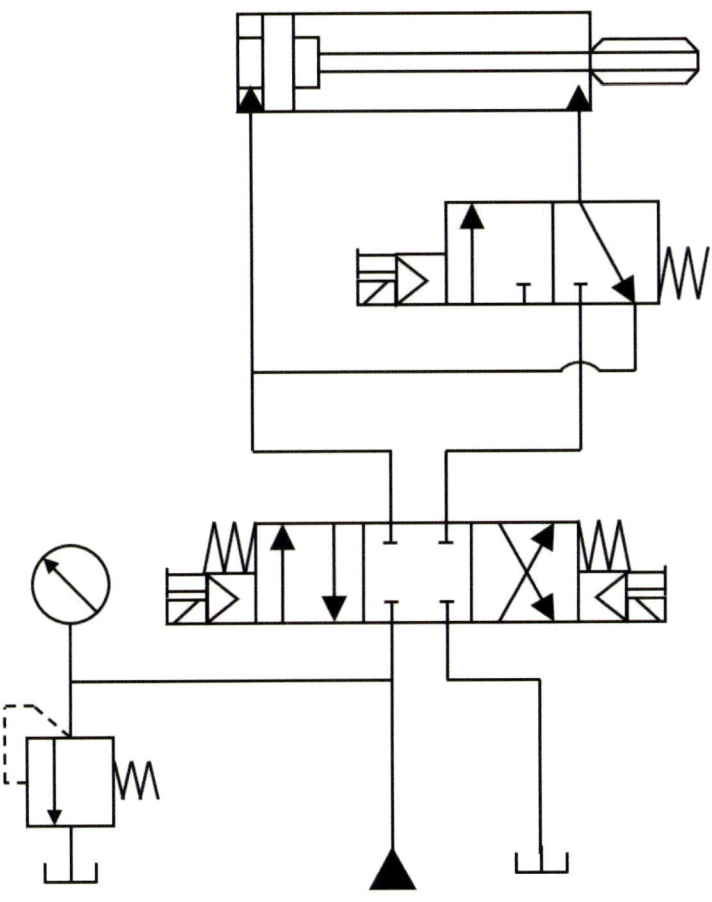

하지만 재생 회로에서는 실린더 속도가 빨라지는 대신에 로드측 유량을 재활용하기 때문에 출력이 감소하는 특징이 있다. 따라서 재생 회로는 일반적으로 부하가 걸리지 않는 상태에서 빠르게 이동해야 할 때, 예를 들어 프레스 기계에서 작업 위치까지 고속으로 전진하는 과정에 적합하게 사용된다.

결국 재생 회로는 펌프 용량의 효율적 활용, 에너지 절약, 그리고 빠른 무부하 이동이라는 장점을 동시에 제공하는 유용한 유압 회로이다.

필기는 이렇게 나올 수 있다!

문제1 다음 중 카운터 밸런스 밸브(Counter Balance Valve)에 대한 설명으로 옳지 않은 것은?

① 실린더 하중이 자체 무게로 갑자기 떨어지는 것을 방지한다.
② 실린더를 천천히 하강시키며 안정적인 동작을 돕는다.
③ 실린더가 상승할 때 압력 손실을 최소화한다.
④ 실린더의 빠른 전진을 위해 로드측 유량을 재활용하는 역할을 한다.

해설)
실린더의 빠른 전진은 재생 회로에 해당되는 설명이다. 카운터 밸런스 밸브는 주로 자중 낙하 방지와 속도 제어를 위해 사용된다.

문제2 다음 중 압력 보상 밸브(Pressure Compensator)의 사용 목적에 대한 설명으로 옳은 것은?

① 실린더의 빠른 전진 속도를 위해 로드측 유량을 재활용한다.
② 하중 변동에도 불구하고 일정한 유량을 유지하여 속도를 안정화한다.
③ 실린더가 자체 무게로 급격히 하강하는 것을 방지한다.
④ 유압유의 온도를 낮춰 냉각 효과를 제공한다.

해설)
압력 보상 밸브는 부하가 변해도 유량을 일정하게 유지해 실린더나 모터의 속도를 일정하게 제어하는 데 사용된다.

문제3 다음 중 실린더 속도를 제어하기 위해 펌프에서 공급되는 일부 유량을 탱크로 바로 배출시켜 속도를 조절하는 방식의 회로는 무엇인가?

① 재생 회로(Regeneration Circuit)
② 블리드 오프 회로(Bleed-off Circuit)
③ 미터인 회로(Meter-in Circuit)
④ 미터아웃 회로(Meter-out Circuit)

해설)
미터인/미터아웃 회로는 실린더 입·출구 쪽 유량을 직접 제어하는 방식이고, 재생 회로는 실린더 로드측 유량을 재활용해 고속 전진을 만드는 회로이다.

제5장

전기 시퀀스 회로 작도

이제부터는 전기 시퀀스 회로를 직접 작도하는 방법을 학습해 보겠다. 앞서 A접점, B접점 등 전기 시퀀스 회로의 주요 구성 요소와 해석 방법을 익혔다면, 이제는 이를 바탕으로 실제 회로를 그려 보는 훈련에 들어갈 차례다.

작도 과정에서는 단순히 기호를 배치하는 것이 아니라, 동작 순서와 제어 논리를 정확히 이해하고 이를 도면에 반영하는 것이 핵심이다. 이를 위해 이전에 살펴본 표를 다시 가져와 참고하며, 언어라는 공통점에 있어서 현재 어디까지 배워 왔는지 파악하자.

영어	시퀀스 회로도
A, B, C 알파벳 등	여러 가지 기초 용어
Happy, Love 영단어 등	A접점, B접점 등
be going to 숙어 등	자기 유지 회로, 인터록 회로 등
영어 문장 독해	시퀀스 회로도 해석
영어 문장 작성	시퀀스 회로도 작도
영어 회화 실무	공정 프로세스 구축

노란색으로 표시된 부분처럼, 이제 기사·산업기사·기능사 수준 중에서도 마지막 학습 단계에 도달했다. 물론 기능사만 '취득'하는 것을 목표로 한다면 굳이 회로 작도를 깊게 배울 필요는 없다. 그러나 우리의 목표는 단순한 자격증 취득이 아니라 '설비보전' 기술을 실제 현장에서 효과적으로 활용하는 것이다.

마치 학교에서 영어를 배우는 이유가 단순한 시험 대비가 아니라 해외여행이나 업무 상황에서 직접 활용하기 위함인 것처럼, 회로 작도 역시 실무 적용을 염두에 두고 익혀야 한다. 이렇게 해야만 자격증 취득 이후에도 업무 현장에서 즉시 활용 가능한 진정한 실력을 갖출 수 있다.

본격적인 학습에 들어가기 전, 꼭 기억해야 할 점이 있다. 누누이 얘기하지만, 전기 시퀀스 회로도 역시 '언어'라는 것이다. 이해를 돕기 위해 영어를 예로 들어 보자.

한 달 동안 영어 학원을 다녔다고 해서, 누구나 원어민처럼 자연스럽게 영작을 할 수 있는 것은 아니다. 소수의 타고난 언어 감각을 가진 사람을 제외하면, 대부분은 쉽지 않다. 그렇다면 어떻게 하면 영작 실력을 높일 수 있을까? 정답은 꾸준한 영어 독해 연습이다. 태어날 때부터 영어를 모국어로 쓰지 않는 이상, 우리는 독해 과정을 통해서만 영어 문장 구조를 몸에 익힐 수 있다.

전기 시퀀스 회로도도 마찬가지다. 우선은 해석 연습에 집중해야 한다. 충분히 많은 회로도를 해석하고, 도면만 봐도 동작 흐름이 머릿속에 그려질 정도가 되면, 회로 작도는 훨씬 수월해진다. 물론 이 과정에는 시간과 노력이 필수다.

하지만 1년 내내 해석 연습만 할 수는 없으니, 필자는 반드시 외울 정도로 연습해야 할 '필수 예제 세트'를 준비했다. 이 예제들만 완전히 자기 것으로 만들면, 어떤 복잡한 회로 작도 문제가 나와도 손쉽게 해결할 수 있는 역량을 갖출 수 있을 것이다.

| 제1절 | 전기 회로 작도 원리 |

제1항 단동 실린더 + 3/2-way 편솔

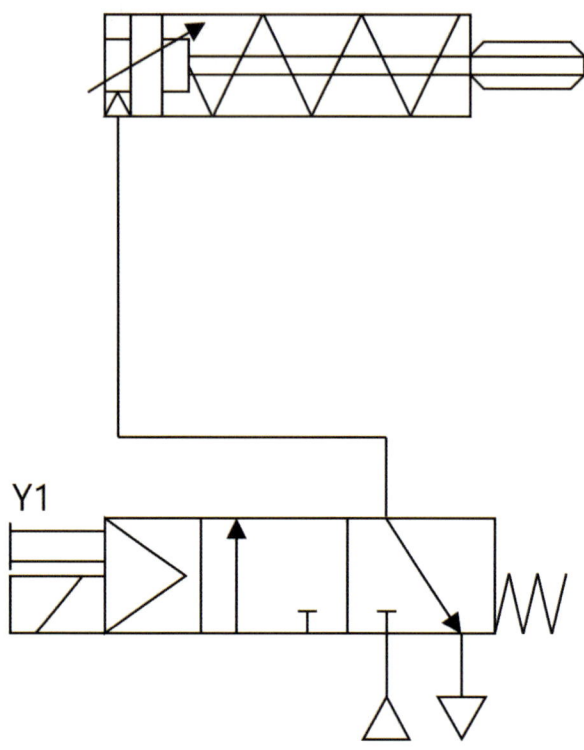

문제 : 'PB1'과 'Y1 솔레노이드'를 활용하여, 'PB1'을 누르면 실린더 전진, 손을 떼면 실린더 후진하는 전기 회로도를 작도하라.

단동 실린더와 3/2-way 밸브를 활용한 가장 기본 예제다. 앞서 학습한 내용 덕분에 정답이 바로 떠오르는 수험생도 있겠지만, 초심으로 돌아가 한 단계씩 풀이해 보자.

먼저 전기 측에서 실제로 조작하는 입력은 'PB1' 스위치이고, 밸브를 구동하는 출력은 '솔레노이드' 코일이므로 이 두 기호를 도면 위에 명확히 가져온다.

여기까지가 신호의 출발점 준비다.

기본적으로 '설비보전' 자격 시험에서 나오는 전기 회로도는 전류가 위에서 아래로 흐르는 '종서' 방식으로 기호를 그린다. 따라서 전류가 흐르려면 기준 전원도 필요하니 상단에 플러스(+), 하단에 마이너스(-) 레일을 그어 전원의 흐름 방향(위에서 아래)을 분명히 한다.

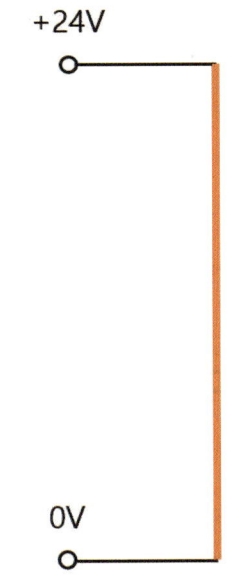

(주황색 라인은 굳이 그릴 필요 없다)

이제 주황색 라인 쪽에 제어 기호를 배치하면 된다. 모든 신호는 위에서 아래로 흐른다는 원칙을 기억하고, 지난 시간 해석했던 순서 그대로 기호를 배치하면 된다.

PB1을 누르면?	실린더 전진!

위 조건대로 동작이 이루어지기 위해서는 공압 회로도를 봤을 때, 'Y1' 솔레노이드에 여자가 되어야 한다.

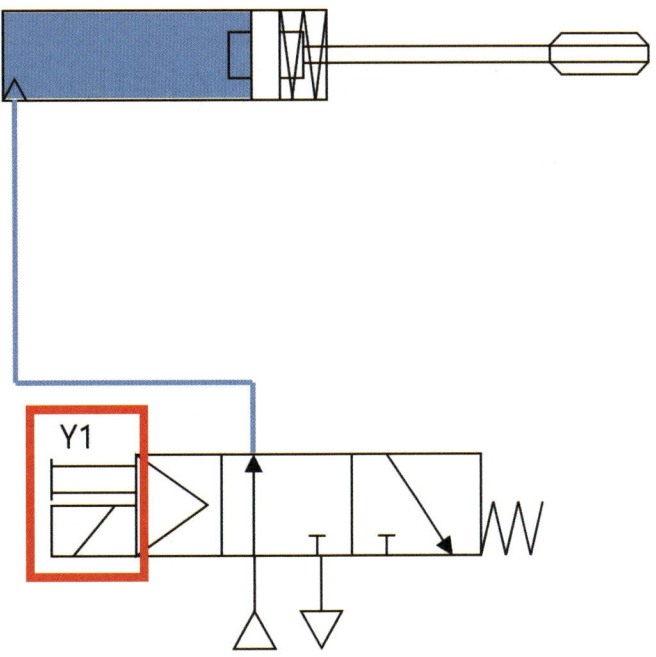

제5장 전기 시퀀스 회로 작도

이를 표로 정리하면 아래와 같다.

문제	PB1을 누르면?	실린더 전진!
공압 회로도	-	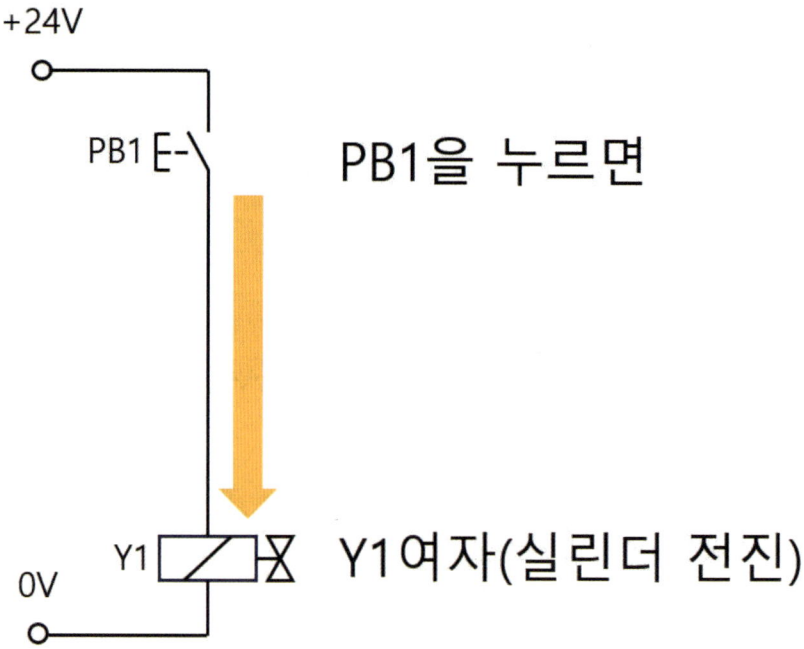
전기 회로도		

이때 편솔레노이드의 특성상 Y1은 여자가 되는 순간에만 방향 제어 밸브를 전환시키므로, 실린더는 PB1을 누르는 동안만 전진하게 된다. PB1에서 손을 떼면 Y1이 소자되고, 방향 제어 밸브 내부 스프링의 복귀력으로 스풀이 원위치로 돌아간다. 그 결과 유로가 후진 방향으로 바뀌어 실린더도 자동으로 원위치로 복귀하게 된다.

따라서 이번 회로는 'PB1을 누르면 전진, 손을 떼면 후진'이라는 단순하지만 핵심적인 제어 로직을 완성한 예제가 된다.

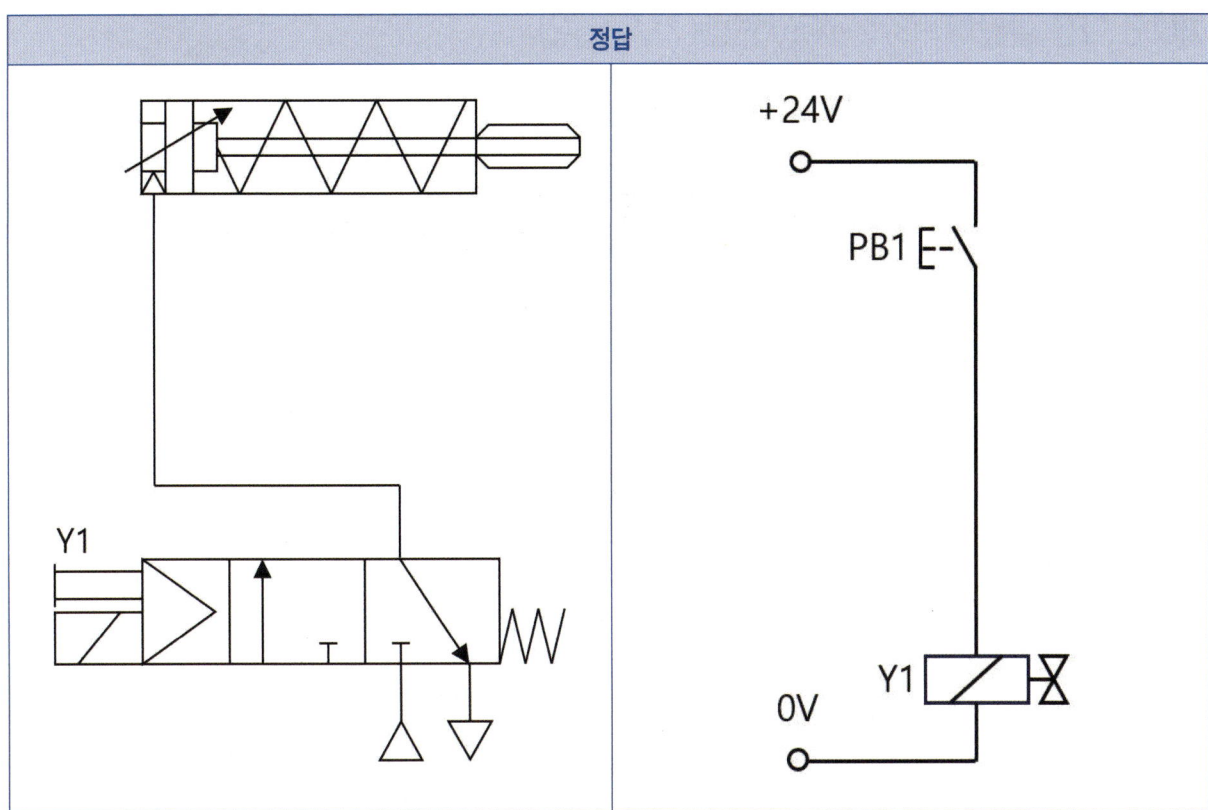

제2항 단동 실린더 + 3/2-way 편솔(자기 유지)

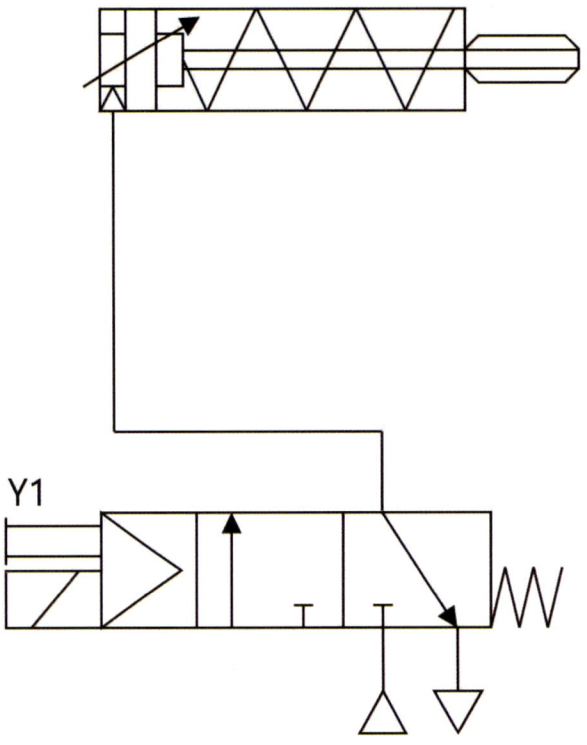

> 문제 : 'PB1'과 'Y1 솔레노이드'를 활용하여, 'PB1'을 누르면 실린더 전진, PB2를 누르면 후진하는 전기 회로도를 작도하라.

이번 예제는 공압 회로 구성 자체는 '예제 1'과 동일하지만, 제어 조건이 바뀐 상황이다. PB1을 누르면 실린더가 전진하고, 손을 떼더라도 계속 전진 상태를 유지하다가, PB2를 눌러야만 후진하는 구조다.

즉, 전진 상태가 유지되기 위해서는 전기 시퀀스 회로에서 '자기 유지 회로(Self-hold circuit)'를 사용해야 한다. 자기 유지 회로란, 스위치를 한 번 눌러 코일에 전류가 흐르기 시작하면, 해당 코일이 자기 자신과 직렬로 연결된 a접점을 통해 계속 전류를 공급하여, 스위치를 놓아도 여자가 유지되는 구조다.

이때 후진 명령(PB2)이 들어오면 코일 전원이 차단되고, 방향 제어 밸브 스프링 복귀로 실린더가 후진하게 된다. 자기 유지 회로는 기능사, 산업기사, 기사 시험 문제뿐만 아니라 실무 제어 설계에서도 빈번하게 활용되므로, 이번 기회에 회로 형태와 동작 원리를 확실히 익혀 두는 것이 중요하다.

우선 '자기 유지'를 만들기 위해서는 '릴레이'가 필요하다. 이름을 'K1'이라 하고 한 줄을 그려 보겠다.

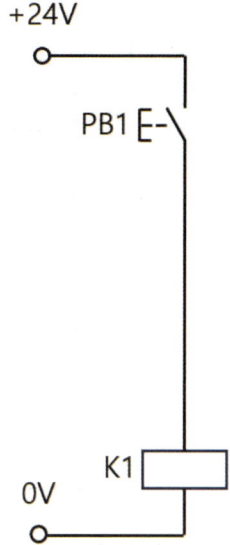

위 그림에서 PB1을 누른다면, 누를 때만 K1 릴레이에 여자가 되는 것을 확인할 수 있다. 이때 K1의 같은 이름으로 릴레이 a접점을 동작시켜 자기 자신(K1 릴레이)한테 연결을 해 준다면?

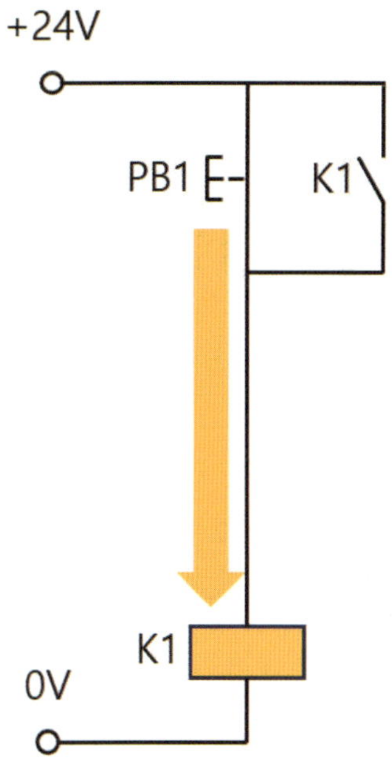 PB1을 누르면 전류가 흘러 K1릴레이 여자된다.	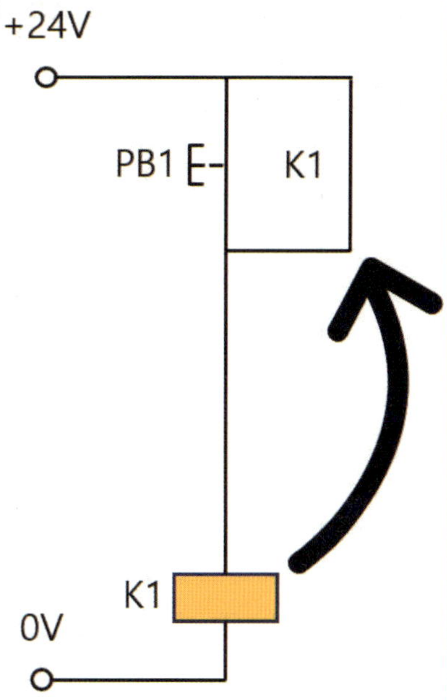 그와 동시에 같은 이름을 가진 K1 A접점이 닫히게 된다.	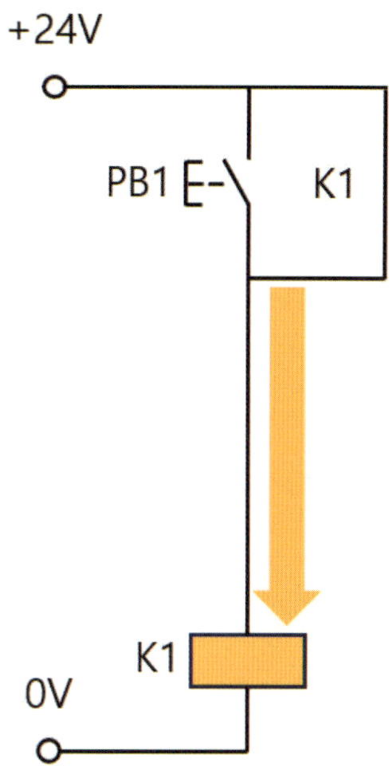 K1 A접점으로부터 다시 전류가 흘러 내려온다. 이때 PB1을 떼더라도 이미 K1 릴레이는 자기 유지가 되어 있다.

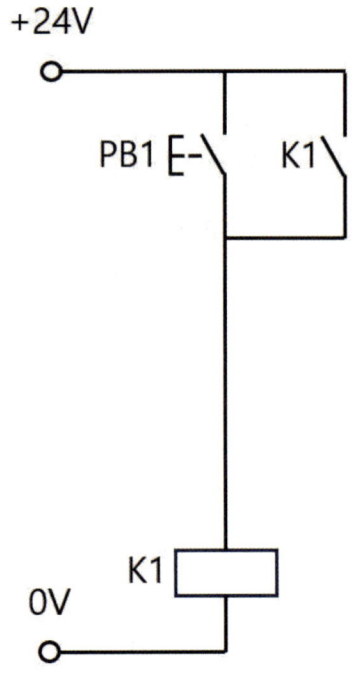

현재 K1 릴레이는 단순히 자기 유지만 형성하고 있을 뿐, 실린더 구동에는 직접적인 영향을 주지 않고 있다. 따라서 K1이라는 동일한 이름의 접점을 추가하여, 이를 'Y1' 솔레노이드 밸브와 직결시켜 주도록 한다.

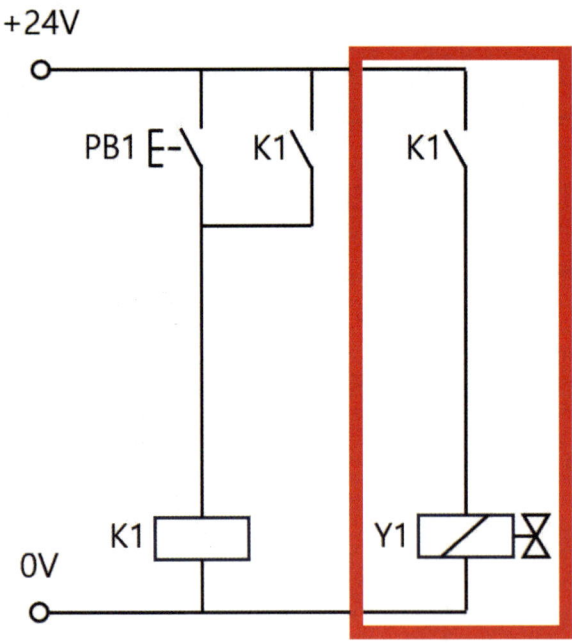

이렇게 구성하면 PB1을 눌렀다가 떼어도 전류의 흐름은 매우 빠르게 진행되므로 K1 릴레이가 즉시 자기 유지 상태에 들어가게 된다. 이와 동시에 '출력부(붉은 박스)'에 있는 동일 명칭의 K1 A접점이 닫히면서 Y1 솔레노이드로 전류가 공급된다. 그 결과 방향 제어 밸브가 전환되고 실린더는 계속 전진 상태를 유지하게 된다.

이때 문제에서 PB2를 누르면 실린더가 후진하라고 했다. 실린더가 전진 상태인 공압 회로도에서 어떻게 하면 다시 후진시킬 수 있을까?

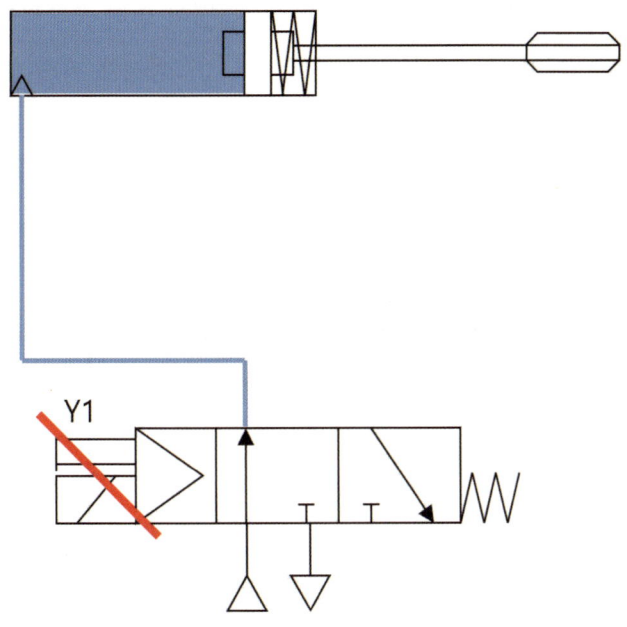

바로, 자기 유지 상태로 여자되어 있던 Y1 솔레노이드 밸브의 전기 신호를 차단하면 된다. 이를 위해서는 먼저 어떤 조건에서 신호를 끊을지를 명확히 정해야 한다. 아래 표에 따라 순차적으로 생각을 해 보자.

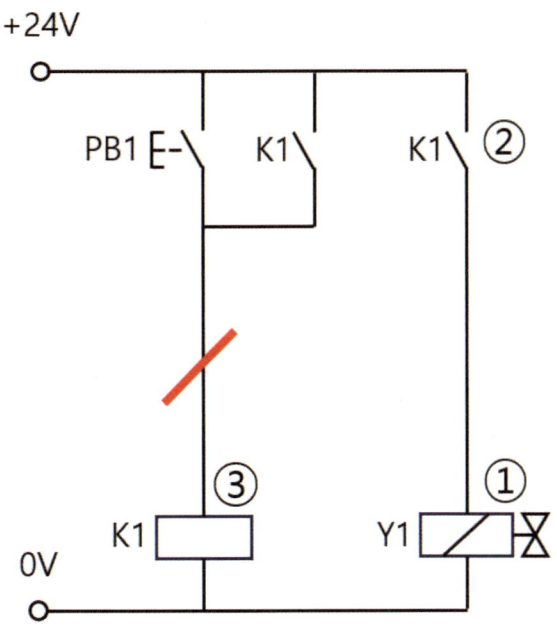

순서	문제	해결
①	Y1 솔레노이드 신호를 끊기 위해선?	출력부의 K1 A접점을 끊는다.
②	출력부의 K1 A접점을 끊기 위해선?	K1 릴레이를 죽인다.
③	K1 릴레이를 죽이기 위해선?	자기 유지를 끊어 준다.

즉, 붉은색으로 표시된 부분처럼 K1 릴레이와 연결된 자기 유지 경로를 차단해 주면 된다. 문제 조건에서 'PB2를 누르면 후진'이라고 했으니, PB2를 누르는 순간, 이 자기 유지 회로가 끊어지도록 설계하면 된다.

이를 위해 PB2에는 B접점을 사용하여, 버튼이 눌렸을 때 접점이 열려 K1 릴레이로 가는 전류가 차단되도록 한다. 이렇게 하면 K1 릴레이가 소자되고 Y1 솔레노이드도 동시에 꺼져 방향 제어 밸브가 복귀하며, 실린더가 후진하게 된다. 최종적으로는 이러한 원리를 반영해 아래와 같이 회로를 완성하면 된다.

정답

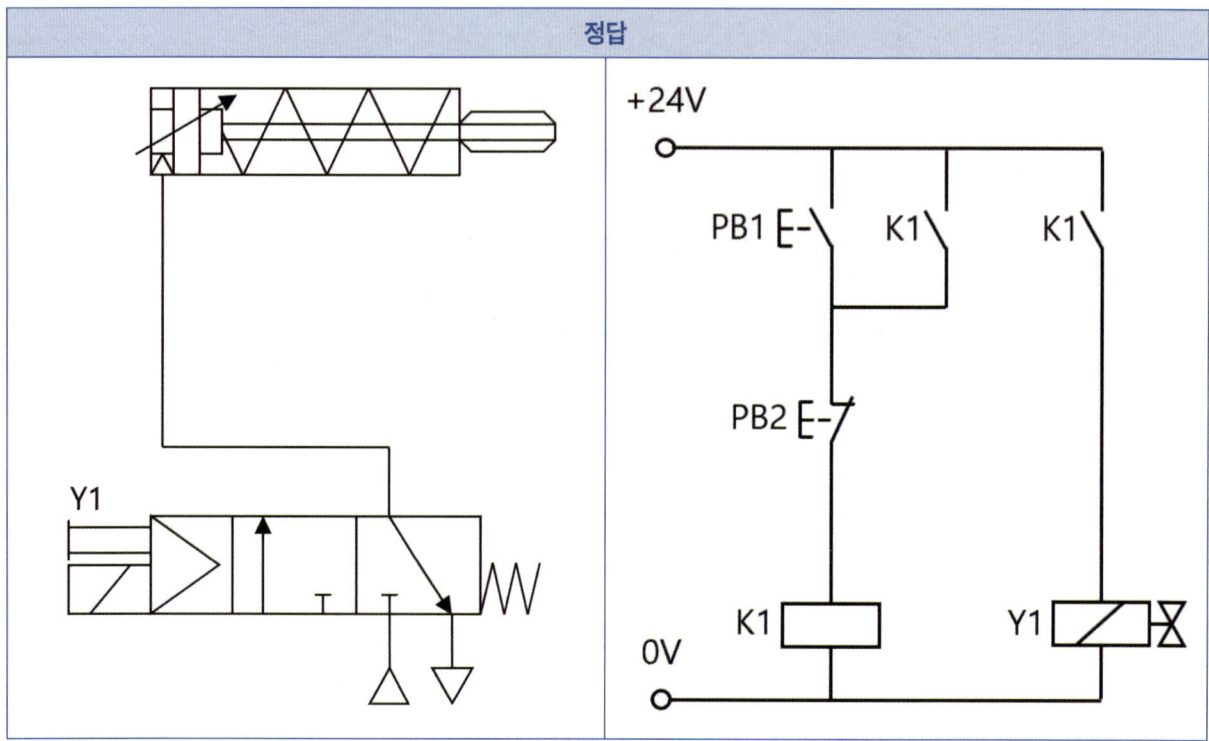

제3항 단동 실린더 + 3/2-way 편솔 + 리밋스위치

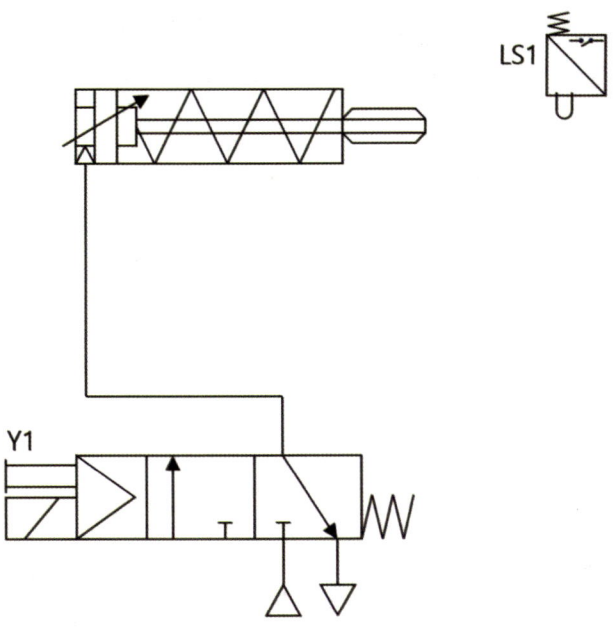

문제 : 'PB1'과 'Y1 솔레노이드', '리밋스위치'를 활용하여, 'PB1'을 누르면 실린더 전진, 리밋스위치를 누르면 후진하는 전기 회로도를 작도하라.

앞서 예제 1, 2번과 동일하게 이번 회로도 역시 자기 유지 회로가 필요하다. 차이점은 후진 트리거가 PB2가 아니라 리밋스위치 LS1이라는 점이다.

원리는 같다. 실린더가 전진해 목표 위치에 도달하면 LS1이 동작하고, 이 신호로 자기 유지 경로를 끊어 Y1 솔레노이드가 소자되도록 하면 된다. 따라서 자기 유지 라인에 LS1의 B접점을 직렬로 삽입한다.

정답

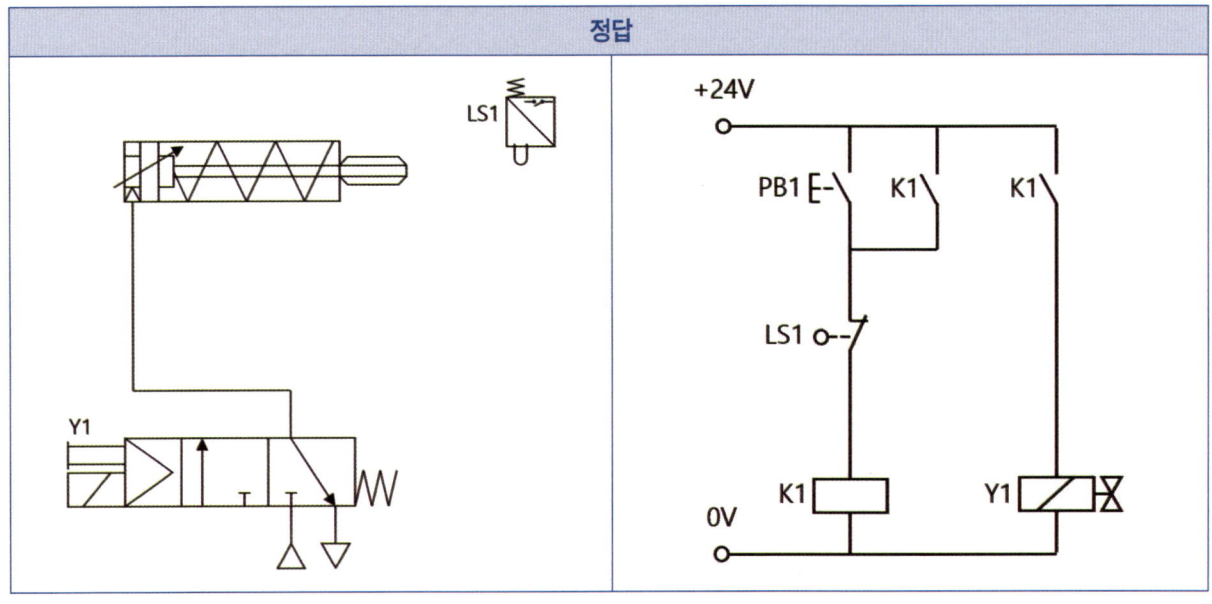

제4항 복동 실린더 + 5/2-way 편솔

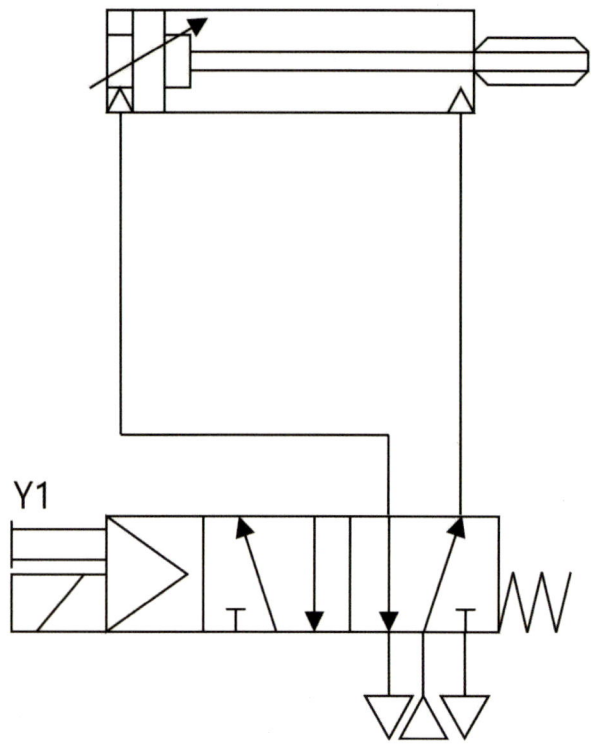

> 문제 : 'PB1'과 'Y1 솔레노이드'를 활용하여, 'PB1'을 누르면 실린더 전진, 손을 떼면 실린더 후진하는 전기 회로도를 작도하라.

지금부터는 예제 1, 2, 3과 동일한 요구 조건으로 회로를 그리되, 공압 측 하드웨어만 단동 실린더→복동 실린더, 3/2-way→5/2-way로 바뀐 경우를 다룬다.

핵심은 명령 요소(실린더 전·후진, Y1)가 그대로라는 점이다. 따라서 해법을 정리하면,

① Y1 솔레노이드 밸브가 여자되면 방향 제어 밸브 스풀은 오른쪽으로 이동할 것이고,
② 스풀 이동에 따라 관로가 바뀌어 실린더 전진단으로 공기가 주입될 것이고,
③ 공기가 주입되어 실린더는 전진을 한다.

즉, PB1을 누르면 Y1 솔레노이드가 여자되면 되겠다.

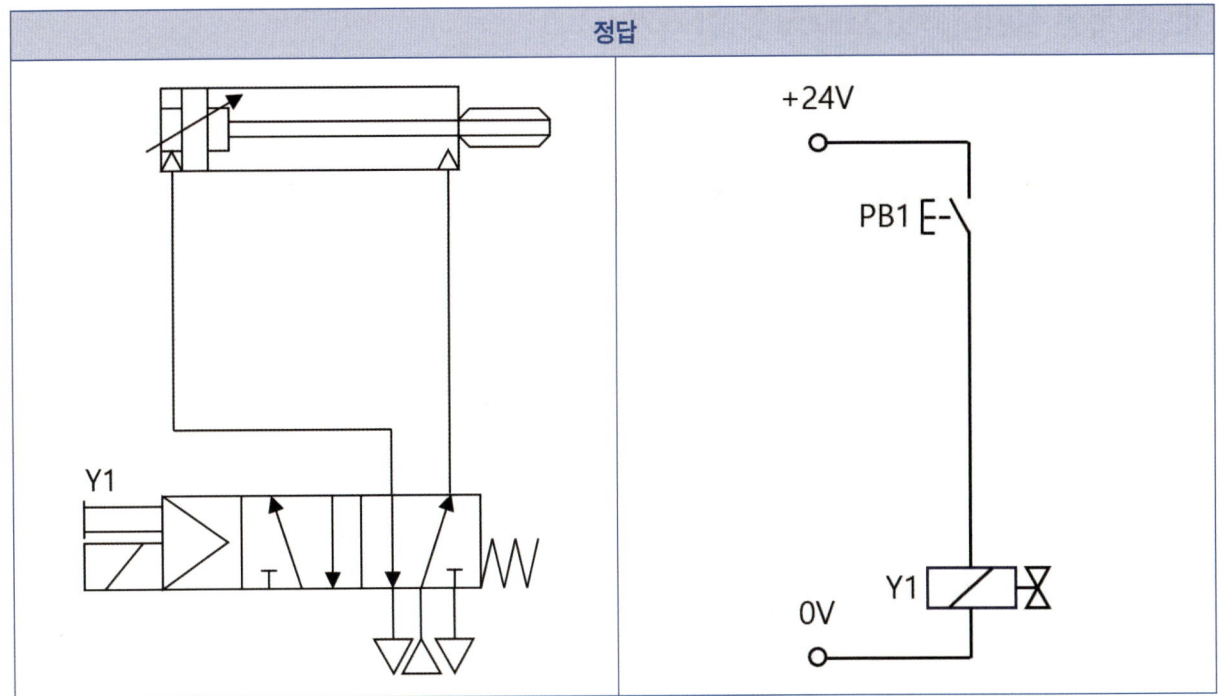

점점 감이 오고 있는가? 비록 문제의 난이도가 낮아 지루하게 느껴질 수 있지만, 서두르지 말고 차근차근 순서를 따라가며 해결하는 습관을 들여야 한다.

이러한 순차적 사고와 작도 경험이 쌓여야만, 나중에 산업기사 시험에서의 긴 시퀀스 회로도 작도나 기사 시험에서의 회로 수정 문제도 막힘없이 처리할 수 있다. 결국 기초 문제를 반복하며 정확성과 속도를 동시에 높이는 것이 실력을 완성하는 지름길이다.

제5항 복동 실린더 + 5/2-way 편솔(자기 유지)

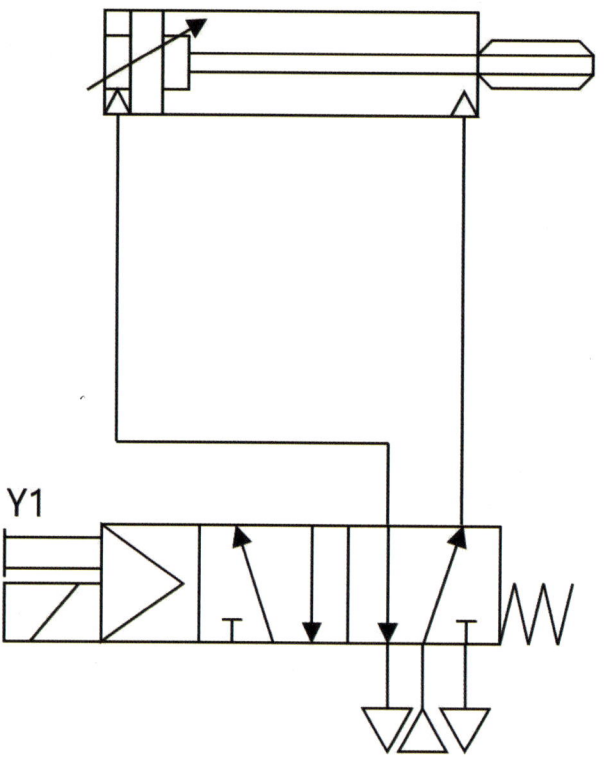

문제 : 'PB1'과 'Y1 솔레노이드'를 활용하여, 'PB1'을 누르면 실린더 전진, PB2를 누르면 후진하는 전기 회로도를 작도하라.

예제 2번과 동일한 접근으로 풀다 보면 아래와 같은 결론이 나오는데,

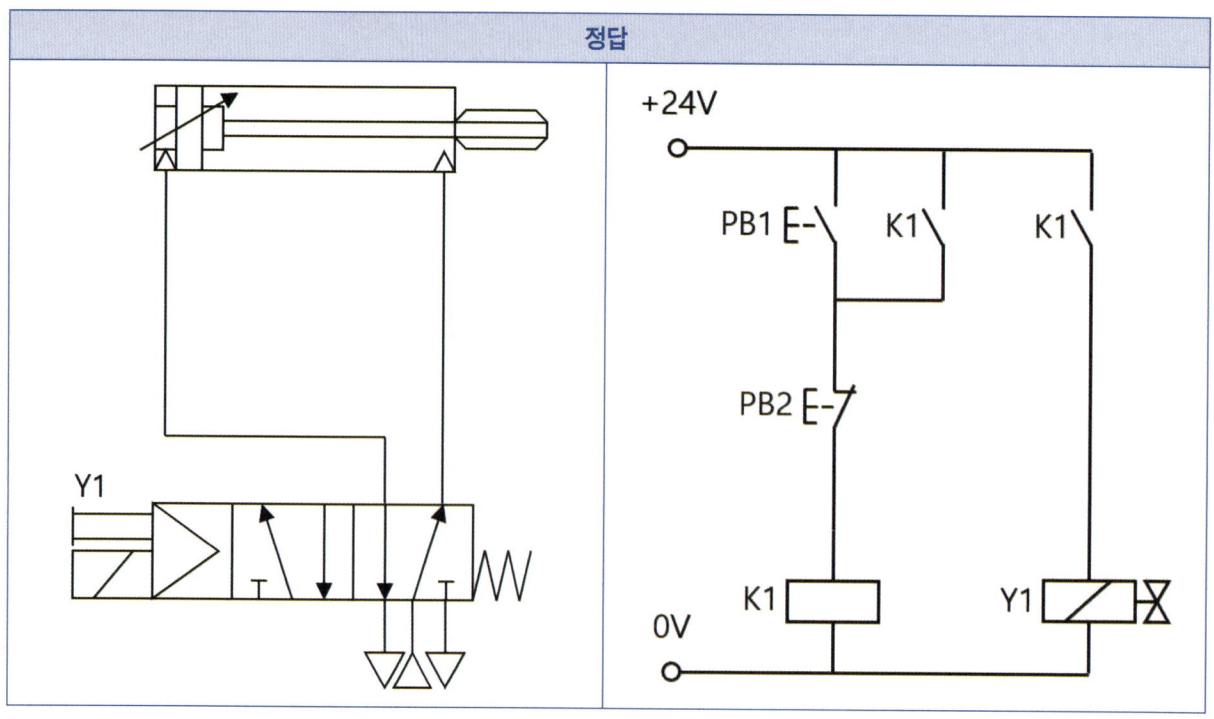

전기 회로도의 작도가 동일한 것을 알 수 있다.

공유압 시스템을 처음 배우는 수험생이라면, 이 지점에서 중요한 통찰을 얻게 된다.

"공압 회로 구성이 서로 달라도, 수행하는 동작이 같으면 전기 시퀀스 회로도는 동일하게 그릴 수 있구나" 라는 깨달음이다.

이는 유압도 마찬가지다. 액추에이터를 제어할 때, 단동을 쓰든 복동을 쓰든, 전기 회로도는 동일하게 설계할 수 있다. 그 이유는 전기 회로의 본질적인 역할이 '신호를 어떻게 주고 끊을지'만 결정하는 것이기 때문이다.

예를 들어, PB1을 누르면 실린더 전진, PB2를 누르면 실린더 후진이라는 명령 구조가 유지된다면, 전기 쪽에서는 단순히 해당 동작을 위한 코일 신호의 유무만 판단하면 된다.

PB1을 누르면?	실린더 전진
PB2를 누르면?	실린더 후진

결국 공압 회로에서 단동·복동, 3/2-way·5/2-way 등의 차이는 유체의 흐름을 구현하는 '하드웨어적 구성'의 차이에 불과하고, 전기 회로 입장에서는 '코일에 신호를 줄지 말지'라는 명령 판단만 동일하게 수행하면 된다.

쉽게 말해,

공유압 회로	팔, 다리
전기 회로	두뇌

그래서 팔과 다리의 생김새가 달라도 두뇌의 명령 방식이 같으면, 같은 방식으로 접고 펴는 제어가 가능한 것이다.

이 원리를 이해했다면, 다음 문제도 이전과 같은 흐름으로 자연스럽게 해결할 수 있을 것이다.

제6항 복동 실린더 + 5/2-way 편솔 + 리밋스위치

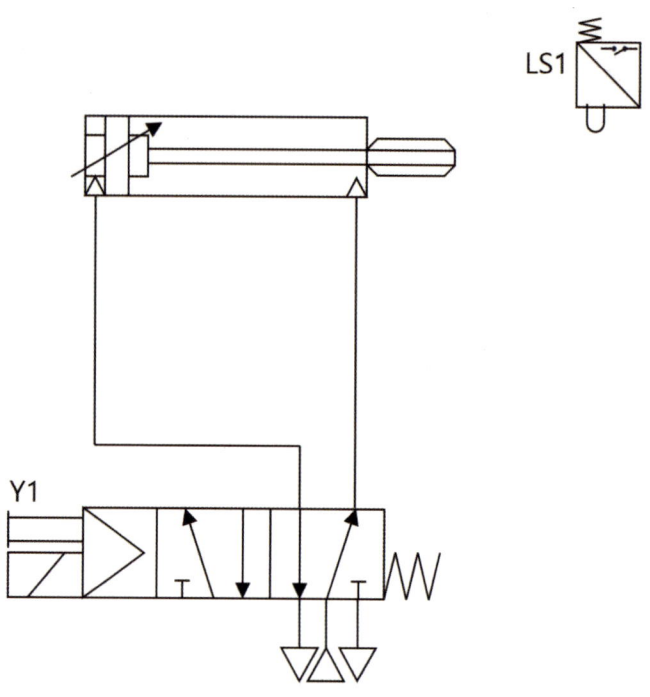

문제 : 'PB1'과 'Y1 솔레노이드', '리밋스위치'를 활용하여, 'PB1'을 누르면 실린더 전진, 리밋스위치를 누르면 후진하는 전기 회로도를 작도하라.

예제 5번에서는 PB2를 눌러 자기 유지 회로를 끊어 실린더를 후진시켰지만, 이번에는 그 PB2 B접점 위치에 리밋스위치(LS1) B접점을 넣어 회로를 작도한다.

정답

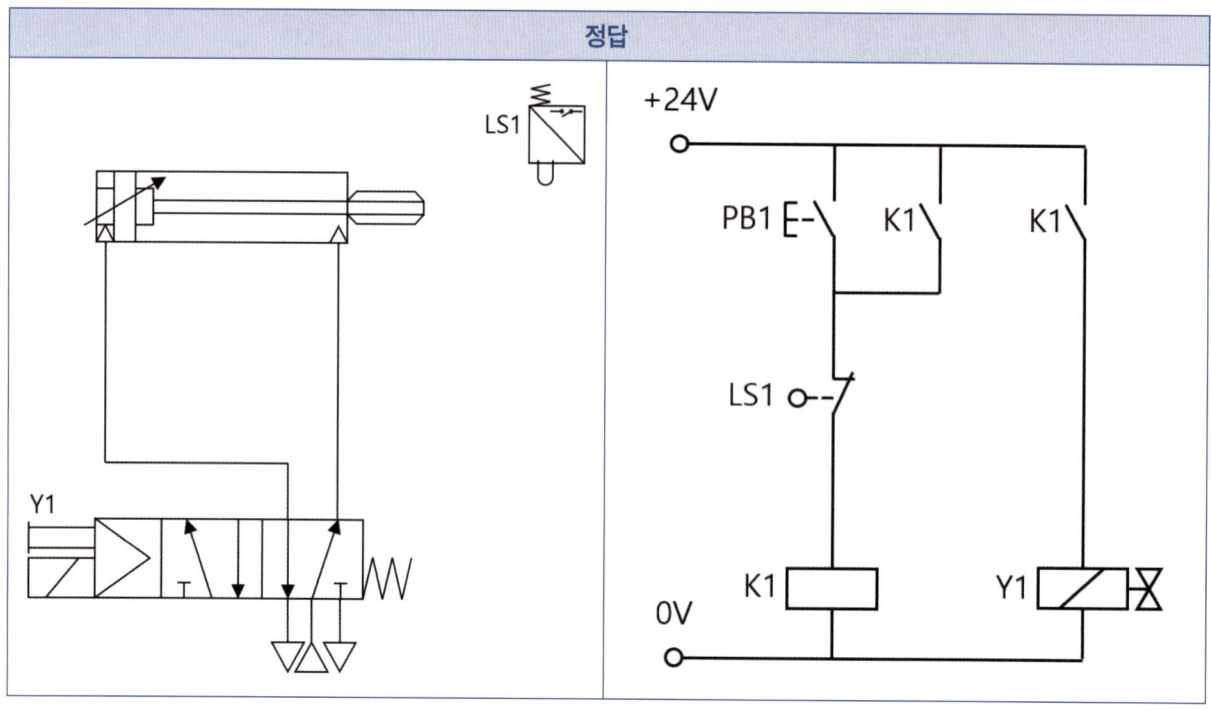

제7항 복동 실린더 + 5/2-way 양솔

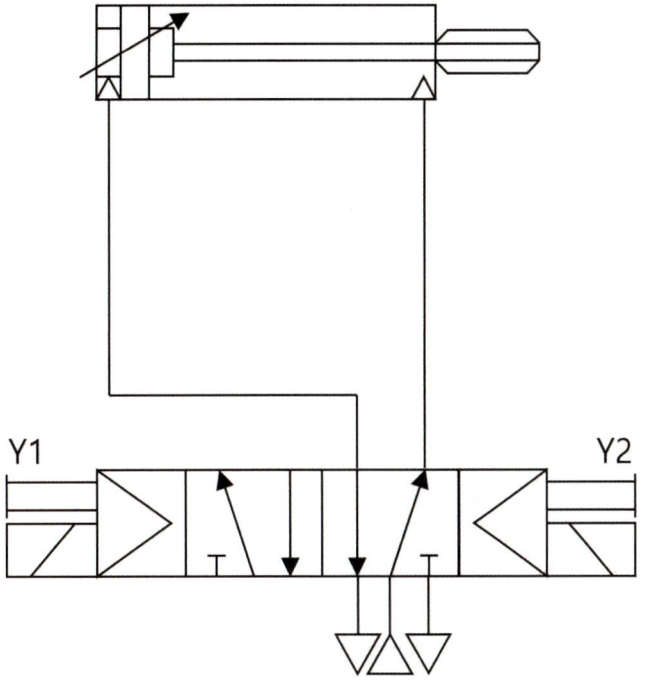

문제 : 'PB1'과 'Y1 솔레노이드', 'Y2 솔레노이드'를 활용하여, 'PB1'을 누르면 실린더 전진, 'PB2'를 누르면 후진하는 전기 회로도를 작도하라.

지금부터는 실무와 밀접한 이론을 다루게 되므로, '양측 솔레노이드'의 특성을 명확히 이해하는 것이 중요하다.

문제는 단순해 보이지만, 양측 솔레노이드는 한쪽이 여자되면 반대쪽이 자동으로 복귀하지 않고, 반드시 반대 측에 전기 신호를 주어야만 스풀이 이동한다는 특징을 가지고 있다.

우선 PB1을 눌러서 실린더를 전진시키고자 할 때에는 Y1에 여자시켜 방향 제어 밸브 스풀을 오른쪽으로 이동시켜 주기만 하면 된다.

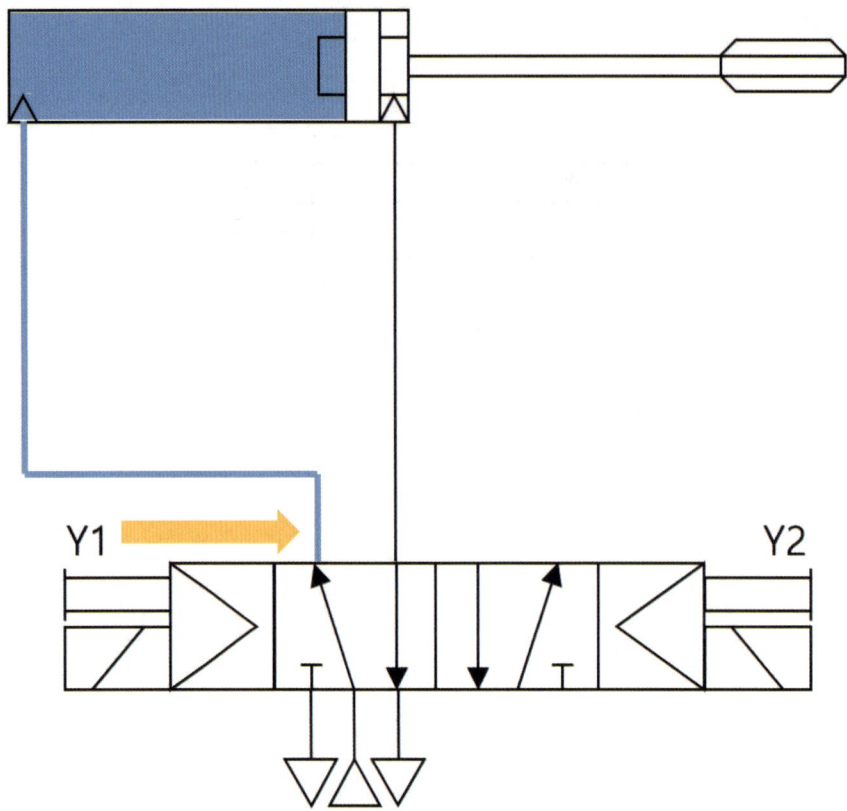

그다음, 다시 후진시키고자 할 때에는 PB2를 눌러 Y2에 여자시키면 된다.

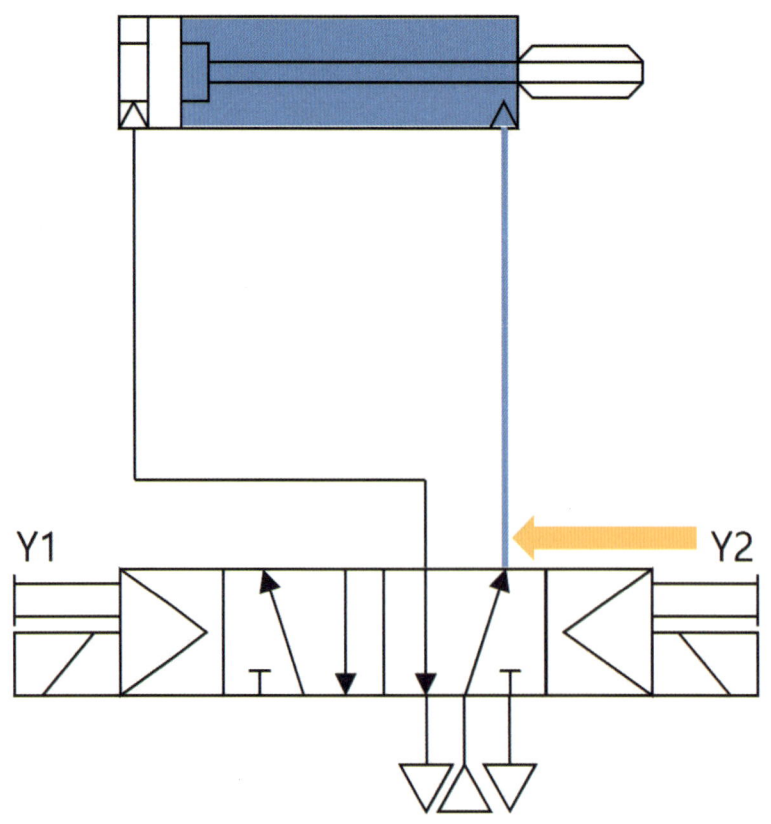

이를 전기 회로도로 표현을 하면 아래와 같다.

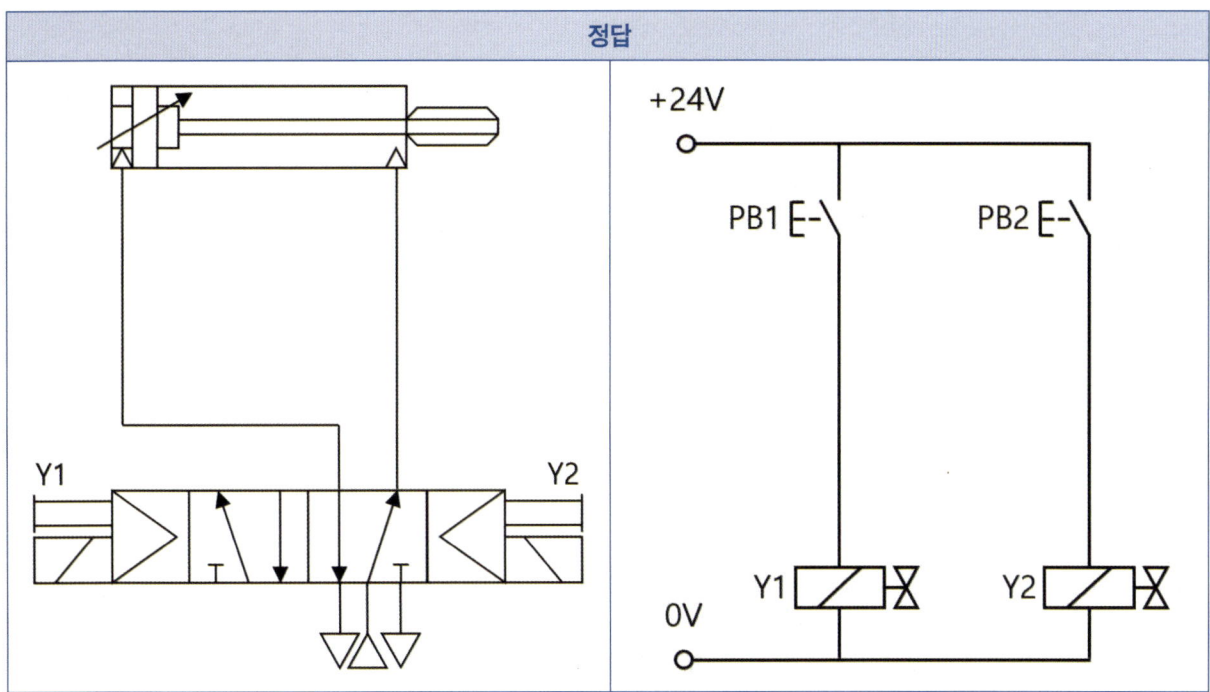
정답

정답표를 보면 편솔레노이드와 달리 자기 유지 회로가 없는 것을 확인할 수 있다. 실제로 케이블 결선을 하여 실습해 보면, PB1을 눌렀다가 바로 손을 떼어도 실린더가 전진 상태를 계속 유지하는데, 이것이 바로 양측 솔레노이드의 대표적인 특징이다.

(1) 첫 번째 특징 : 메모리 밸브

양측 솔레노이드는 흔히 '메모리 밸브'라고도 불린다. 말 그대로 마지막으로 받은 신호 상태를 기억하는 기능이 있다는 뜻이다. 예를 들어 Y1에 신호를 한 번만 인가하고 끊더라도 방향 제어 밸브의 스풀은 오른쪽 위치를 그대로 유지한다. 마찬가지로 Y2에 신호를 한 번 주면 후진 상태로 전환된 뒤, 그 상태를 유지한다. 이는 밸브 기호에 스프링 표시가 없기 때문에 구조적으로도 쉽게 이해할 수 있다.

(2) 두 번째 특징 : 이중코일 에러 주의

양측 솔레노이드에서 반드시 주의해야 할 점은 양쪽 코일(Y1, Y2)에 동시에 신호를 주면 안 된다는 것이다. 이를 '이중코일 에러'라고 하며, 두 방향 신호가 동시에 인가될 경우 스풀이 중간 위치에 멈춰 실린더가 움직이지 않거나, 전·후진이 불규칙하게 반복되는 비정상 상태가 발생할 수 있다.
(다만 일부 시뮬레이션 프로그램에서는 이 오류가 반영되지 않아 정상 작동하는 것처럼 보이니 주의해야 한다.)

이 두 가지 개념은 시퀀스 회로 작도뿐 아니라, 자동화 설비 제어와 PLC 코딩 등 다양한 실무 상황에서 반드시 기억해야 한다. 이해가 잘 안 된다면, 옆 사람에게 "앞으로 걸으면서 동시에 뒤로 걸어 보라"고 요청해 보면 그 불가능함을 바로 체감할 수 있을 것이다.

제8항 복동 실린더 + 5/2-way 양솔 + 리밋 스위치

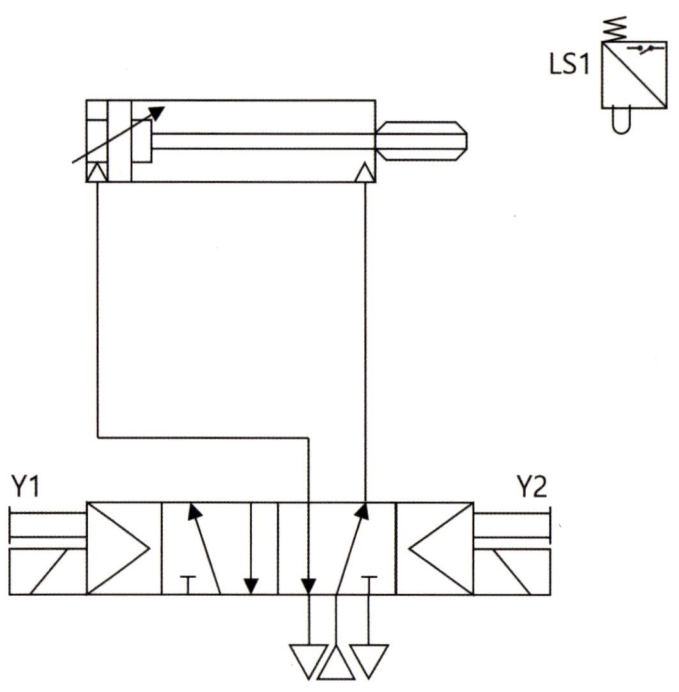

문제 : 'PB1'과 'Y1 솔레노이드', 'Y2 솔레노이드', '리밋스위치'를 활용하여, 'PB1'을 누르면 실린더 전진, 리밋스위치를 누르면 후진하는 전기 회로도를 작도하라.

일단 PB1을 눌렀을 때 Y1이 여자가 되면 실린더가 전진하도록 구성해 보자.

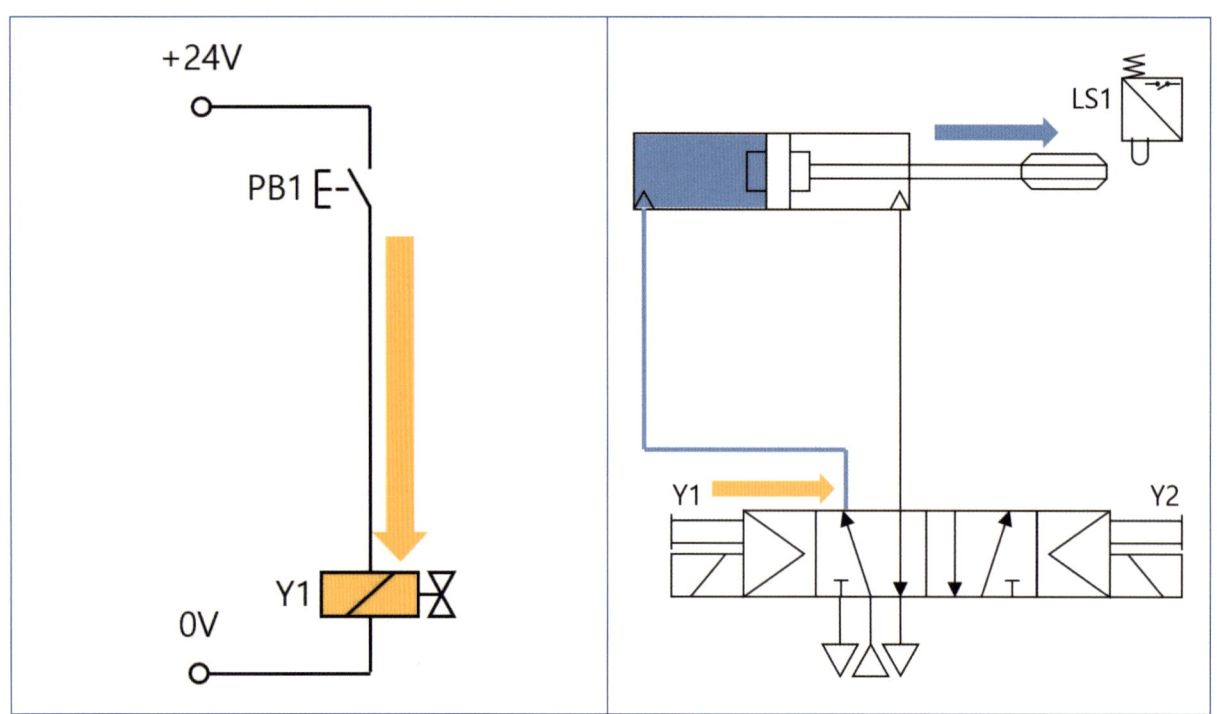

위 그림처럼 양솔은 메모리 밸브기 때문에 PB1을 눌렀다 떼더라도 계속해서 전진을 할 것이다.

그다음 동작인, LS1을 눌렀을 때 실린더가 후진하도록 구성해 보자. LS1을 치면 전류가 흘러 Y2 솔레노이드에 여자시켜 주면 된다.

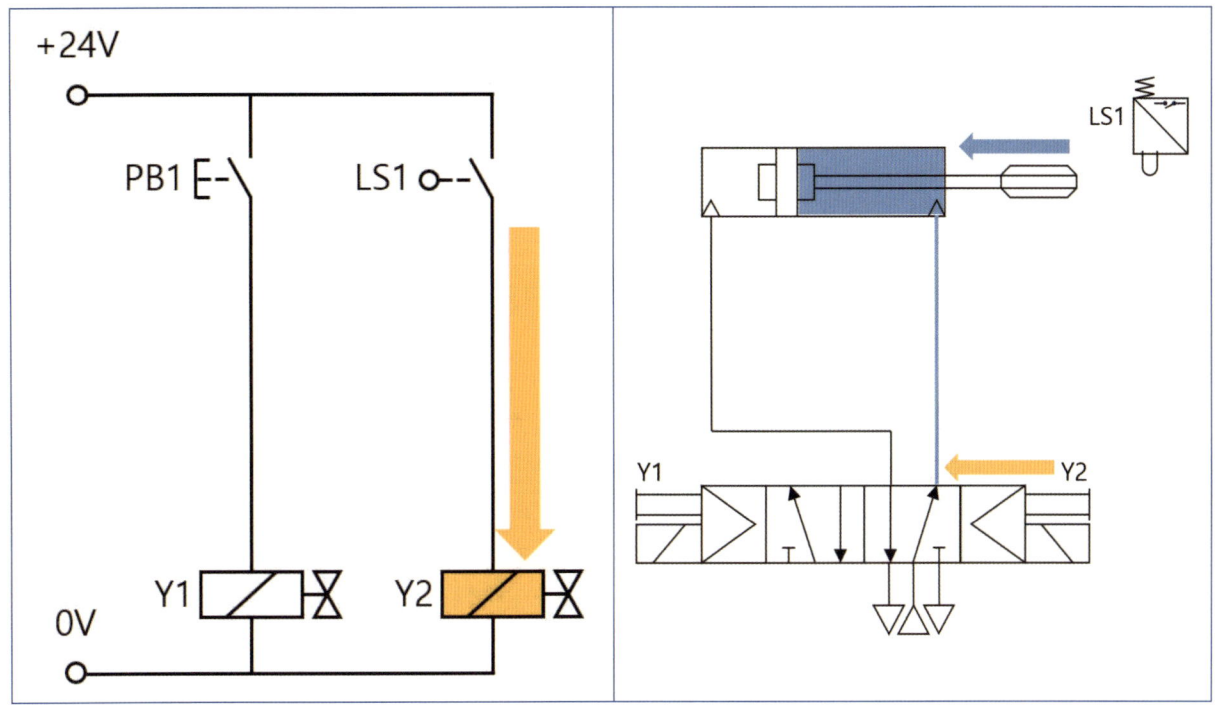

생각보다 간단히 완성했다. 그렇다면 아래 정답이 끝인가?

정답

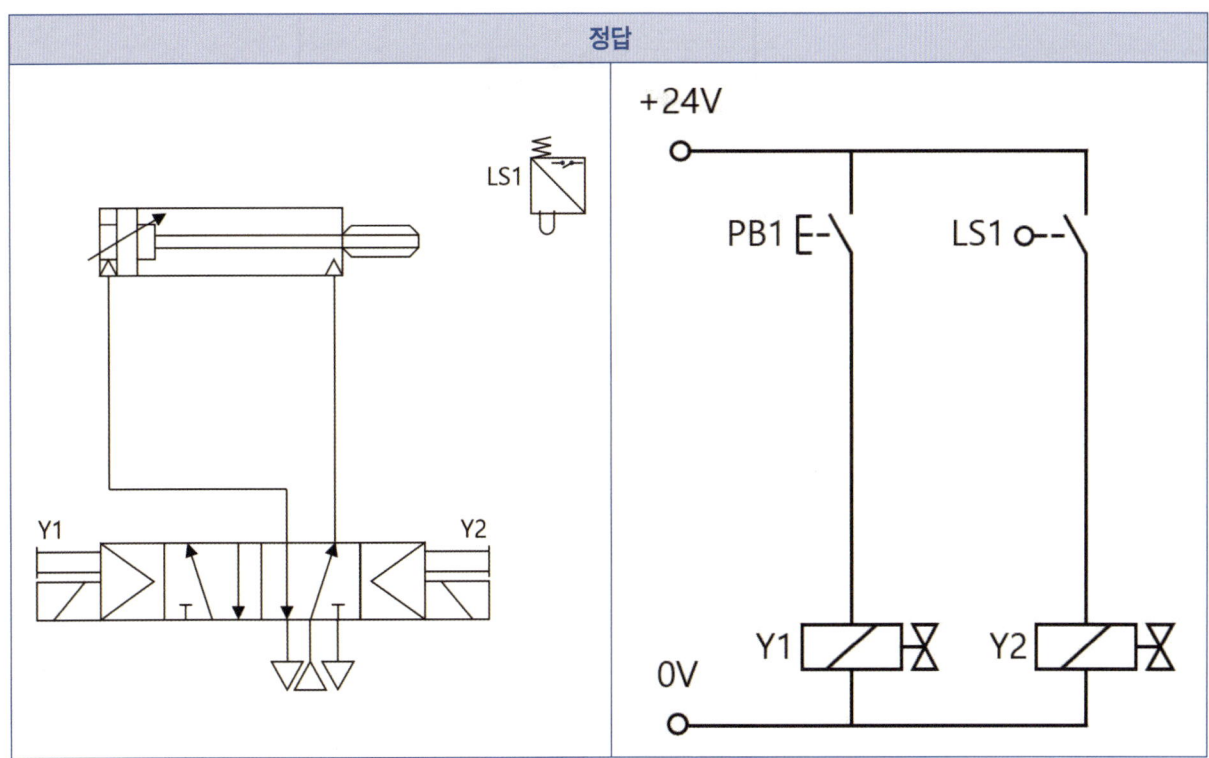

제5장 전기 시퀀스 회로 작도

문제 조건대로라면 이미 완성된 회로지만, 이번에는 실무 설계 감각을 익히기 위해 제어부와 출력부를 분리하는 방식으로 접근해 보자.

〈제어부와 출력부를 나눌 것〉

실무를 하다 보면 기존 설비 공정을 증설하거나 유지보수해야 하는 상황이 자주 발생한다. 이때 제어부와 출력부를 나누어 설계하면 회로도의 가독성이 높아져 본인뿐 아니라 다른 사람과의 소통에도 유리하며, 설계 변경이나 확장 작업이 훨씬 편리하다. 논리적인 '제어부'를 먼저 작도한 뒤, 해당 신호에 맞춰 필요한 출력 장치를 연결하는 방식으로 체계적인 설계가 가능하다.

먼저 제어부부터 작도해 보자. PB1을 눌렀을 때 실린더가 전진하도록 릴레이를 연결한다.

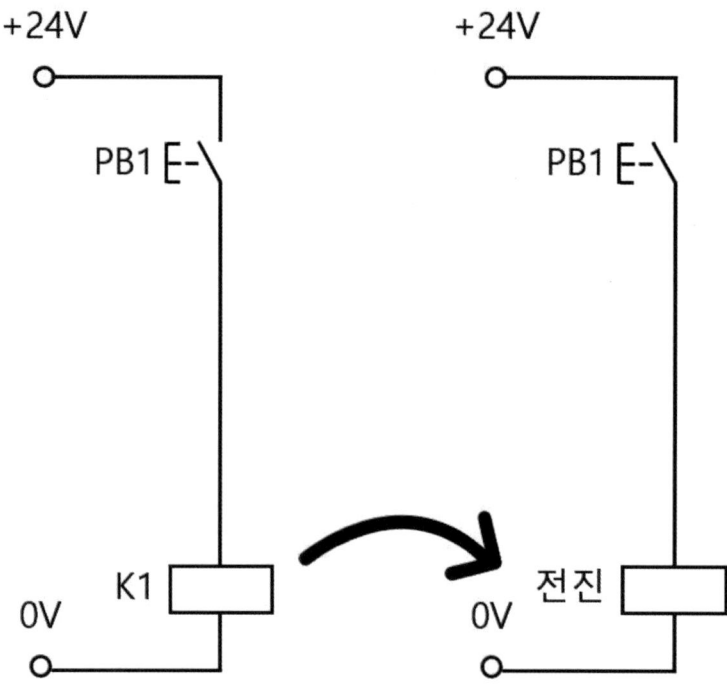

이때, 이제부터는 'K'라는 릴레이 약호 대신 직접적인 한글 표기를 사용해 보자. 물론 이번 예제는 매우 간단해 굳이 한글 표기가 필요 없지만, 연습 차원에서 적용해 보겠다.

물론 아직 출력부를 연결하지 않았기 때문에 실제로 전진이 이루어지지는 않지만, 제어부의 논리만 생각해 보자.

PB1을 눌러 '전진' 신호를 받으면, 그다음 동작은 '후진'이다. 따라서 아래 그림처럼 '전진' 신호를 받은 뒤 다음 동작인 '후진'이 진행될 수 있도록 릴레이를 하나 더 추가한다.

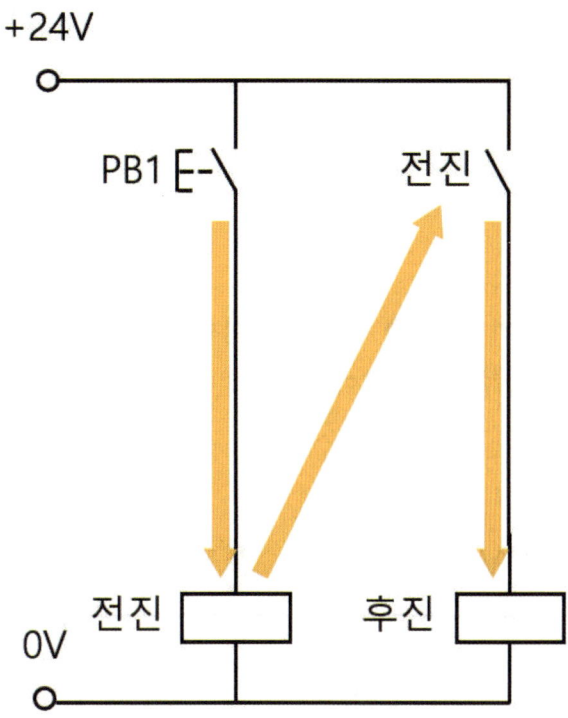

그렇다면 이렇게 구성하면 제어부는 완성된 것일까? 다른 문제점은 없을까? 설계 단계에서 항상 이런 질문을 던지며 문제 해결 능력을 길러야 한다.

여기서 첫 번째 오류를 꼽자면, 'PB1을 누름과 동시에 실린더가 후진을 시작한다'는 점이다. 왜 이런 현상이 생길까?

전류는 절연체 특성에 따라 속도가 다르지만, 일반적으로 빛의 속도의 50~99% 수준으로 흐른다. 다시 말해, 전진과 후진 명령이 거의 동시에 실행되는 셈이므로 설계 논리에 수정이 필요하다는 것이다.

즉, 실린더가 실제로 '전진'과 '후진' 동작을 수행하기도 전에 이미 제어부에서는 '후진' 명령까지 도달해 버린 것이다.

그렇다면 어떻게 해야 '전진' 명령에 맞춰 실린더가 전진을 완료하고, 이어서 '후진' 명령에 맞춰 후진하도록 만들 수 있을까?

이때 필요한 것이 바로 완료 신호다.

우리가 생각하는 명령	전진	-	후진	-
실제 동작	전진	전진완료	후진	후진완료

완료 신호는 액추에이터가 특정 동작을 마쳤다는 것을 제어부에 알려 주는 역할을 한다. 예를 들어, 실린더 전진 완료 위치에 리밋 스위치(LS)를 설치해 두면, 전진이 끝난 시점에서만 '후진' 명령 회로가 동작하도록 만들 수 있다.

이렇게 하면 전류 속도로 인한 논리적 오류를 방지하고, 실제 기계 동작 순서와 제어 신호의 흐름을 일치시킬 수 있다. 결국, 완료 신호를 통해 전기적 제어와 물리적 동작 간의 타이밍을 맞추는 것이 안정적이고 안전한 회로 설계의 핵심이다.

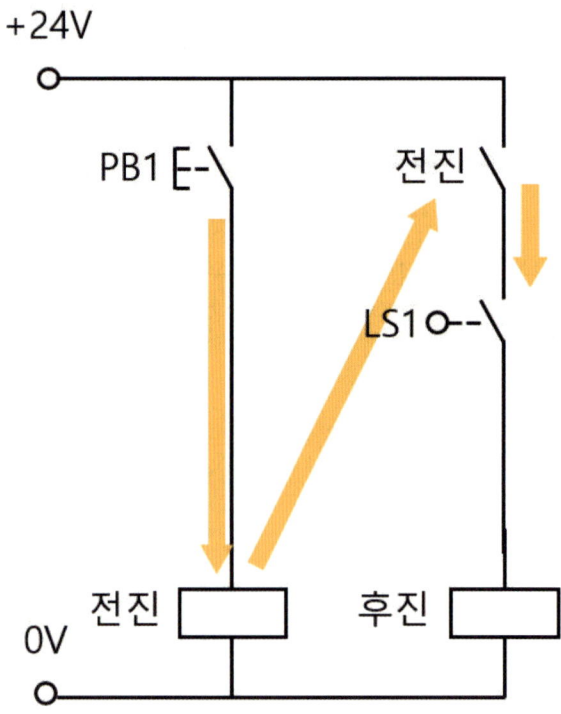

지금은 어떤가? 'LS1'을 추가함으로써 이제는 '전진' 신호와 동시에 곧바로 '후진'이 일어나지 않는다. 실린더가 전진을 완료해 LS1이 동작해야만, 그다음 단계인 '후진' 회로로 전류가 흐르게 된다.

그다음으로 보완할 점이 있다. 앞서 양측 솔레노이드를 메모리 밸브라고 설명하며, 특별한 '자기 유지 회로' 없이도 한 번 신호를 주면 그 상태가 유지된다고 했다. 그러나 이제부터는 마지막 라인을 제외한 모든 라인에 '자기 유지 회로'를 넣을 것이다.

그 첫 번째 이유는 'PB1'을 눌렀다 떼서 신호를 전달하는 방식이 하드웨어적으로 불안정할 수 있기 때문이다. 이론적으로는 짧은 신호도 정상적으로 전달되지만, 실제 장비에서는 접점(철판)의 마모나 솔레노이드 코일의 손상 등으로 인해 너무 짧은 신호가 제대로 인가되지 않을 위험이 있다. 따라서 "충분히 여자를 시켜 안정적인 동작을 보장하기 위해" 자기 유지 회로를 적용한다.

두 번째 이유는 시퀀스 제어의 논리적 구현을 위함이다. 양측 솔레노이드 밸브는 물리적인 상태를 유지하는 메모리 기능을 갖고 있지만, 이는 어디까지나 기계적인 '상태 유지'에 불과하다. 반면 시퀀스 회로에서 자기 유지 회로를 사용하는 핵심 목적은 버튼 조작과 같은 순간적인 신호를 논리적으로 지속시켜, 복잡한 자동화 시퀀스를 안정적이고 정확하게 제어하기 위함이다.

그렇다면 자기 유지 회로를 적용한 예시를 그림으로 살펴보자.

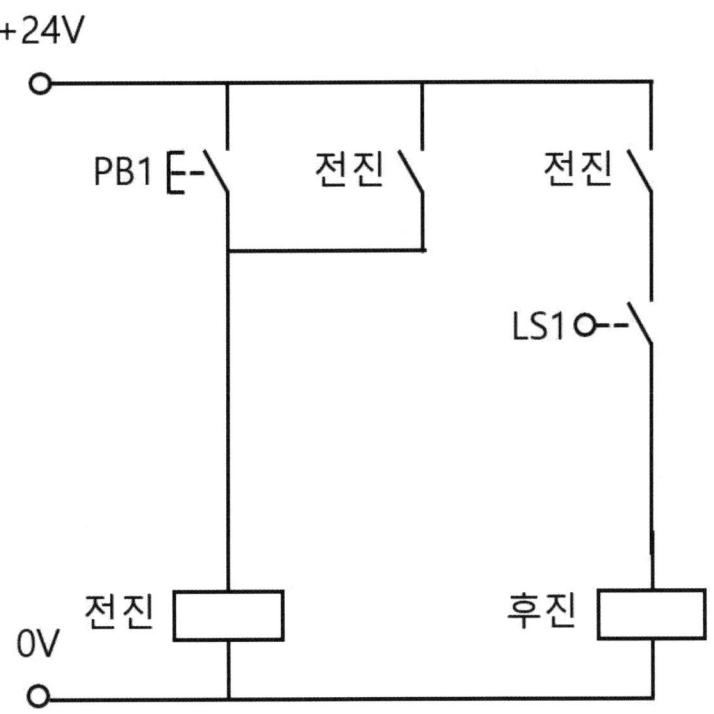

마지막 라인을 제외한 나머지 라인에 자기 유지 회로를 구성해 주었으며, 현재 예제는 동작이 짧아 첫 줄만 자기 유지 회로를 적용한 셈이다. 여기까지 작도를 했다면 거의 완성 단계이지만, 다시 생각해 볼 필요가 있다. 제어부만 봤을 때, 이 회로는 완벽한가?

모든 공정은 한 사이클을 완료하면 재가동이 가능해야 한다.

아무리 공들여 전기 회로도를 그리고 공유압 시스템을 구성했더라도, 단 한 번만 동작할 수 있는 구조라면 어느 사업장에서도 채택하지 않을 것이다. 즉, PB1을 눌러 한 공정이 끝난 후, 다시 PB1을 눌렀을 때 재동작이 가능해야 한다. 현재 제어부만 놓고 봤을 때 재동작이 가능한가?

자기 유지 회로는 메인 전원이 차단되지 않는 한 계속해서 유지된다. 그렇기 때문에 한 번 작동한 자기 유지 회로를 재가동하려면 먼저 '초기화' 과정을 거쳐야 한다. 초기화를 어떻게 할 것인가는 여러 방법이 있으나, 여기서는 가장 간단한 방법을 소개하겠다.

그 방법은 '다음 신호로 직전의 자기 유지 회로를 끊어 주는 것'이다. 이렇게 하면 한 공정이 끝나고 다음 신호가 들어올 때 자동으로 이전 상태가 해제되어, 새로운 사이클이 문제없이 시작된다.

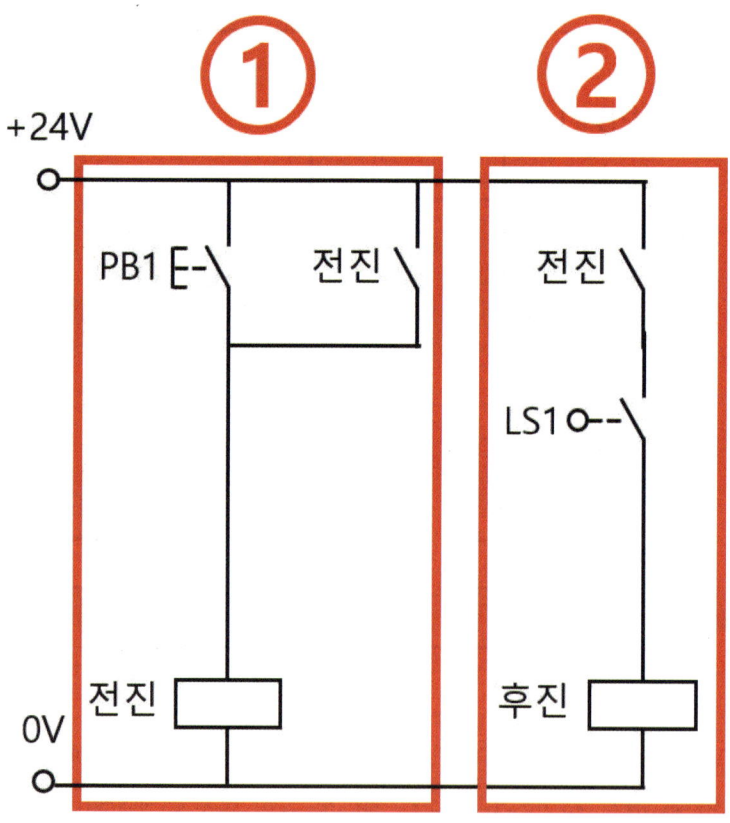

'전진' 신호인 ①번 동작과 '후진' 신호인 ②번 동작이 있을 때, ②번 신호로 ①번의 자기 유지를 끊어 주면 된다는 뜻이다. 즉, '후진' 릴레이가 동작하면 해당 릴레이와 동일한 이름을 가진 B접점을 활용해 ①번 라인의 자기 유지 회로를 차단하는 방식이다.

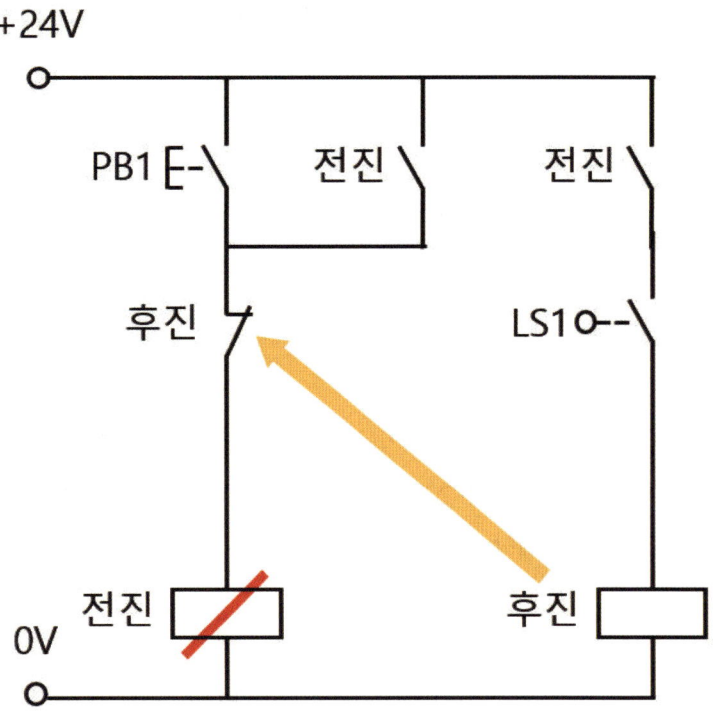

이런 식으로 마지막 스텝인 '후진' 릴레이 신호가 들어오면, 직전 단계의 자기 유지 회로를 동시에 끊어 주면서 실린더가 후진하도록 만들 수 있다. 여기까지로 제어부 작도는 완료다.

이제 남은 단계는 실제 구동을 담당하는 출력부를 작도하는 일이다. 출력부에서는 방금 구성한 제어 신호를 받아 Y1, Y2 등 솔레노이드 코일과 램프, 부저 같은 부하를 어떻게 구동할지 명확히 연결해 주면 된다.

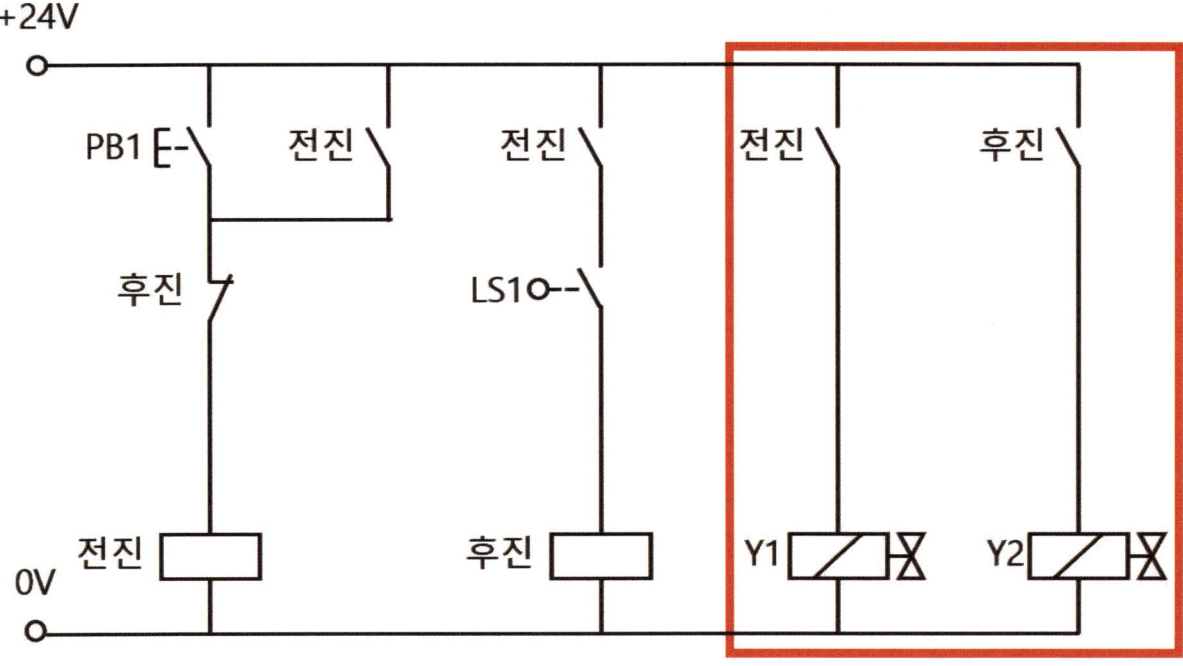

'전진' 릴레이 신호가 들어오면 실린더가 전진하도록 'Y1'에 연결하고, '후진' 릴레이 신호가 들어오면 실린더가 후진하도록 'Y2'에 연결했다.

간단하지 않은가? 여기서 끝내면 좋겠지만, **마지막으로 반드시 거쳐야 할 최종 단계가 남아 있다. 바로 '이중코일 에러 방지'다.**

앞서 그 중요성을 충분히 설명했으니, 이제는 실제로 어떻게 수정·작도해야 하는지만 정리하겠다. 실린더는 전진과 후진이라는 직선 왕복 운동을 수행하는 액추에이터다. 따라서 '전진' 신호가 유효할 때는 오직 전진만, '후진' 신호가 유효할 때는 오직 후진만 이루어져야 정상 동작이 된다. 즉, 전진 신호가 들어오면 Y2 경로를 차단하고, 후진 신호가 들어오면 Y1 경로를 차단하도록 상호 배타(인터록) 조건을 회로에 반영해 이중코일 에러를 원천적으로 방지해야 한다.

그렇다면 아래 표를 보며 생각을 해 보자.

순서	동작		비고
①	PB1을 누르면?	전진을 한다.	
②	LS1을 누르면?	후진을 한다.	이중코일인 전진 신호를 끊는다.

마지막을 제외한 모든 라인은 자기 유지 회로로 구성하기로 했다. 따라서 '전진' 릴레이 신호는 자기 유지에 의해 지속적으로 유지되며, 다음 스텝인 '후진' 신호가 들어올 때에는 서로 반대 동작인 '전진' 신호를 반드시 끊어 주어야 한다.

즉, '후진' 릴레이가 동작하면 동일 명칭의 B접점으로 출력부의 '전진' 라인의 신호를 차단하여 이중코일 에러를 방지한다. 아래 수정된 회로를 확인하자.

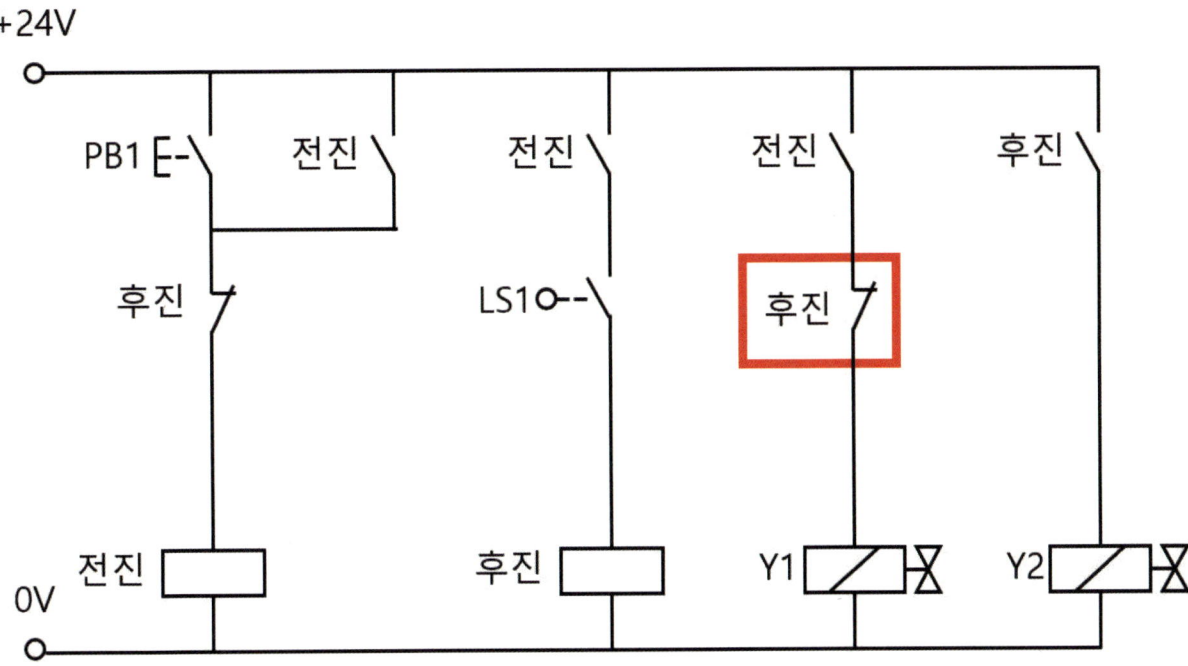

이렇게 수정하면 '제어부'와 '출력부' 모두 완벽한 회로가 완성된다. 그런데 이해력이 빠른 수험생이라면 이런 질문을 할 수 있다.

"이미 '제어부'에서 '후진' 신호를 통해 '전진' 신호를 끊었는데, 왜 '출력부'에서 Y1 신호도 한 번 더 끊나요?"

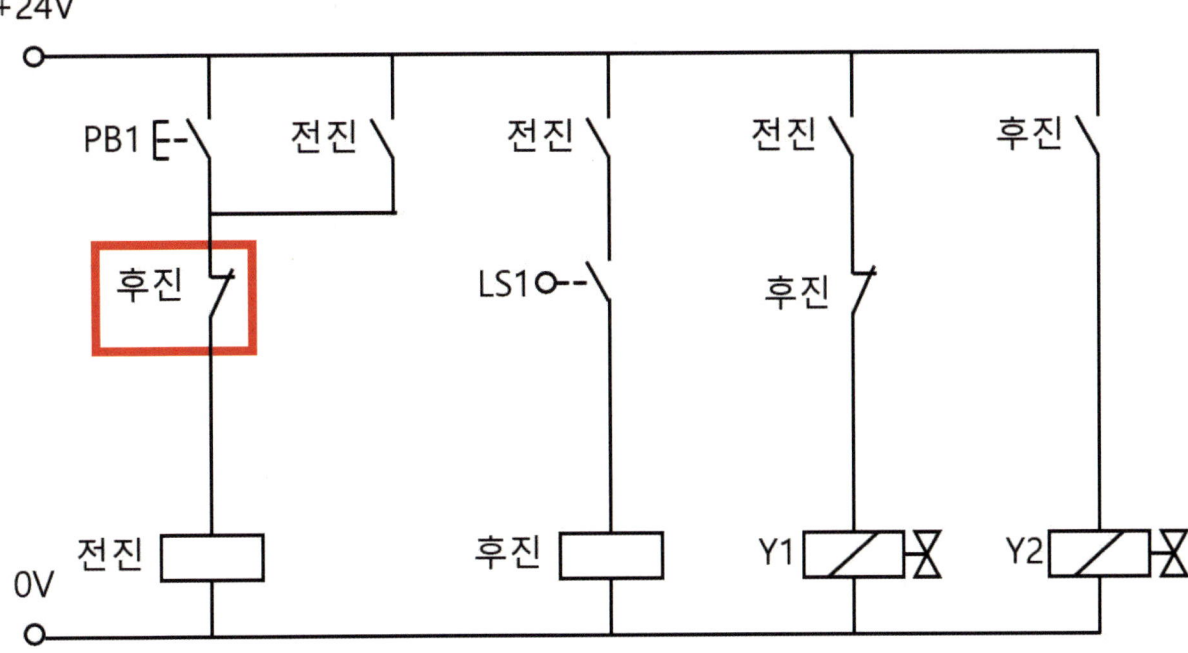

굉장히 훌륭한 통찰력이다. 다만 현재 예제에서는 말씀한 것처럼 '출력부'에서 굳이 끊어 줄 필요는 없다. 이미 '제어부'에서 이중코일 에러 방지가 이루어졌기 때문에 Y1과 Y2가 동시에 여자되는 상황이 발생하지 않는다.

그러나 이것은 어디까지나 동작 단계가 짧고 단순한 이번 예제에서 우연히 안전이 확보된 경우일 뿐이다. 실제로 더 길고 복잡한 회로나 실무 설비에서는 제어부 논리만으로는 안전이 완벽히 보장되지 않을 수 있으며, 출력부에서 물리적으로 신호를 차단하는 이중 안전장치를 두는 것이 필요하다. 이 부분은 뒤에서 다룰 더 긴 예제를 통해 개념을 확실히 정립하도록 하고, 지금은 학습 흐름상 일단 넘어가도록 하자.

진짜 마지막으로, 우리가 방금까지 작도한 '한글' 표기 회로도는 사람이 해석하기에는 직관적이지만, 실제 전기 케이블 결선 작업에는 적합하지 않다. 실무에서는 부품과 장치가 표준 명칭과 약호로 표시되어야 작업자 간 혼선이 없기 때문이다. 따라서 릴레이에는 다시 'K'라는 표준 명칭으로 라벨링을 적용해 주어야 한다. 이렇게 변경하면 회로도는 작업 표준에 맞게 정리되며, 현장 결선 시에도 부품 식별과 배선 작업이 한층 수월해진다.

① 전진 → K1
② 후진 → K2

위와 같이 모든 이름을 K로 변경하면 아래와 같이 완벽하고 깔끔한 전기 회로도가 나온다.

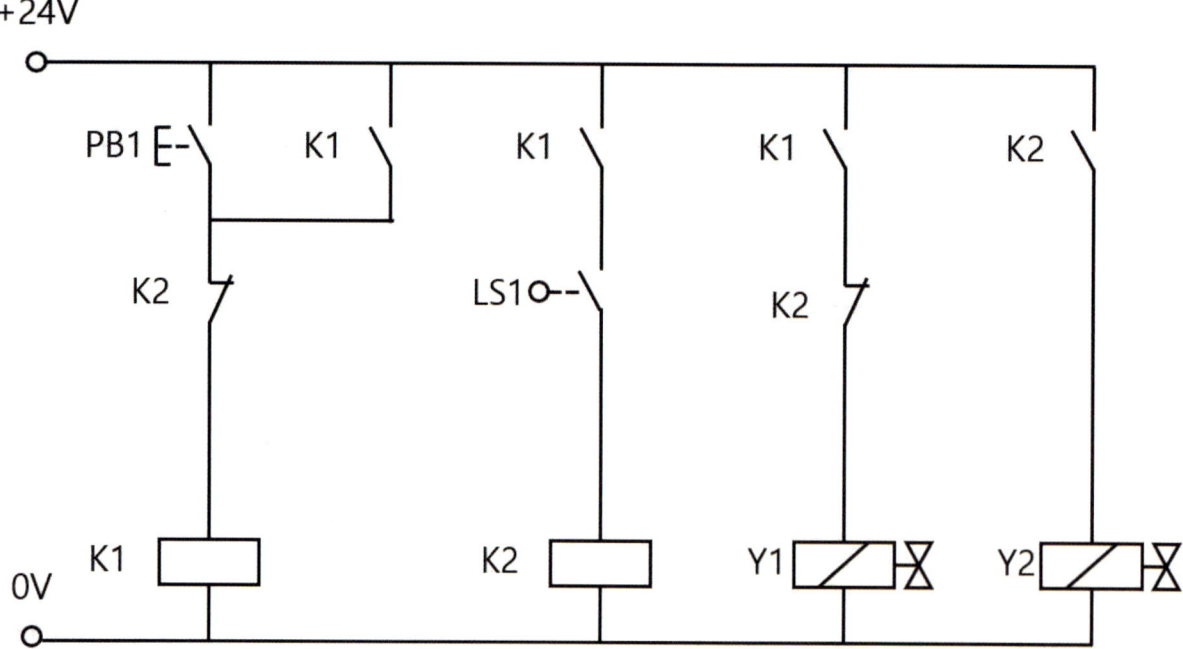

자, 그럼 지금까지 배운 전기 회로 작도하는 방법을 정리해 보겠다.

순번	오류 내용	해결 방법
①	공정 시작과 동시에 종료를 한다.	리밋스위치를 활용한다.
②	각 스텝마다 여자되는 시간이 충분하지 않다.	자기 유지 회로를 활용한다.
③	재동작이 불가능하다.	자기 유지 회로를 끊어 준다.
④	실제로 동작하지 않는다.	출력부를 작도한다.
⑤	이중코일 에러가 발생한다.	출력부에서 끊어 준다.

총 다섯 가지 시행착오 과정을 거쳐 전기 회로 작도를 실습해 보았다.

혹시 어렵고 번거롭게 느껴지는가? 더 빠르고, 실전에 강하며, 이른바 '야매(?)'라고 불릴 만한 단축 방법을 찾고 있는가?

물론 그런 방법도 존재한다. 시험 합격만을 목표로 한다면, 더 쉽고 빠르게 작도하는 요령을 배워 단기간에 자격증을 취득할 수도 있다. 실제로 1주일 만에 단기 속성으로 합격하는 수험생들도 많다. 하지만 처음부터 요행을 바라는 태도는 지양했으면 한다.

만약 단순히 '취득'만이 목표라면 그 방법이 맞을 수도 있다. 그러나 진정으로 설비보전 직무를 꿈꾸며, 문제 해결 능력을 기르고 싶은 사람이라면 시간이 더 걸리더라도 정석적인 접근법을 익히는 것이 훨씬 가치 있다.

시행착오를 거쳐 문제를 풀어 나가는 방식을 몸에 익히면, 어떤 형태의 회로 문제가 주어지더라도 막힘없이 해결할 수 있다. 요행에 기대지 말고, 실력을 쌓아 나가자.

제2절   전기 회로 작도 꿀팁

시행착오 과정을 통해 전기 회로 작도 원리를 충분히 익혔다면, 이제는 작도 순서를 기반으로 조금 더 효율적으로 마지막 예제를 풀어 보자. 이른바 〈전기 회로 작도 꿀팁〉을 소개한다.

> 〈전기 회로 작도 꿀팁〉
>
> ① PB1으로 시작해서 한 줄씩 각 스텝을 그린다(종료 신호 포함).
> ② 모든 스텝에 자기 유지를 걸어 준다(종료 신호는 자기 유지 X).
> ③ 문제에 맞게 리밋 스위치를 추가한다.
> ④ 종료 신호로 첫 스텝의 자기 유지를 끊어 준다. 이후 순차적으로 끊어지도록 한다.
> ⑤ 출력부를 추가하고 이중코일 에러를 방지한다.
> ⑥ 모든 라벨을 K로 변경한다.

앞으로 모든 전기 시퀀스 회로도는 아래의 6단계를 거쳐 작성할 것이다. 억지로 외울 필요는 없다. 각 단계가 자연스럽게 이어지도록 설계되어 있어, 1시간만 해당 순서에 따라 연습해 보면 어느새 몸에 익어 있을 것이다.

나는 장담한다. 이 방식을 숙달하면 어떤 문제가 주어져도 15분 안에 작도를 마칠 수 있다.

다시 한 번 강조한다. **"요행을 바라지 말자."**

복동 실린더 + 5/2-way 양솔 + 리밋 스위치 2개

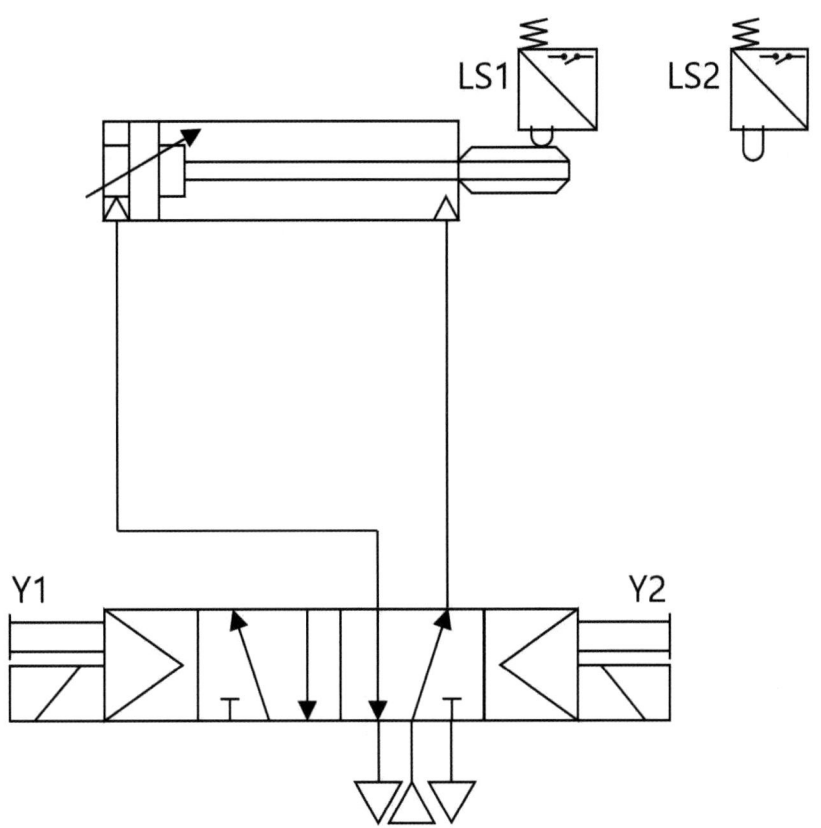

문제 : 'PB1'과 'Y1 솔레노이드', 'Y2 솔레노이드', '리밋스위치'를 활용하여, 'PB1'을 누르면 실린더 전진, LS2 누르면 후진하는 전기 회로도를 작도하라.(LS1을 누르면 공정 종료)

마지막 예제이다. 이번에는 〈회로 작도 꿀팁〉을 참고하여 문제를 풀어 보겠다. 아무 의심하지 말고 그냥 따라와라.

〈전기 회로 작도 꿀팁〉

① PB1으로 시작해서 한 줄씩 각 스텝을 그린다(종료 신호 포함).
② 모든 스텝에 자기 유지를 걸어 준다(종료 신호는 자기 유지 X).
③ 문제에 맞게 리밋 스위치를 추가한다.
④ 종료 신호로 첫 스텝의 자기 유지를 끊어 준다. 이후 순차적으로 끊어지도록 한다.
⑤ 출력부를 추가하고 이중코일 에러를 방지한다.
⑥ 모든 라벨을 K로 변경한다.

(1) PB1으로 시작해서 한 줄씩 각 스텝을 그린다(종료 신호 포함).

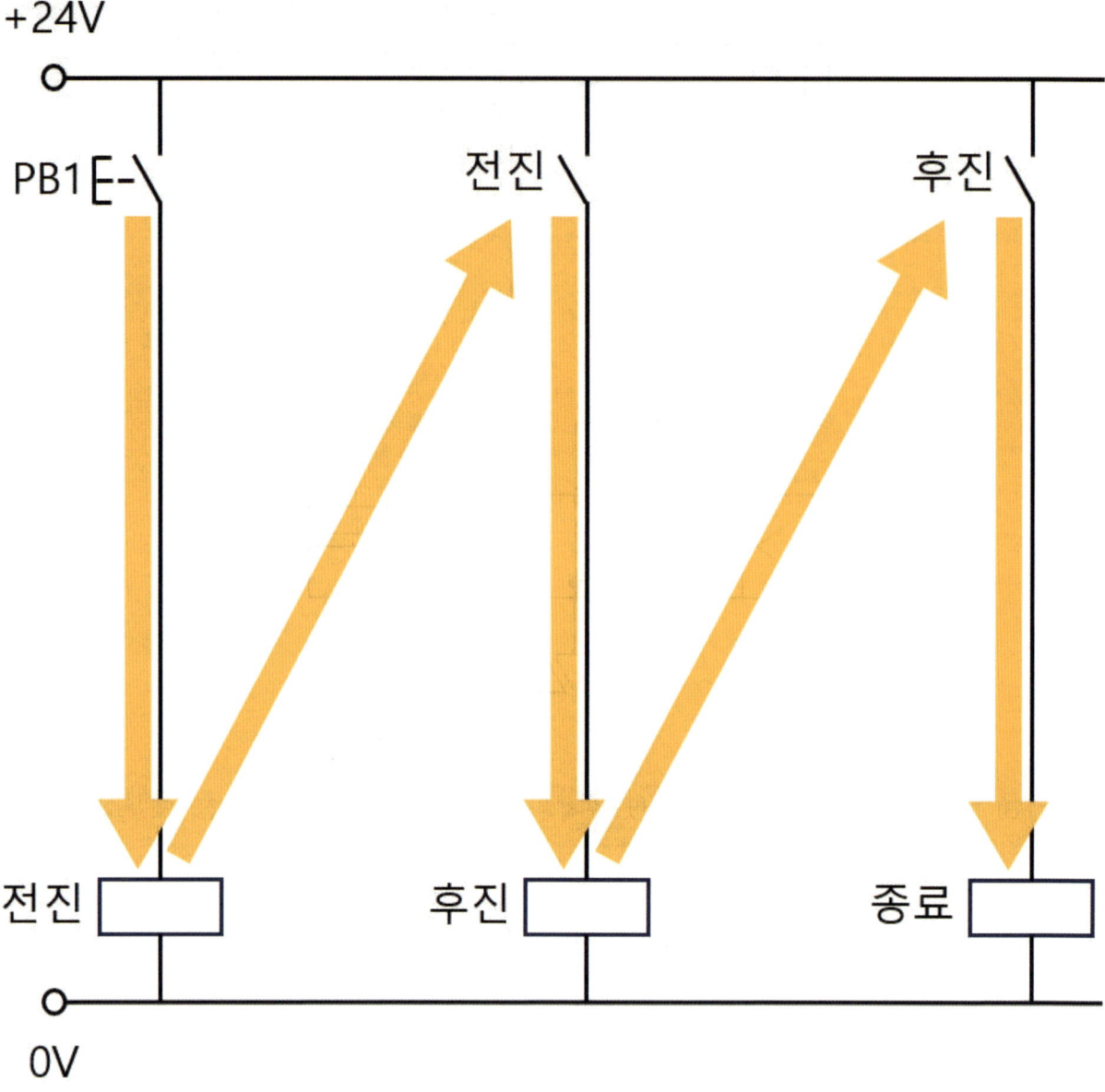

- PB1을 누르면 '전진' 릴레이가 여자되어, 동일한 이름을 가진 '전진' A접점이 닫힌다.
- 이어서 다음 단계로 넘어가 '후진' 릴레이가 여자되며, 동일한 이름의 '후진' A접점이 닫힌다.
- 마지막 단계에서는 '종료' 릴레이가 여자되어, 공정이 마무리된다.

(2) 모든 스텝에 자기 유지를 걸어 준다(종료 신호는 자기 유지 X).

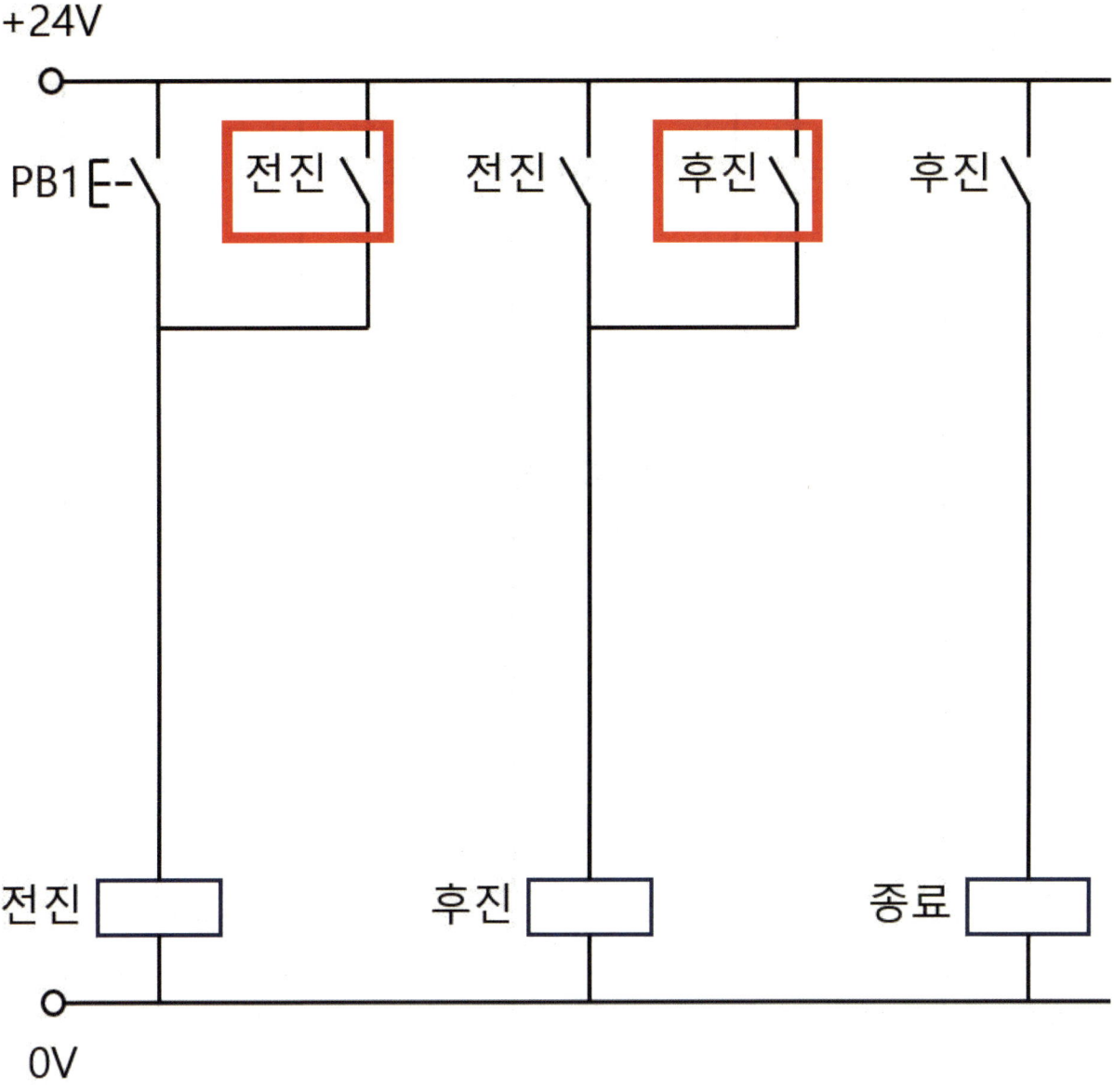

- 각 스텝의 릴레이 이름을 사용하여 자기 유지 회로를 구성한다.
- 단, 마지막 스텝은 실제 동작을 위한 단계가 아니라 '종료' 신호를 의미하므로, 굳이 자기 유지 회로를 구성하여 '충분히 여자'시킬 필요는 없다.

(3) 문제에 맞게 리밋 스위치를 추가한다.

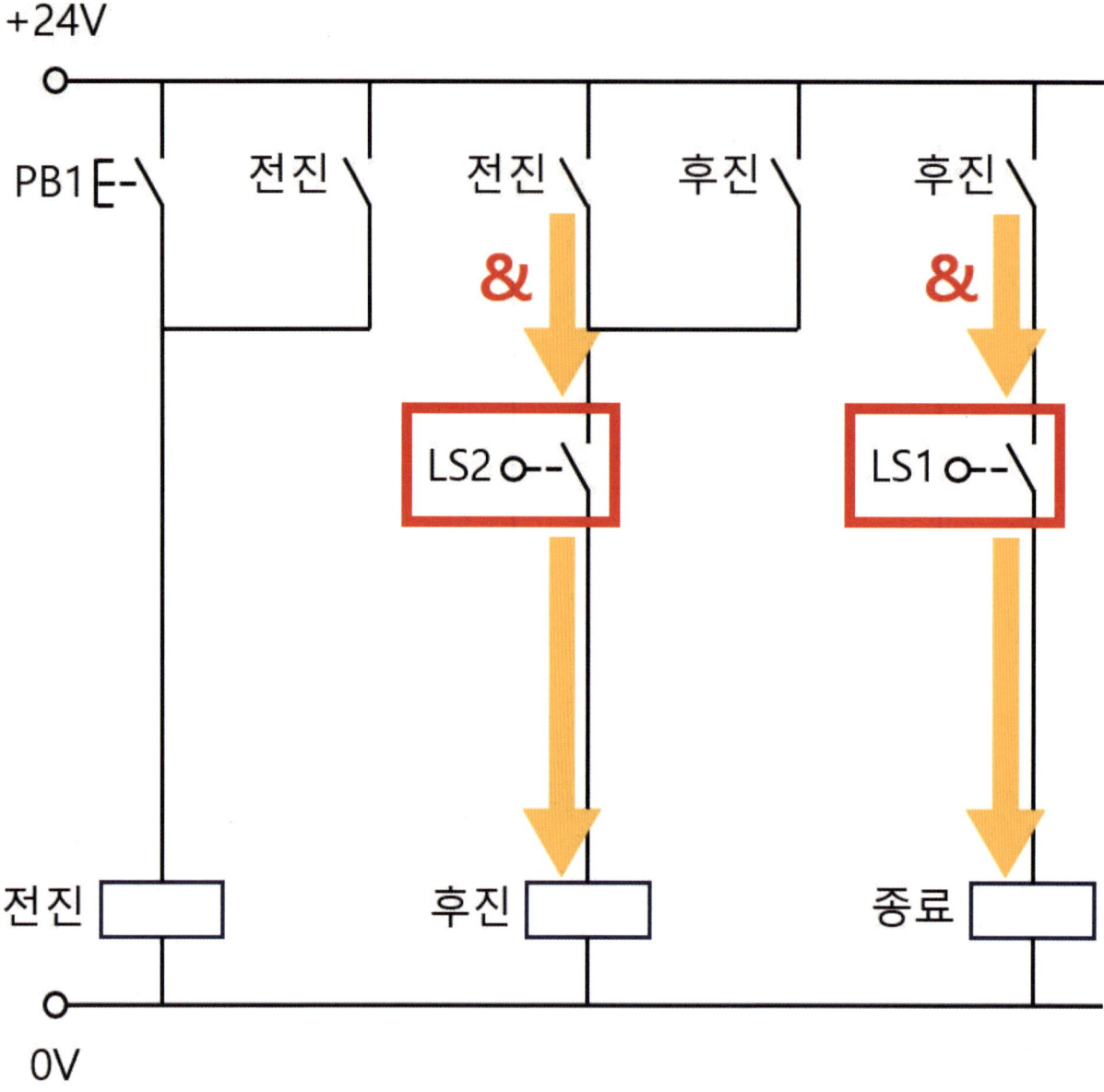

- PB1을 누르자마자 곧바로 '종료' 단계로 넘어가지 않도록 리밋 스위치를 추가한다.
- 문제 조건에 따라, '후진' 동작을 하기 위해서는 반드시 '전진'이 완료되어야 하므로 LS2를 작동시켜야 한다.
- 따라서 '전진' 신호와 'LS2'가 모두 충족될 때만 '후진' 릴레이가 여자되도록 AND 회로로 구성한다.
- 마지막 스텝 역시 동일한 원리로, '종료' 단계로 넘어가기 위해서는 '후진'이 완료되어야 하므로 LS1을 작동시켜야 한다.
- 이에 따라 '후진' 신호와 'LS1'이 모두 만족될 때만 '종료' 릴레이가 여자되도록 AND 회로를 구성한다.

(4) 종료 신호로 첫 스텝의 자기 유지를 끊어 준다. 이후 순차적으로 끊어지도록 한다.

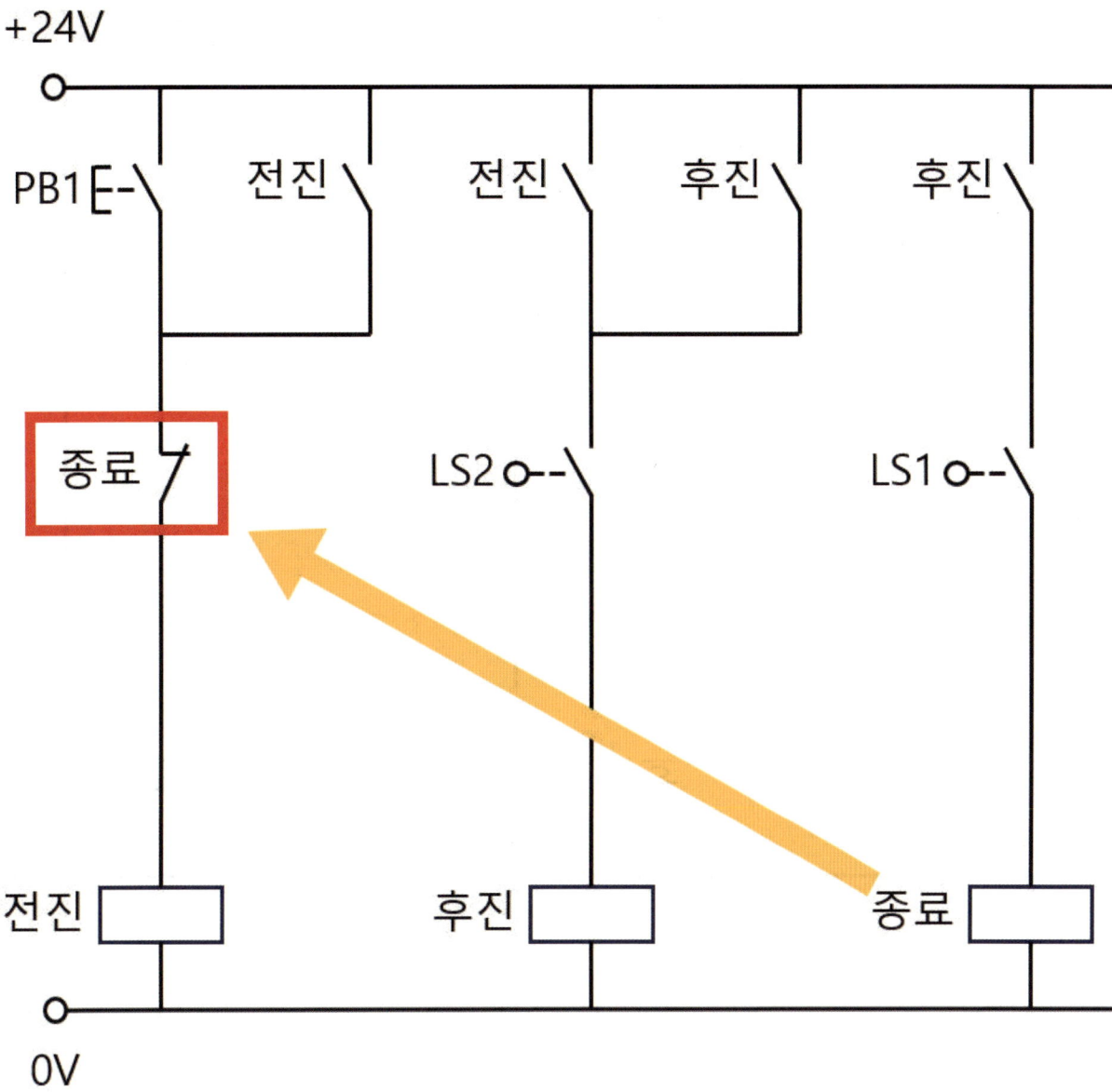

- 모든 공정이 완료된 후 재동작을 가능하게 하려면, 모든 자기 유지 회로를 초기화해야 한다.
- 예를 들어, 위 그림에서는 마지막 공정의 '종료' 신호를 이용하여 첫 번째 단계의 자기 유지 회로를 차단한다.
- 이후 순차적으로 끊어지게 하려면…?

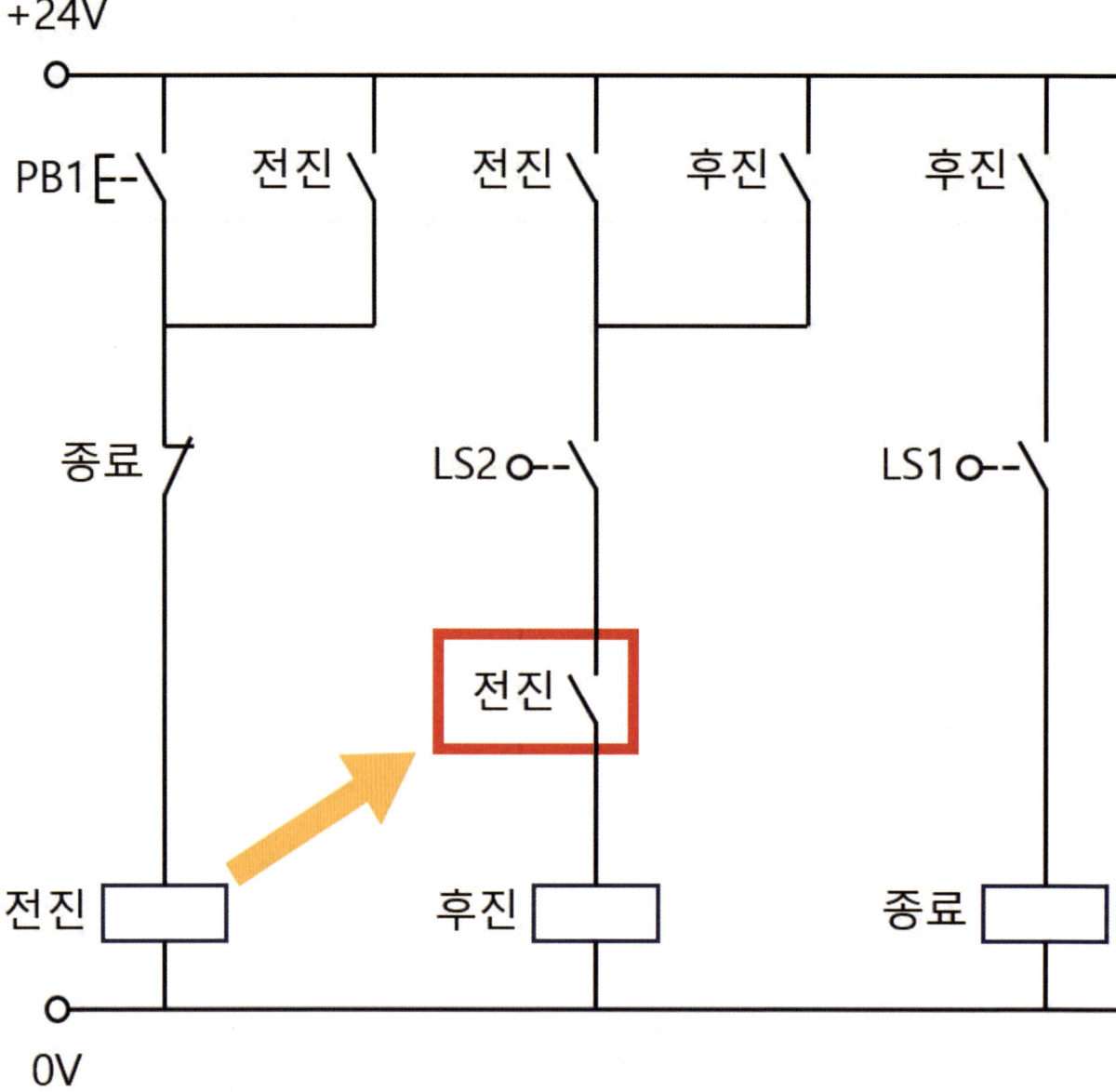

- 마지막 스텝은 자기 유지 회로가 아니므로 별도로 고려할 필요가 없으며, 두 번째 스텝에 집중한다.
- 두 번째 스텝에 '전진'이라는 이름의 A접점을 추가하였다. 그렇다면 어떤 일이 발생할까?
- 이 A접점은 앞선 공정 진행에는 영향을 주지 않는다. 그러나 첫 번째 스텝이 차단된다면, '전진' 릴레이가 꺼지고, 동일한 이름을 가진 '전진' A접점도 함께 떨어진다.
- 결과적으로 두 번째 스텝의 자기 유지 라인에 있던 A접점이 떨어지며 회로가 초기화된다.
- **그런데… 더 깔끔하게 쓰는 방법이 있지 않을까?**

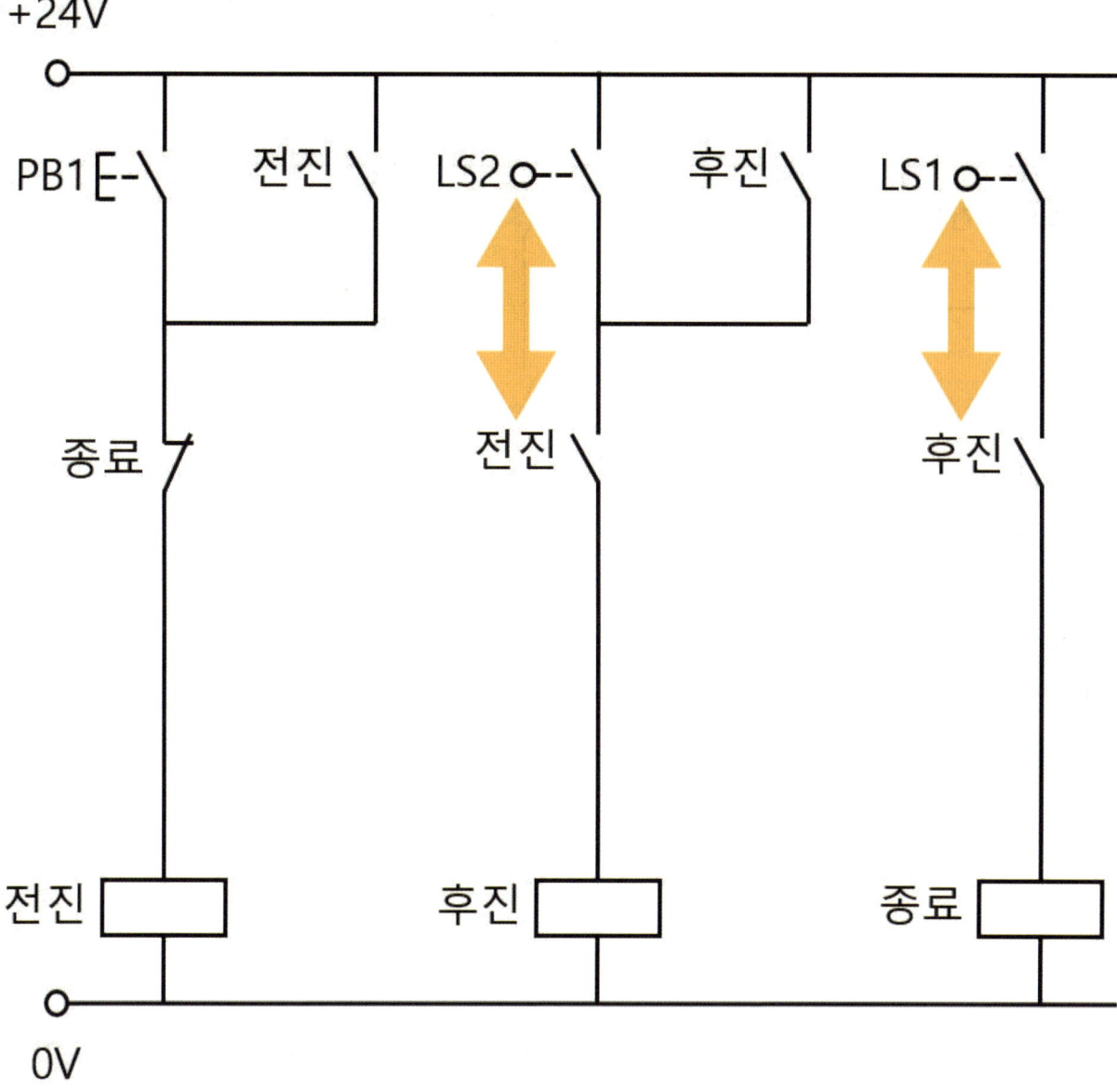

- 두 번째와 세 번째 스텝에서 각각 리밋 스위치와 전·후진 신호의 위치를 서로 바꾸었다.
- AND 회로에서는 구성 요소의 위아래 위치가 동작에 영향을 주지 않으므로, 문제없이 변경할 수 있다.
- 그 결과, '전진'이라는 A접점을 자기 유지 라인에 새로 추가하지 않고도, 단순히 위치 변경만으로 이전 회로와 동일하게 순차적인 자기 유지 차단이 가능해졌다.
- 참고로, 세 번째 스텝은 자기 유지 회로가 아니므로 위치를 바꿀 필요는 없으나, 전체 회로의 규칙성을 유지하기 위해 동일하게 변경하였다.

(5) 출력부를 추가하고 이중코일 에러를 방지한다.

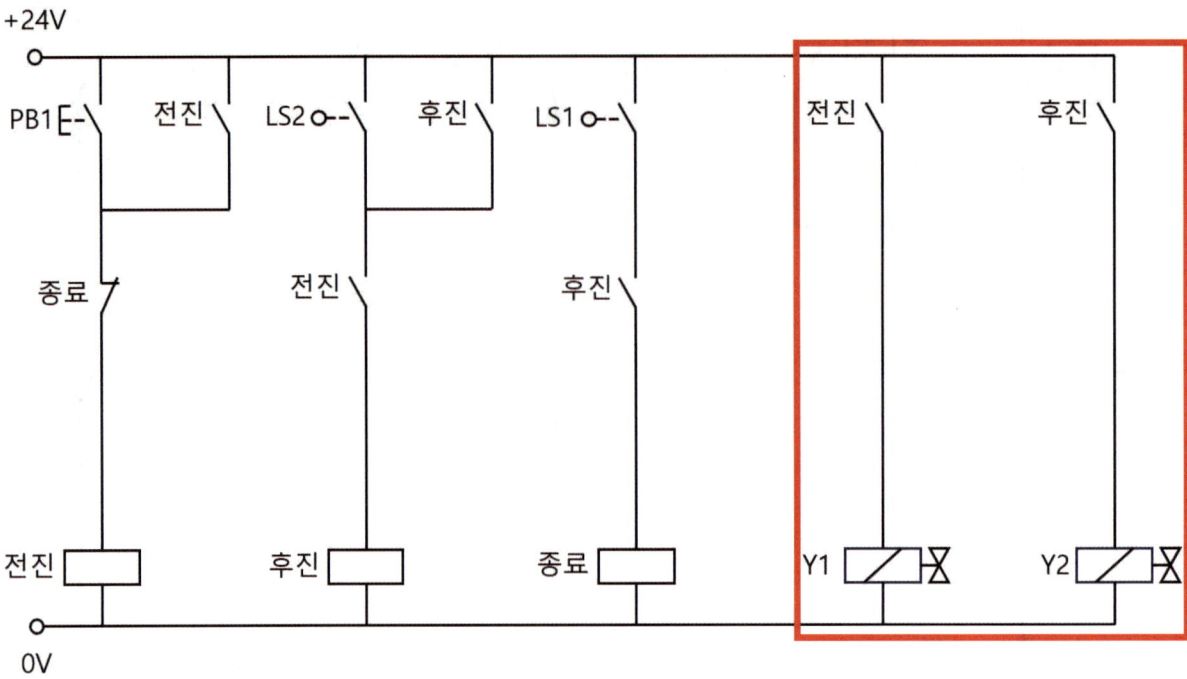

- '전진' 신호에 실린더가 전진할 수 있도록 'Y1' 솔레노이드와 연결한다.
- '후진' 신호에 실린더가 후진할 수 있도록 'Y2' 솔리노이드와 연결한다.

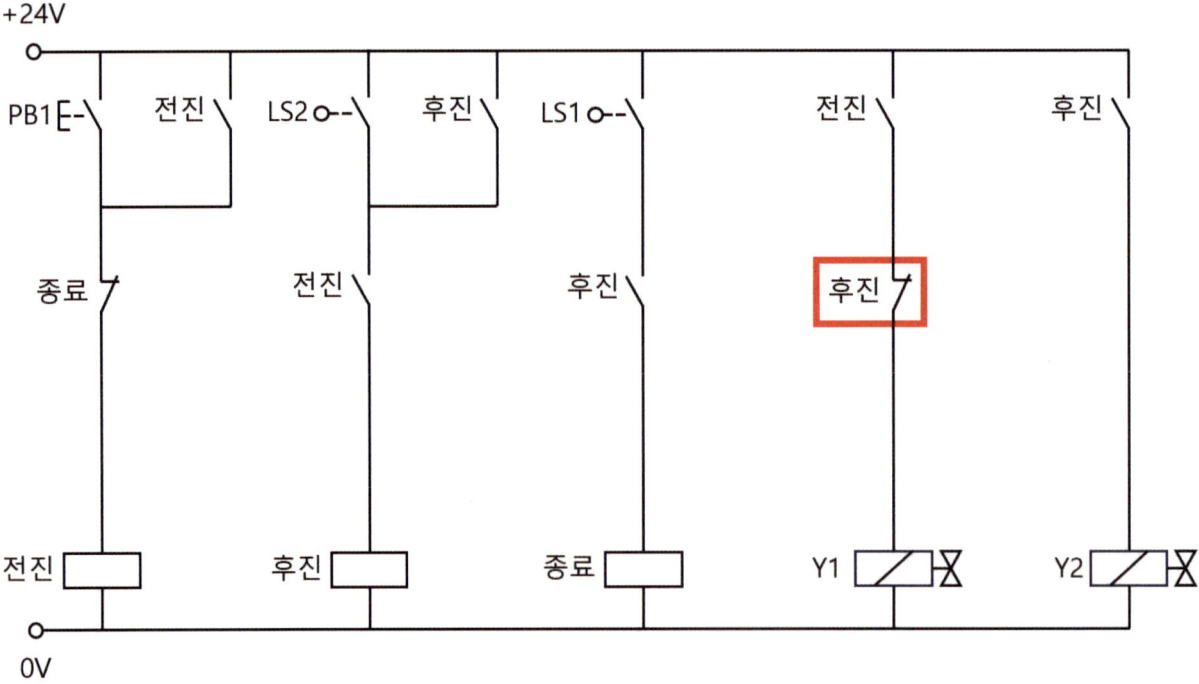

- '후진' 신호에 'Y1'으로 가는 신호를 끊어줄 수 있도록 '후진' B접점 추가한다.

(6) 모든 라벨을 K로 변경한다.

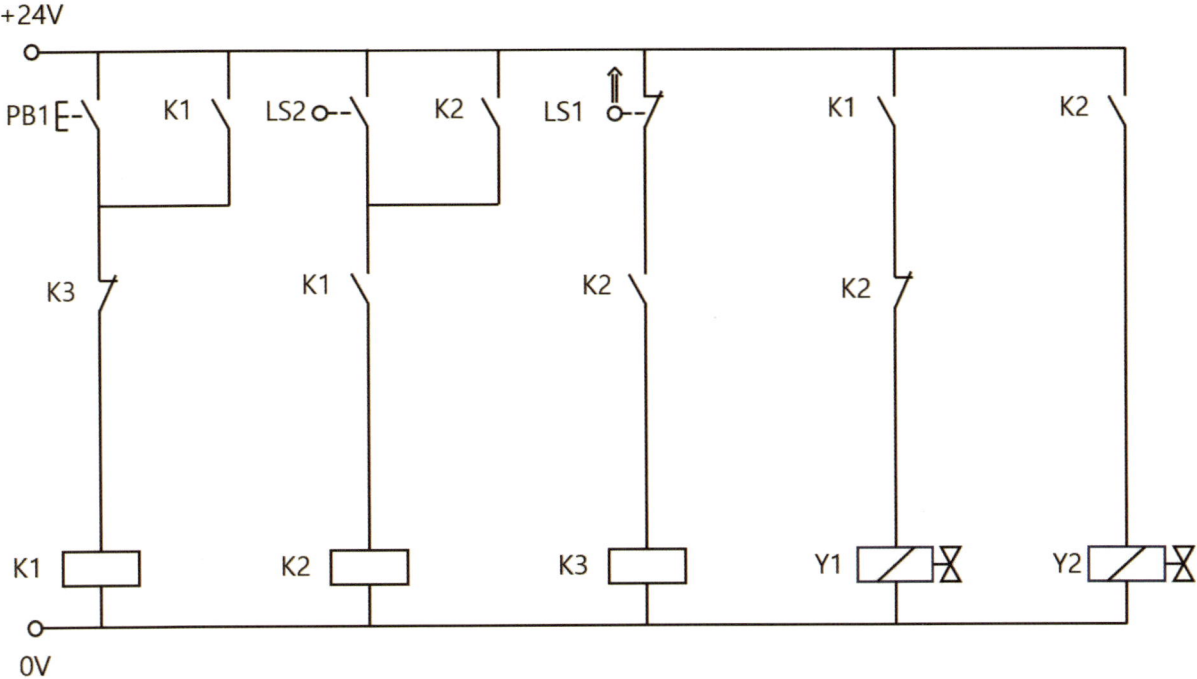

- '전진' → K1
- '후진' → K2
- '종료' → K3
- 각 릴레이의 이름에 맞게 라벨링을 다시 해 주면 케이블 결선 시 작업 효율이 높아진다. 물론 기존의 한글 표기를 삭제하지 않고, 그 옆에 병기하는 방식으로도 충분하다.
- 끝으로, LS1은 초기 상태에서 눌려 있으므로, 이 상태를 표현하기 위해 기호를 위 그림과 같이 수정한다.

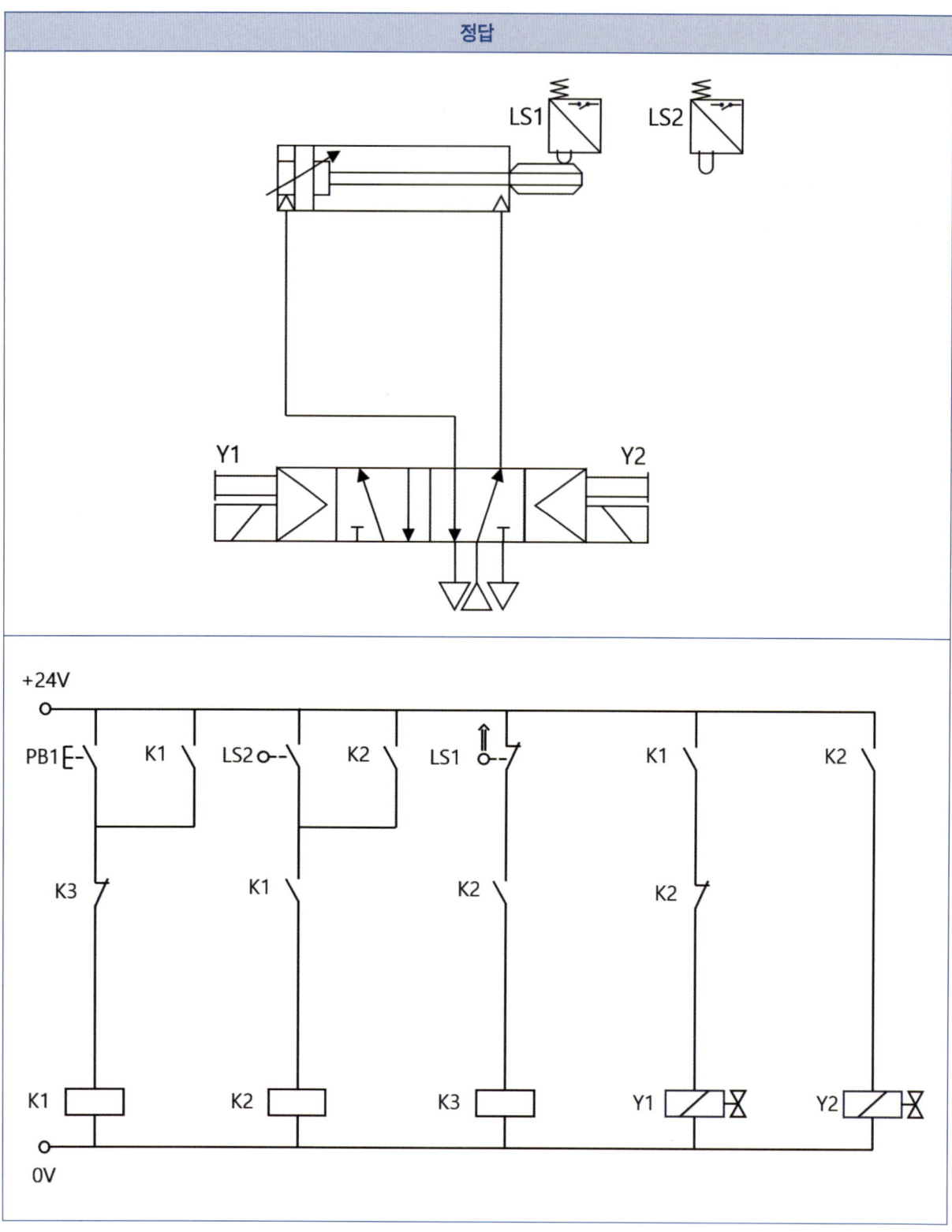

어떤 수험생에게는 다소 답답하게 느껴질 수 있는 절차일 수 있다. 그러나 이 과정이 몸에 익으면, 일부 단계는 자연스럽게 생략하고 더 빠르게 회로를 작도할 수 있다.

또한 액추에이터의 개수가 아무리 많아져도, 위와 같은 절차를 따르면 오류 없이 작도가 가능하다. 이제 최종적으로 다음 실전 예제를 풀어 보며, 전기 회로 작도 과정을 완전히 자기 것으로 만들어 보자.

제3절 간단한 회로 작도 실전 연습

가. 공기압 회로도

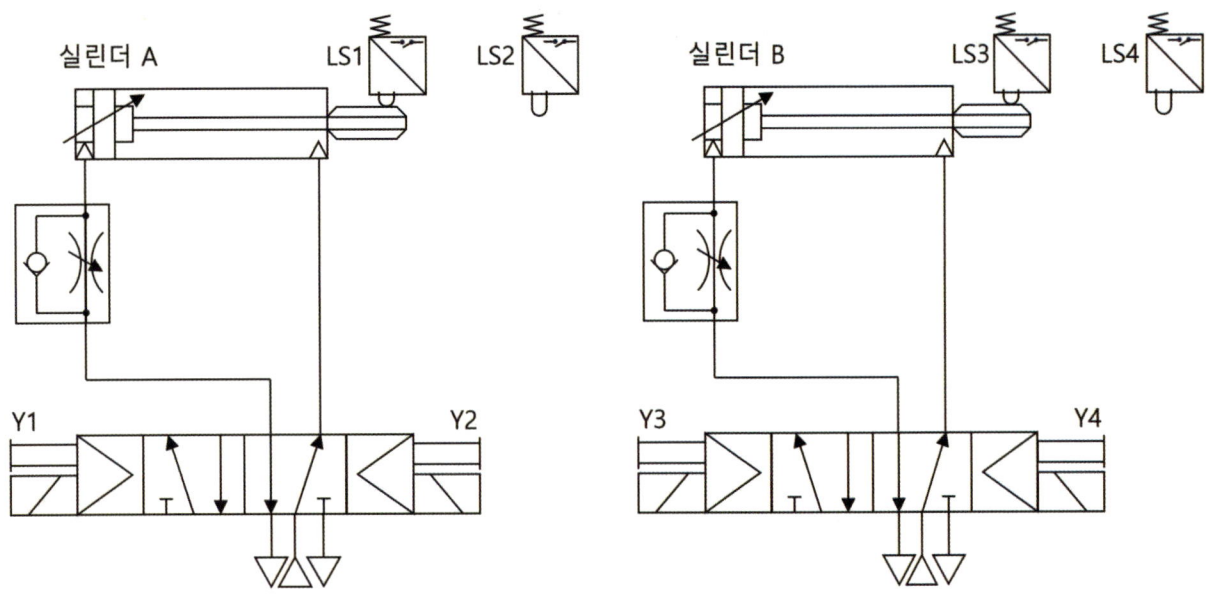

나. 변위단계선도

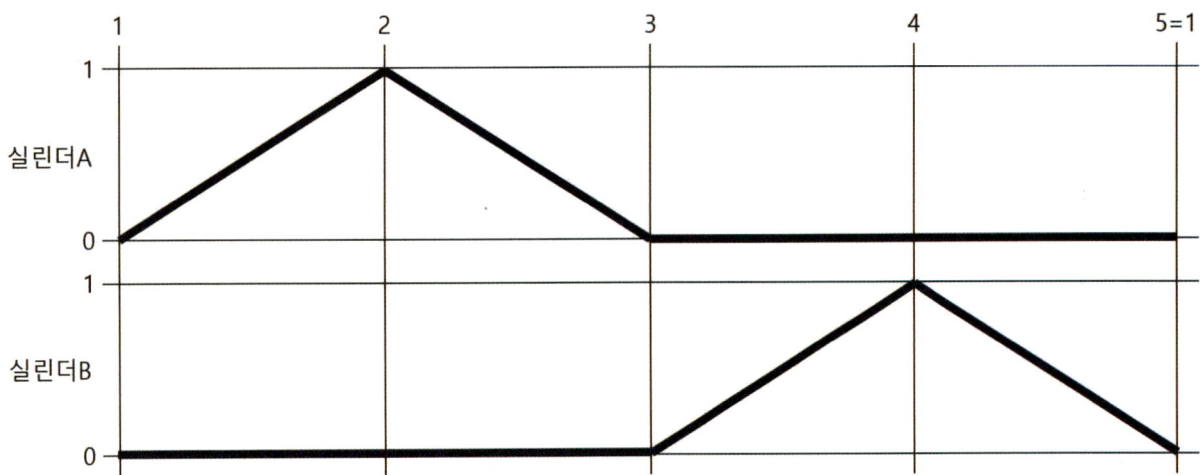

〈전기 회로 작도 꿀팁〉

① PB1으로 시작해서 한 줄씩 각 스텝을 그린다(종료 신호 포함).
② 모든 스텝에 자기 유지를 걸어 준다(종료 신호는 자기 유지 X).
③ 문제에 맞게 리밋 스위치를 추가한다.
④ 종료 신호로 첫 스텝의 자기 유지를 끊어 준다. 이후 순차적으로 끊어지도록 한다.
⑤ 출력부를 추가하고 이중코일 에러를 방지한다.
⑥ 모든 라벨을 K로 변경한다.

〈전기 회로 작도 꿀팁〉을 참고하여, 이제 수험생 스스로 연필을 사용해 회로를 직접 그려 보자. 반드시 깔끔하고 정돈된 선으로 작도하며, 문자는 정자로 또박또박 표기해야 한다. 실제 시험에서도, 평소에는 잘 그렸던 회로를 본인 글씨를 알아보지 못해 케이블 결선을 하지 못하는 사례가 의외로 많다.

(1) PB1으로 시작해서 한 줄씩 각 스텝을 그린다(종료 신호 포함).

(2) 모든 스텝에 자기 유지를 걸어 준다(종료 신호는 자기 유지 X).

(3) 문제에 맞게 리밋 스위치를 추가한다.

(4) 종료 신호로 첫 스텝의 자기 유지를 끊어 준다. 이후 순차적으로 끊어지도록 한다.

+24V

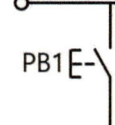

0V

(5) 출력부를 추가하고 이중코일 에러를 방지한다(여기는 출력부만!).

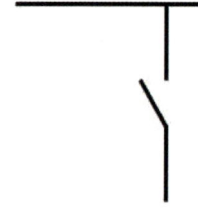

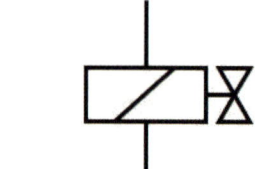

(6) 모든 라벨을 K로 변경한다(자리가 부족하면 두 줄로!).

제6장

설비보전기사 공개문제 풀이

허책임의 _____ 2026
설비보전 바이블

제1절 기사 공기압시스템 풀이

이후 문제 풀이 내용은, 책 속의 글과 사진만으로는 모든 내용을 충분히 전달하기 어렵기 때문에, 보다 명확한 이해를 위해 아래에 안내된 유튜브 채널을 참고하여 학습하길 권한다.

 **허책임의 책임 있는 강의**

좋아요, 댓글, 구독, 알림 설정은 합격으로 가는 지름길이다.

공압 1번 기본동작

① 'K4 릴레이'의 충분한 여자를 위해 라인 위치 수정.
② 'K3 릴레이'가 'A 후진' 신호이기 때문에 출력부 수정.

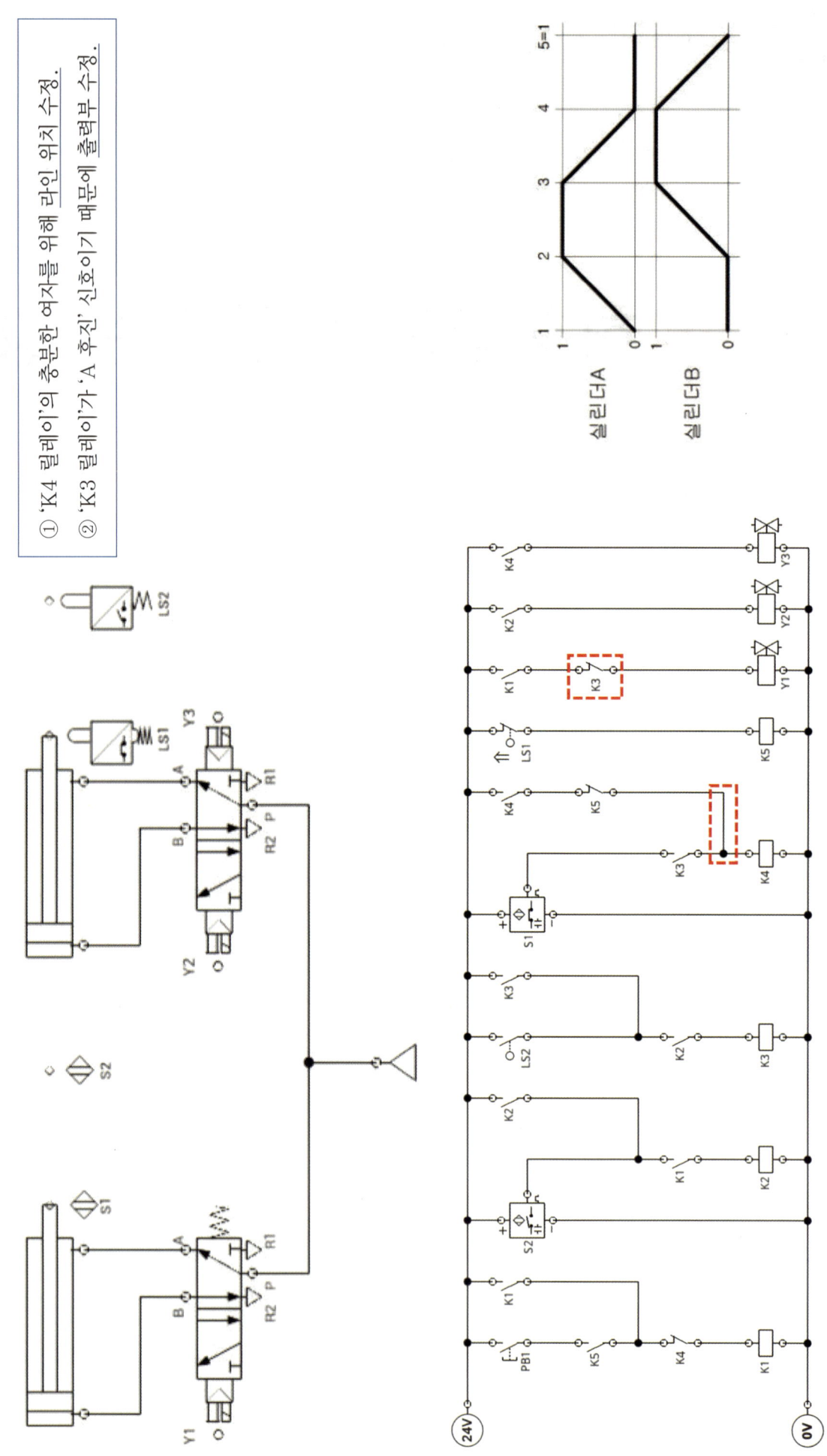

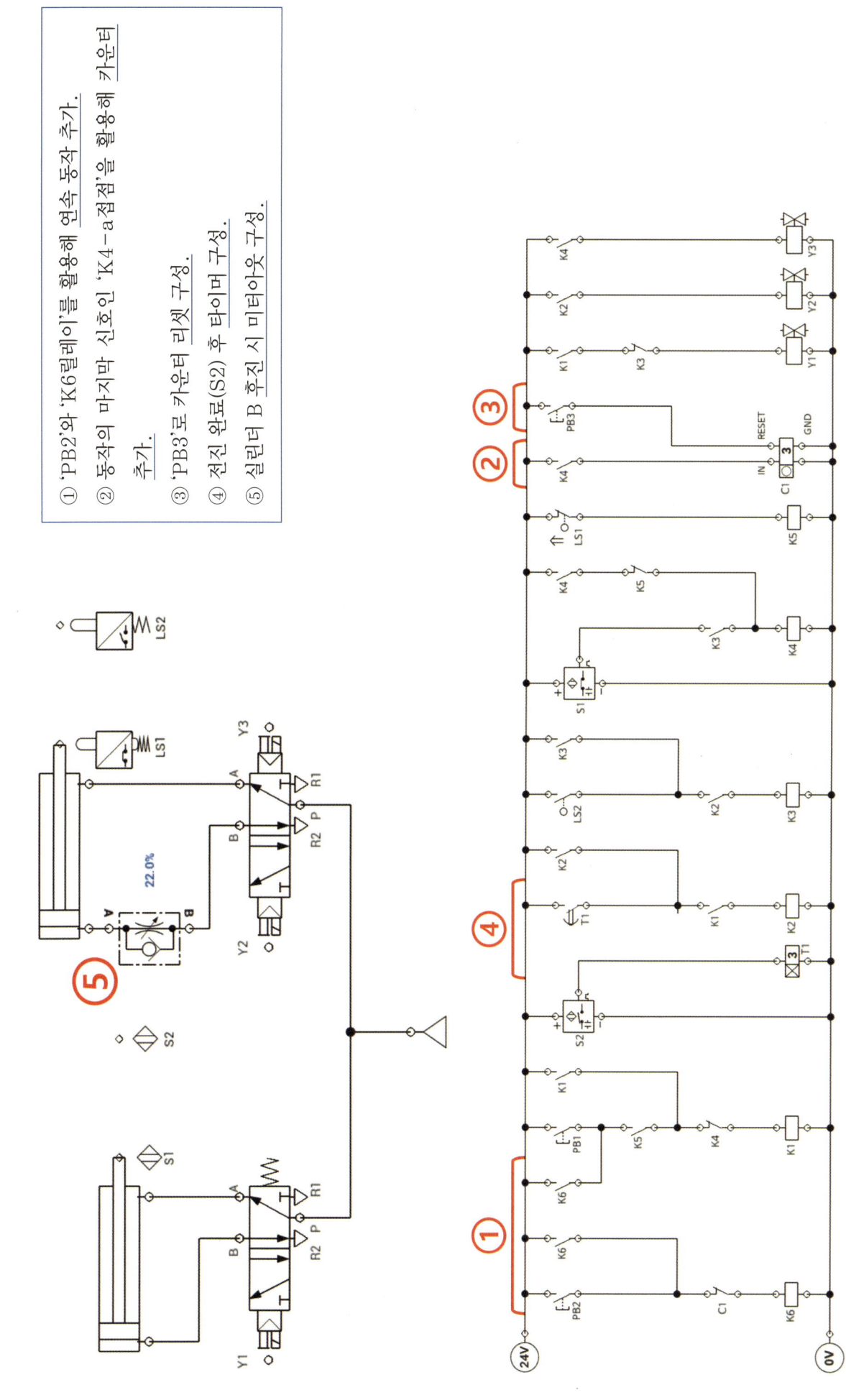

공압 2번 기본동작

① 변위단계선도에 따라 첫 번째 스텝의 자기 유지 회로를 더 빨리 끊어 줘야 함. 회로도의 규칙성에 맞게 'K2-b접점'으로 수정.

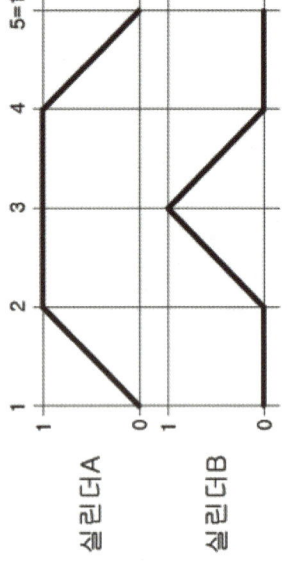

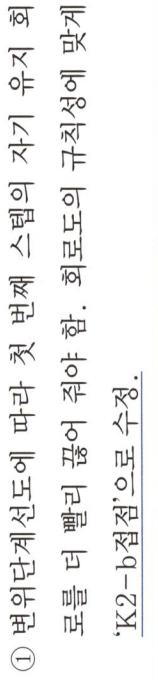

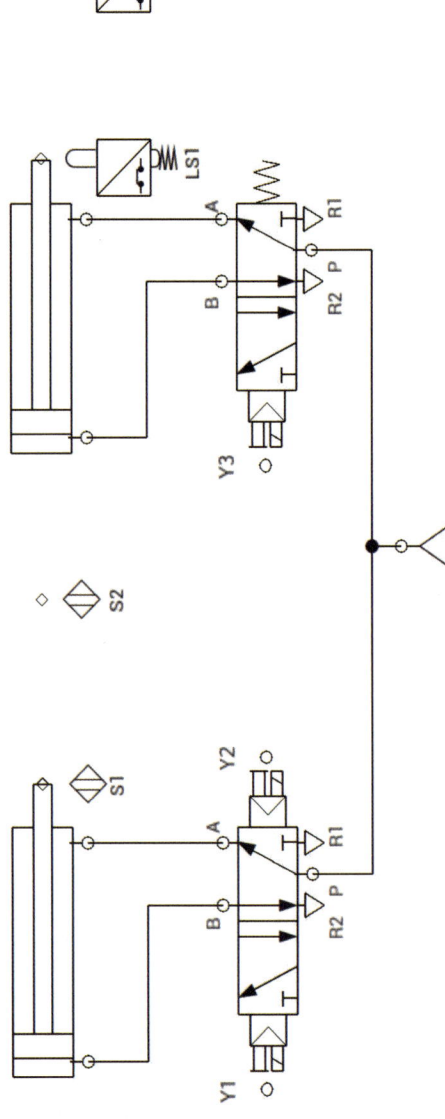

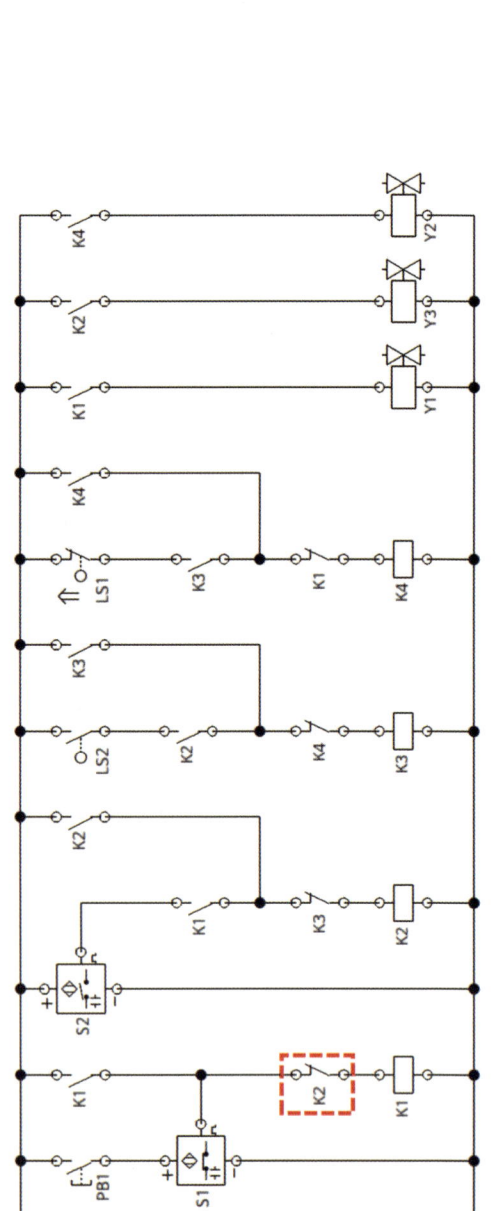

공압 2번 유지보수

① 'PB2'와 'K5릴레이'를 활용해 연속 동작 추가.
② 동작의 마지막 신호인 'K4-a접점'을 활용해 가운데 추가.
③ 'PB3'로 가운데 리셋 구성.
④ 실린더 B 양측 솔레노이드 밸브 교체.
⑤ 감압밸브 사용. 실린더 B 작동 압력 0.3±0.05MPa 세팅.

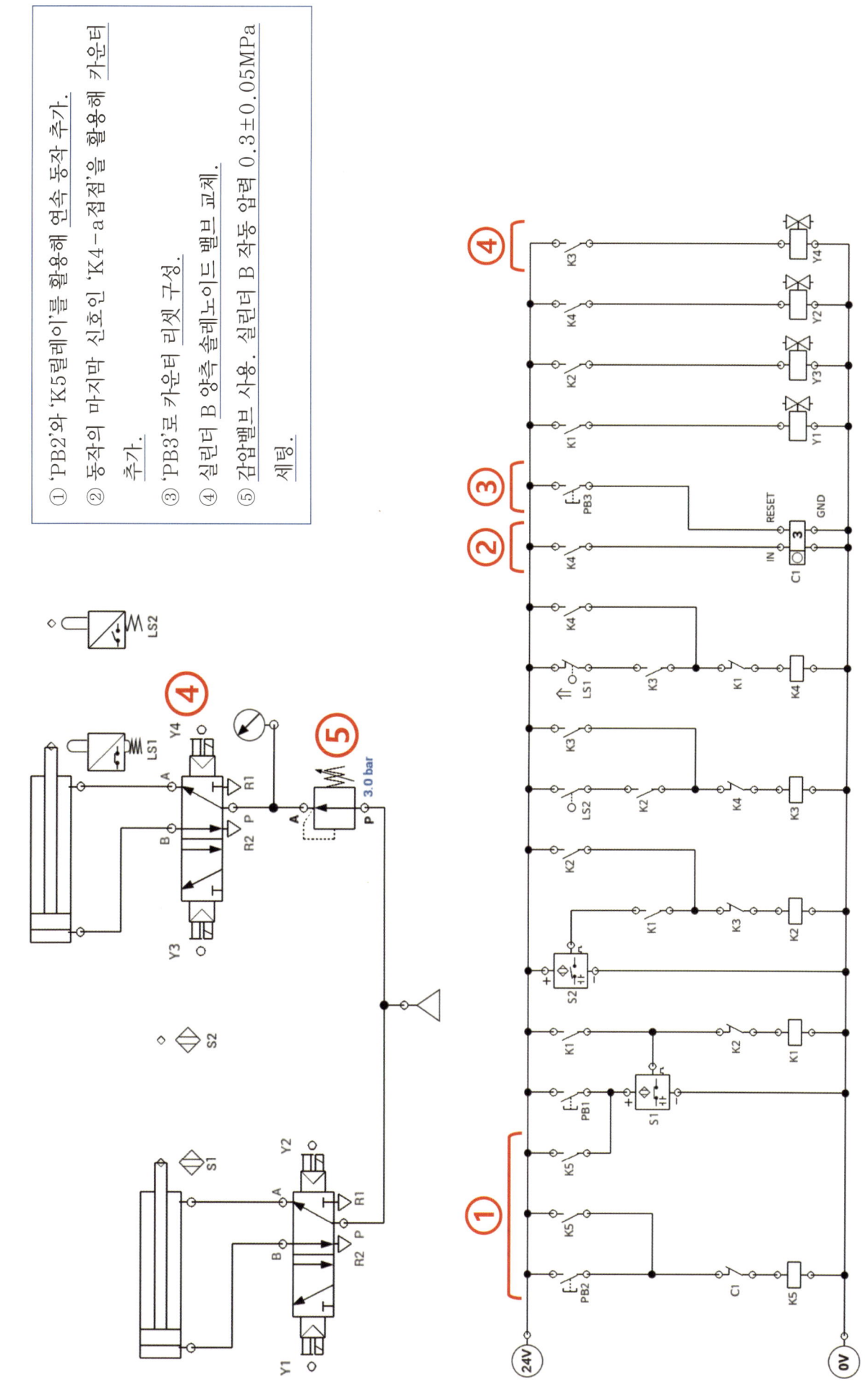

문양 3번 기동조작

① 실린더 A, B 둘 다 동시에 전진하는 것을 막기 위해 'K2-a접점'으로 수정한다.

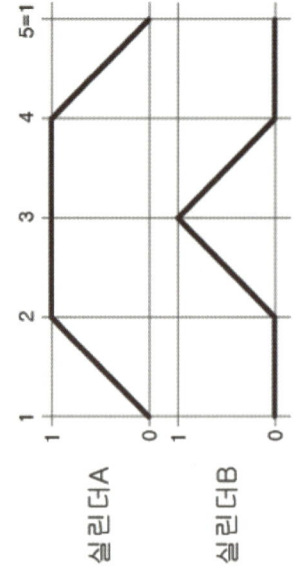

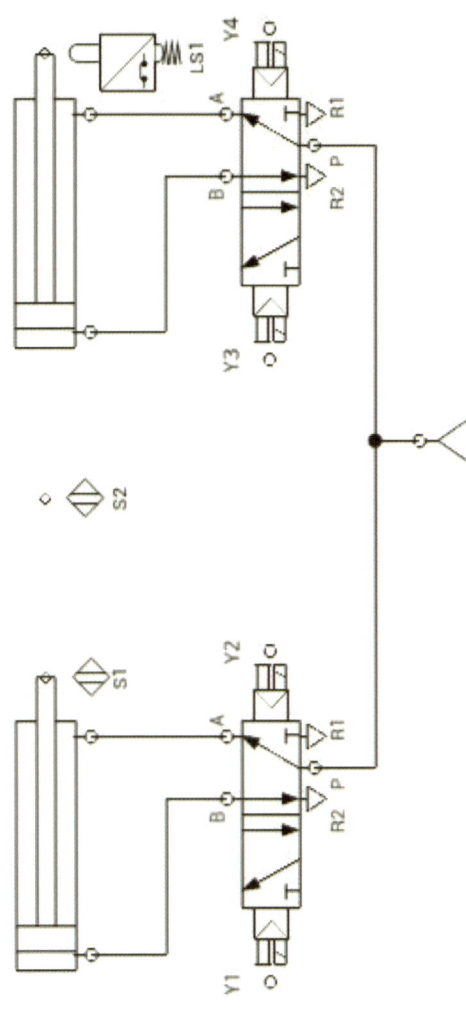

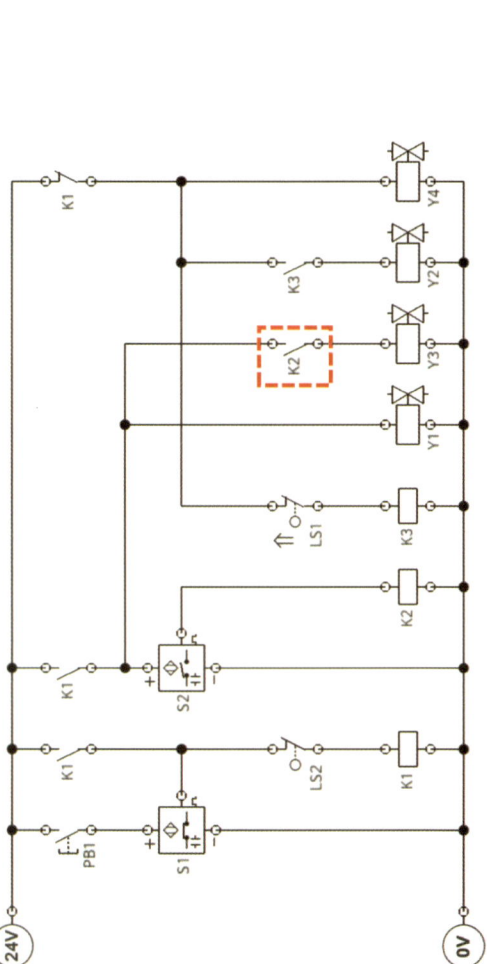

공압 3번 유지보수

① 'PB2'와 'K4릴레이'를 활용해 연속 동작 추가.
② '유지형 스위치'와 'K5릴레이', '램프'를 활용해 비상정지 추가.
③ 비상정지 OFF 시 실린더 강제 후진(초기화).
④ 실린더 A 전진완료(S2) 시 타이머 추가.
⑤ 급속배기밸브 추가.

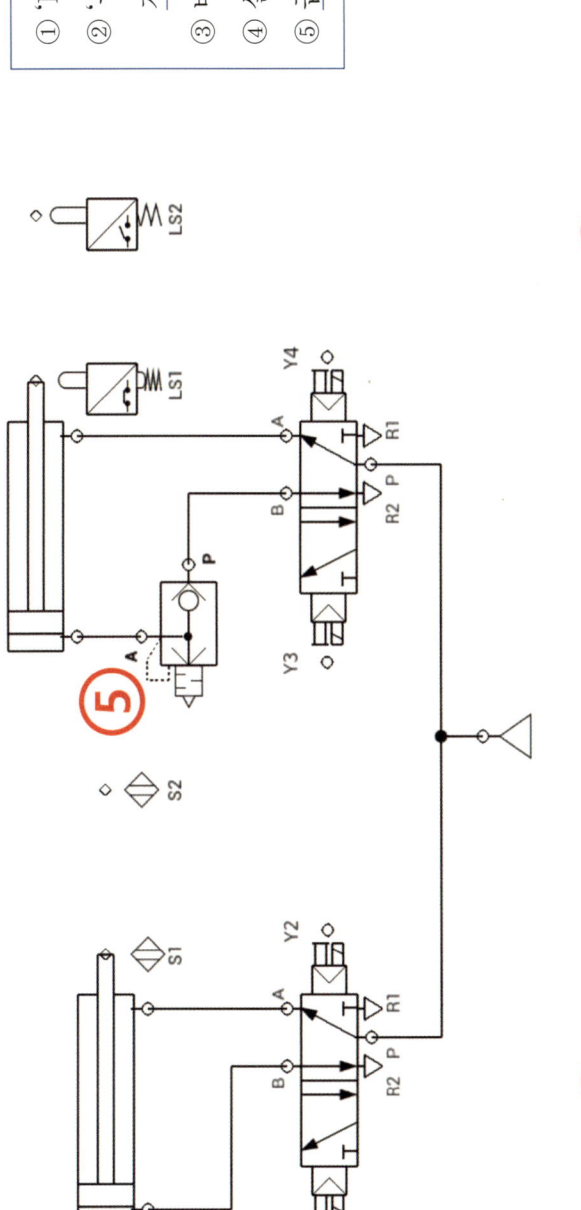

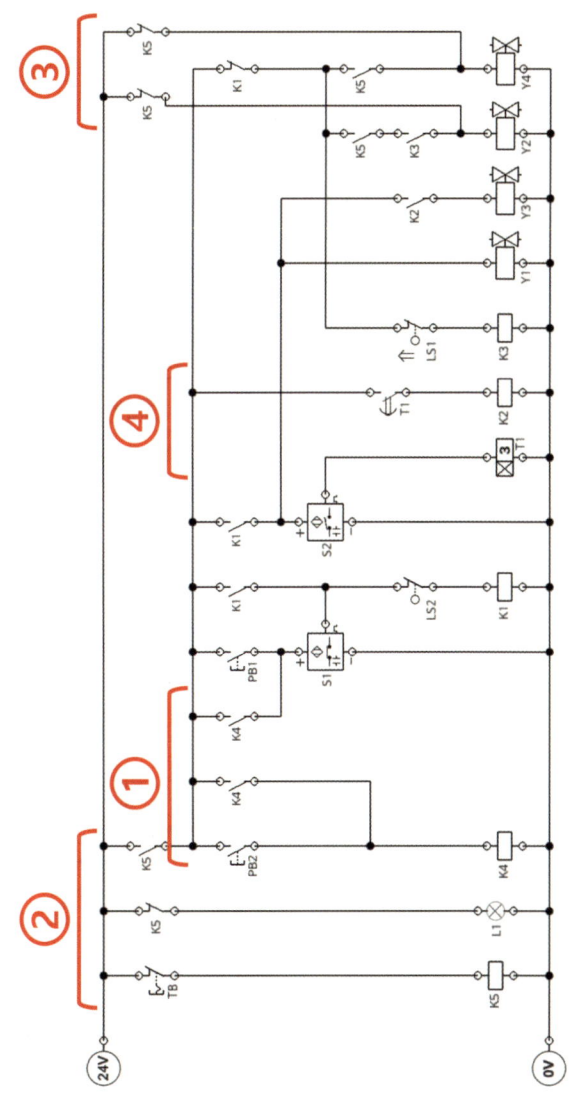

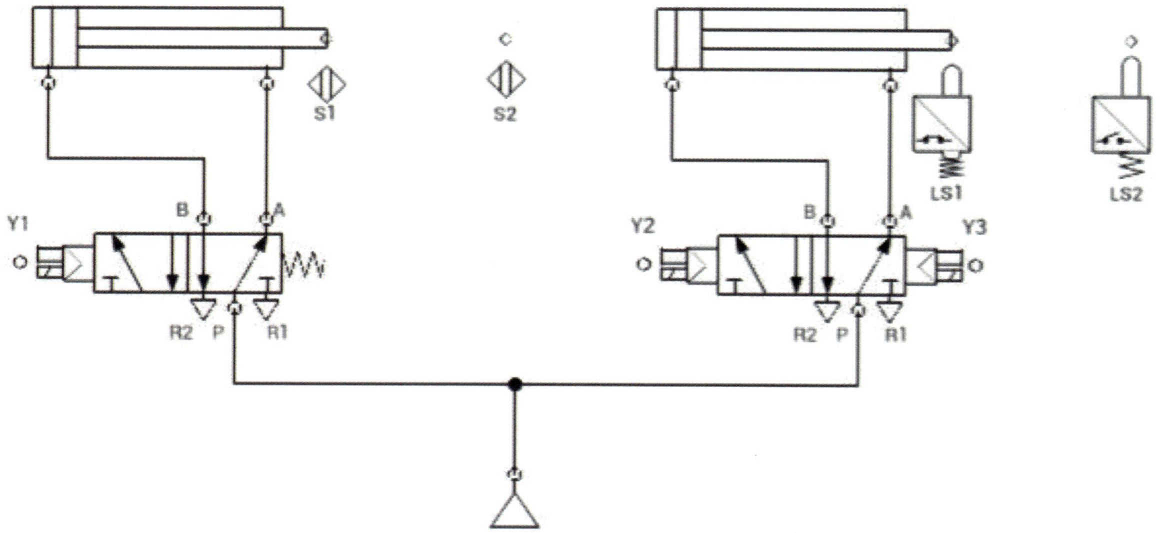

공압 4번 기본동작

① 'LS1'은 실린더 헤드에 의해 초기상태가 눌려져 있기 때문에 '화살표' 기호와 함께 '반대'로 표기해야 한다.

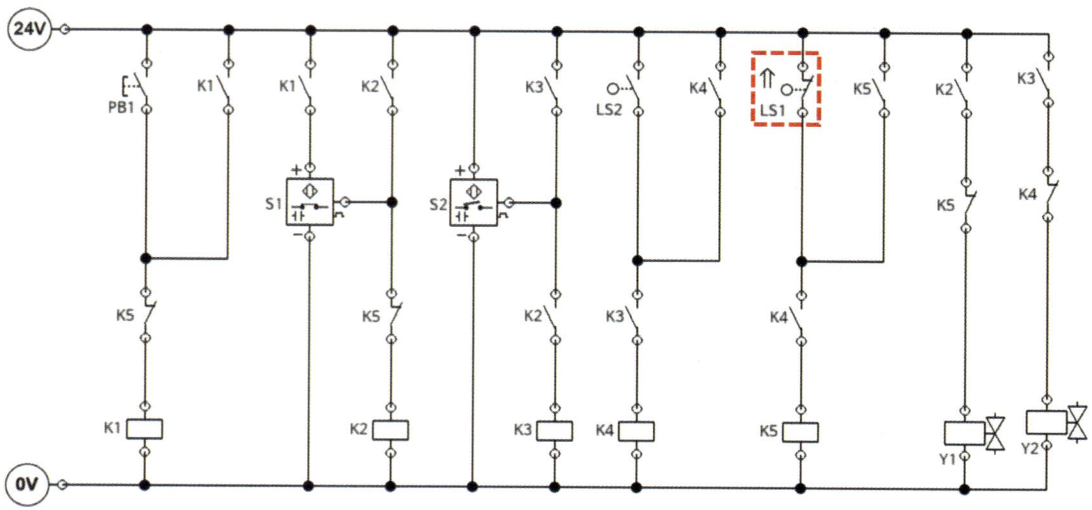

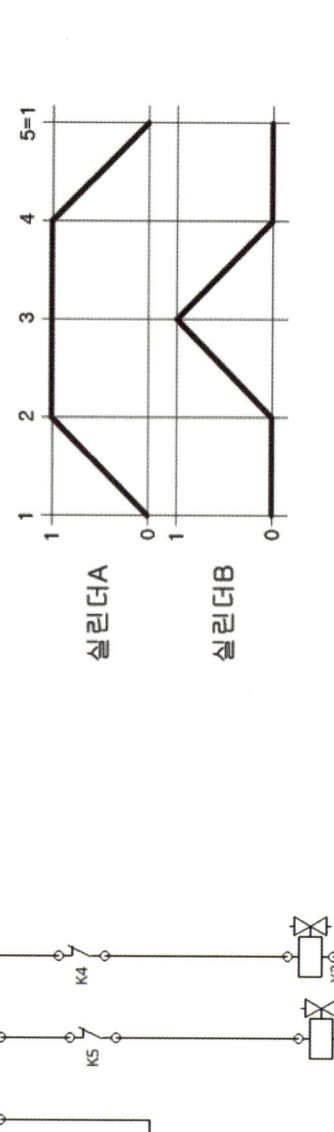

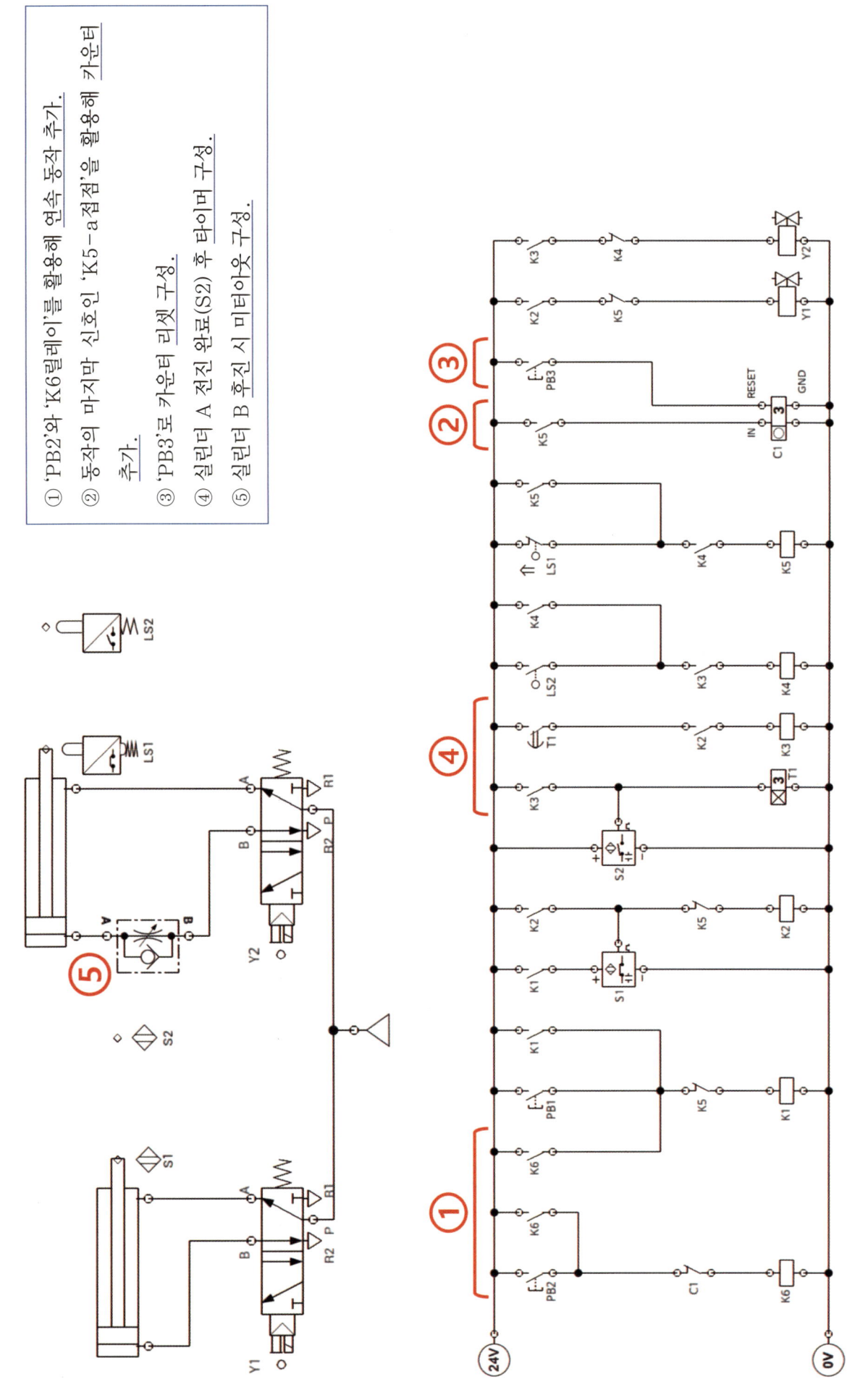

문제 5번 기본동작

① 변위단계선도에 따라 'S1'과 'S2'의 위치가 바뀌어야 한다.

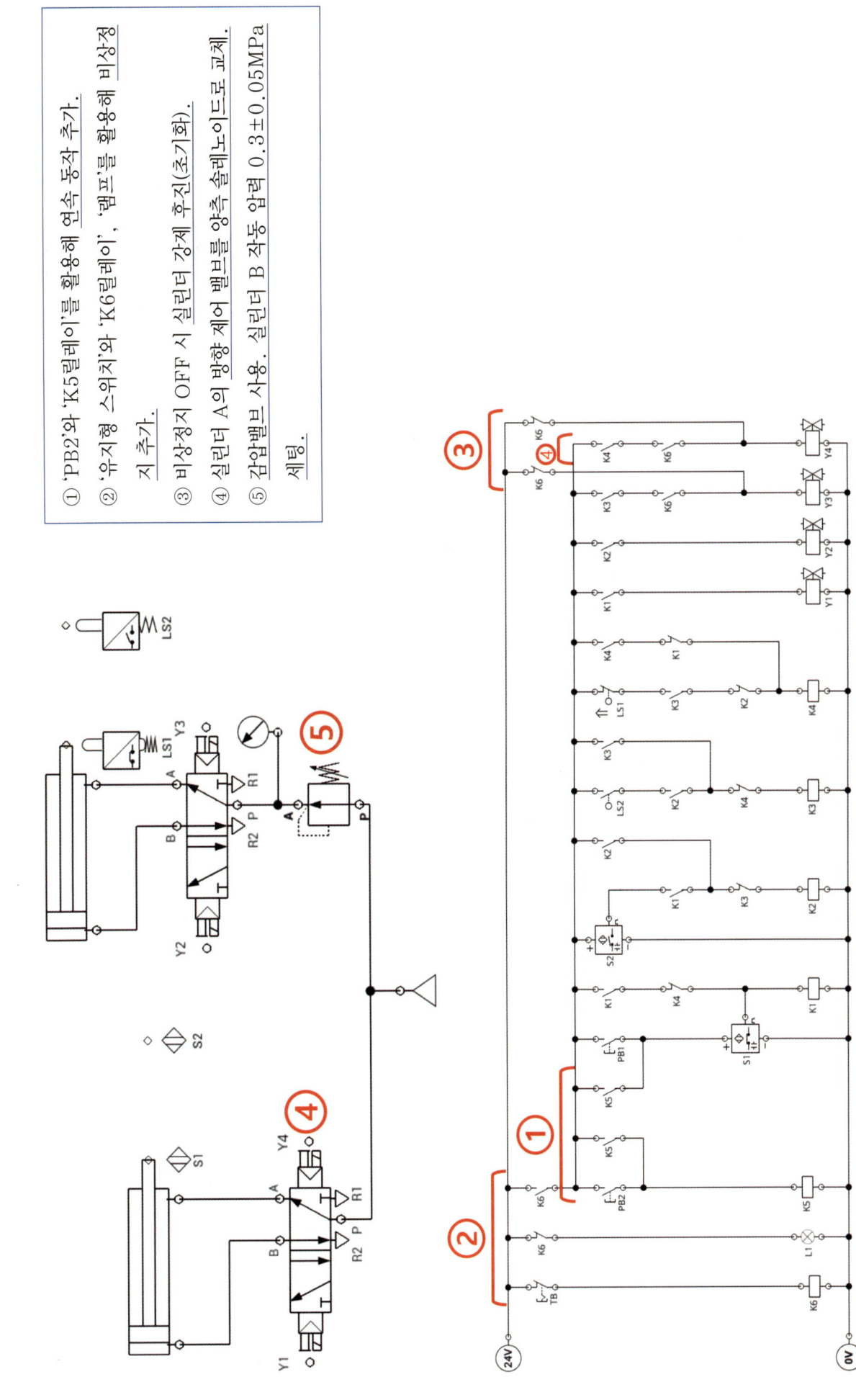

공압편 기본동작

① 세 번째 스텝이 진행될 수 있도록 A접점이 실아 있어야 한다. 'K2'가 적당하기 때문에 수정.
② 'LS1'은 실린더 헤드에 의해 초기상태가 눌러져 있기 때문에 '화살표' 기호와 함께 '반대'로 표기해야 한다.

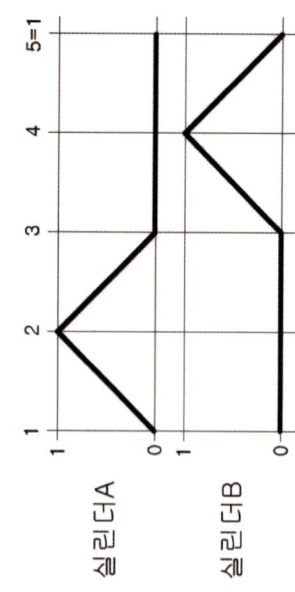

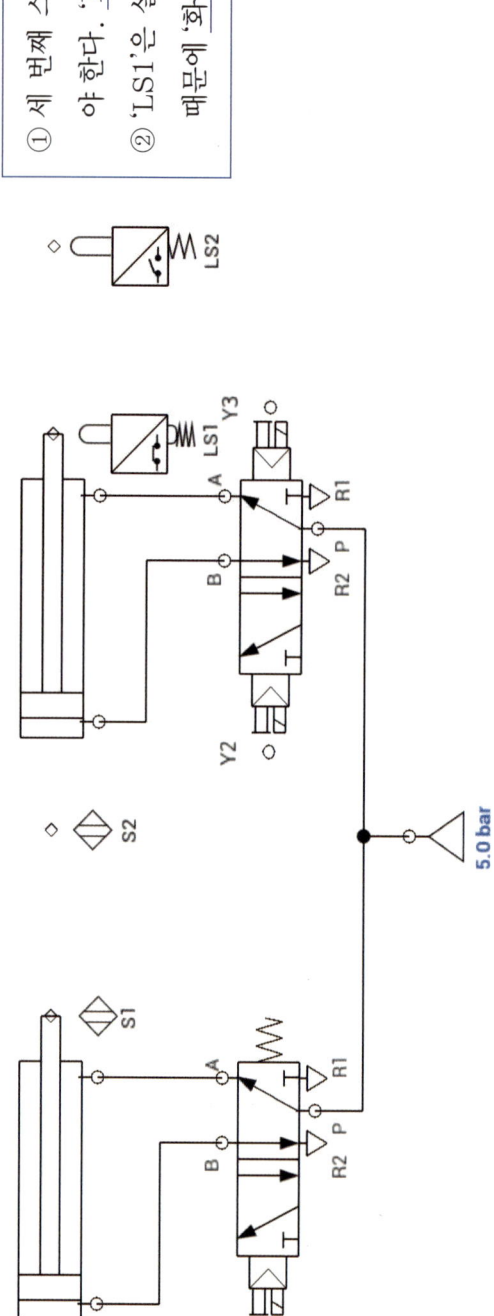

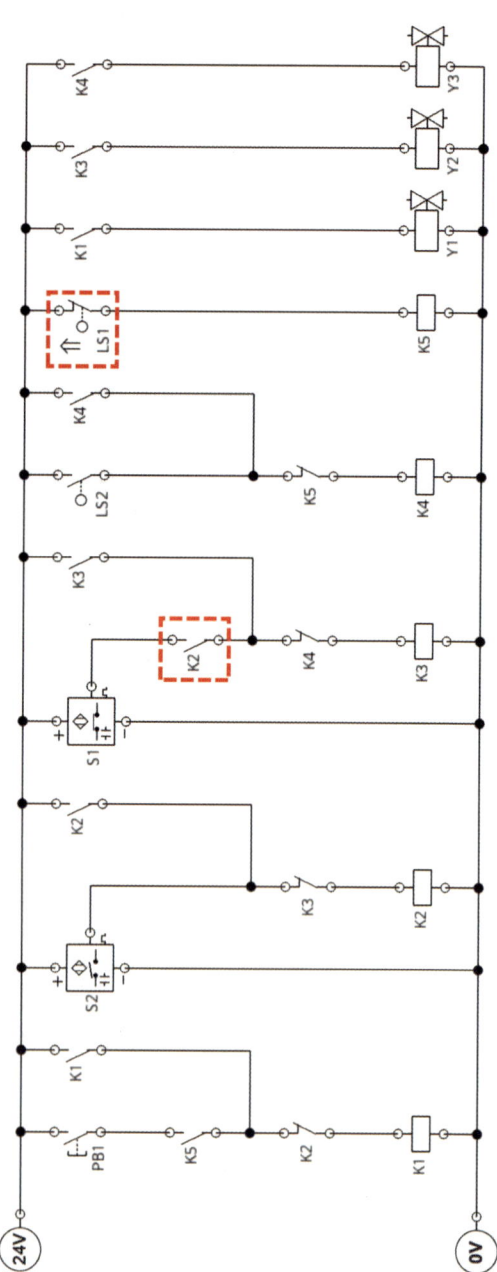

공압 6편 유지보수

① 'PB2'와 'K6릴레이'를 활용해 연속 동작 추가.
② 연속 오동작 방지를 위한 'K3-b점점' 추가
③ '유지형 스위치'와 'K7릴레이', '램프'를 활용해 비상정지 추가.
④ 비상정지 OFF 시 실린더 강제 후진(초기화).
⑤ 실린더 A의 방향 제어 밸브를 양솔 솔레노이드로 교체.
⑥ 급속배기밸브 추가.

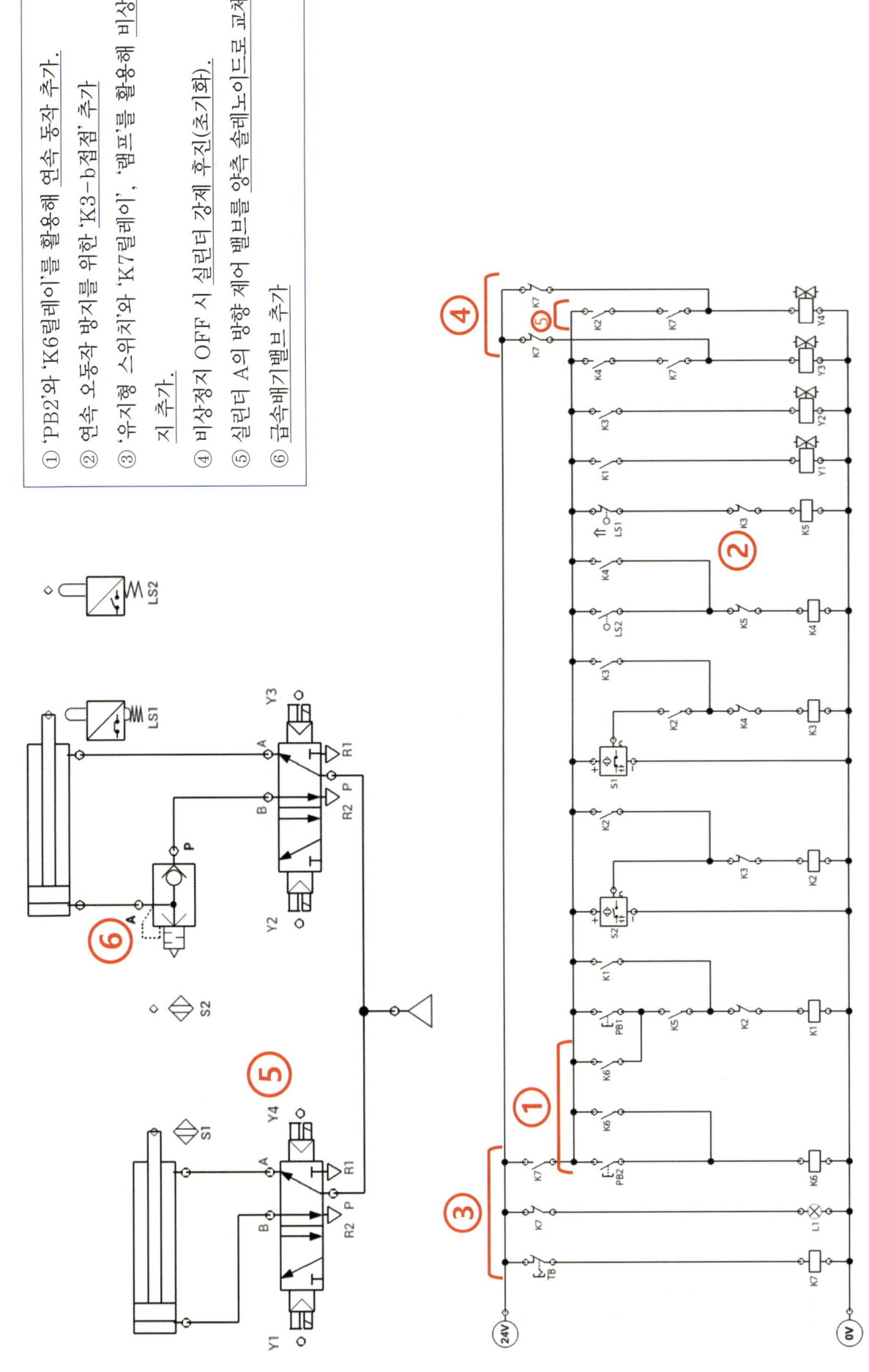

공압기계기능장

① 기존 'K4-a접점'은 불필요하여 삭제한다.
② 변위단계선도상 실린더 A가 전진하여 'S2'에 감지가 되면 다음 동작을 해야 하기에, 'LS2'와 자리를 바꾼다.

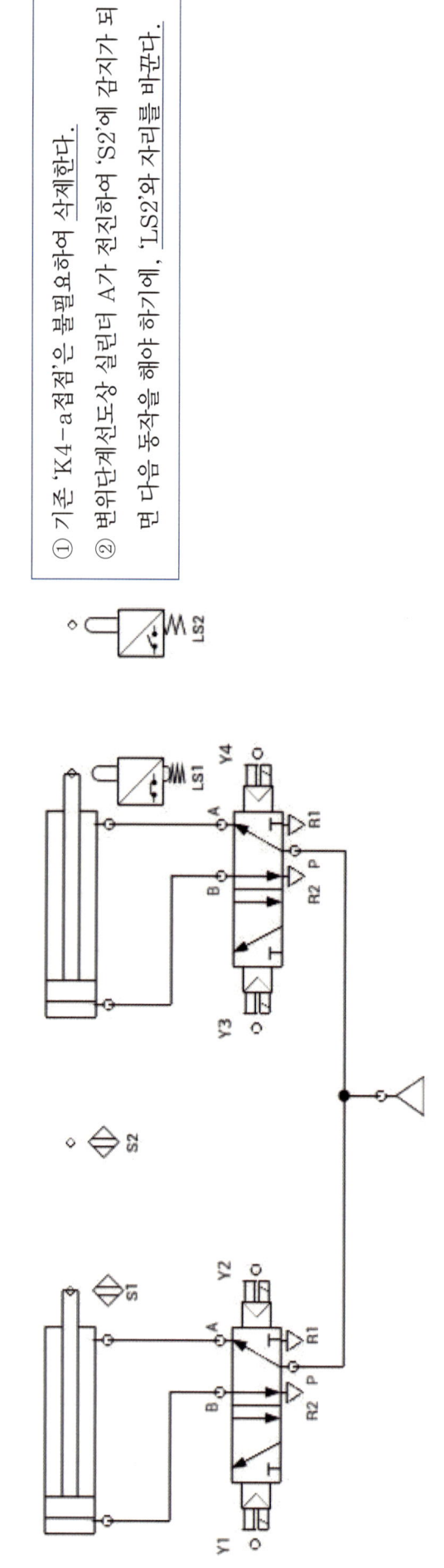

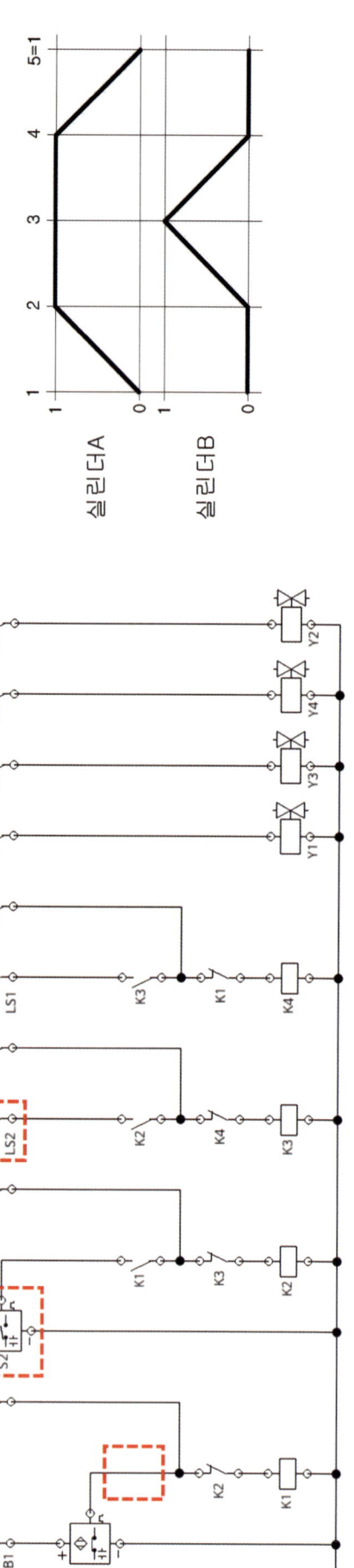

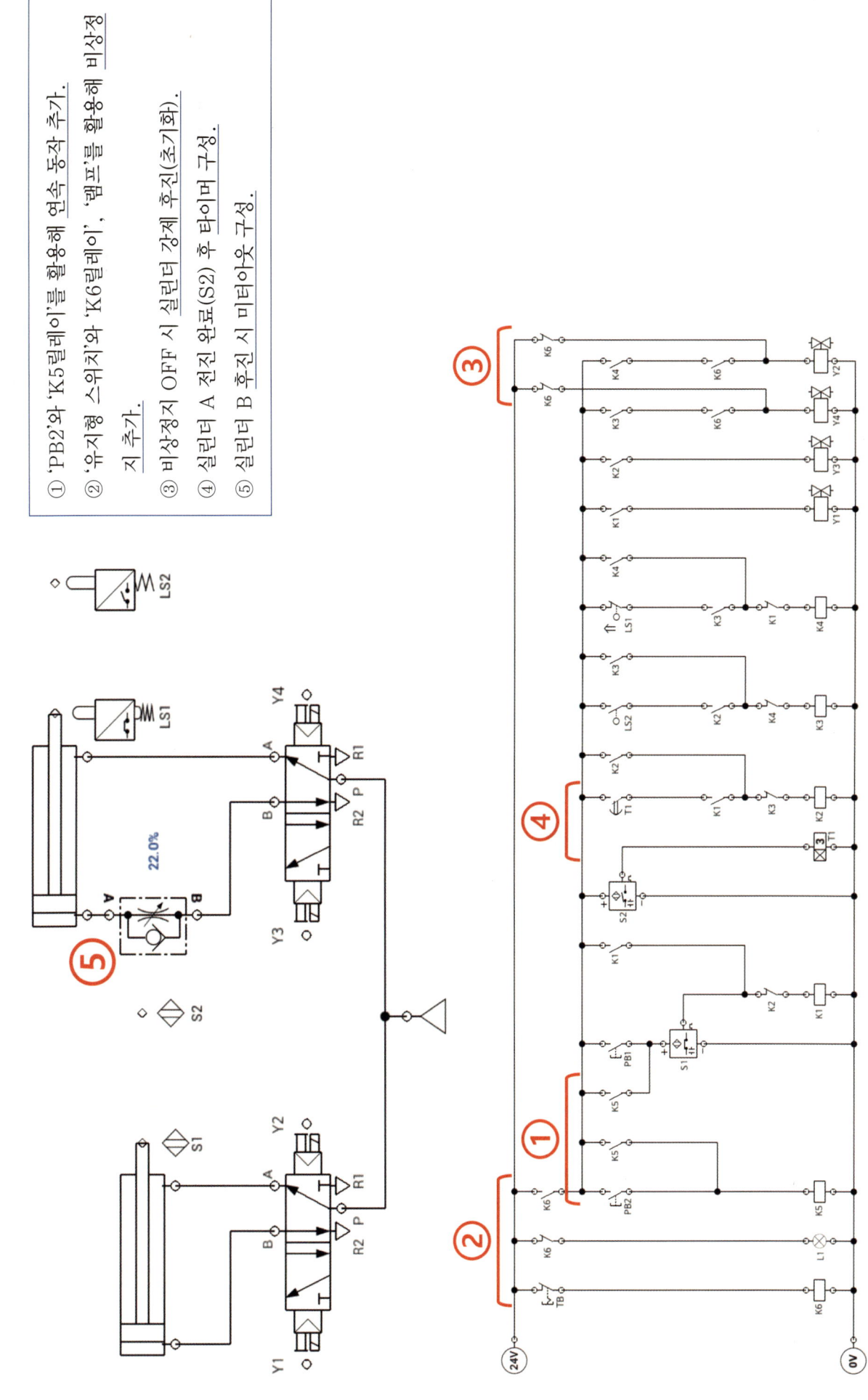

① 'K2릴레이'는 실린더B 후진에 관여한다. 변위단계선도에 따라, Y3를 자기 유지시켜야 하므로 수정한다.
② 'K3'릴레이는 실린더 B 전진에 관여한다. 편솔인 Y3를 끊어 주기 위해 'K3-b접점'으로 수정한다.

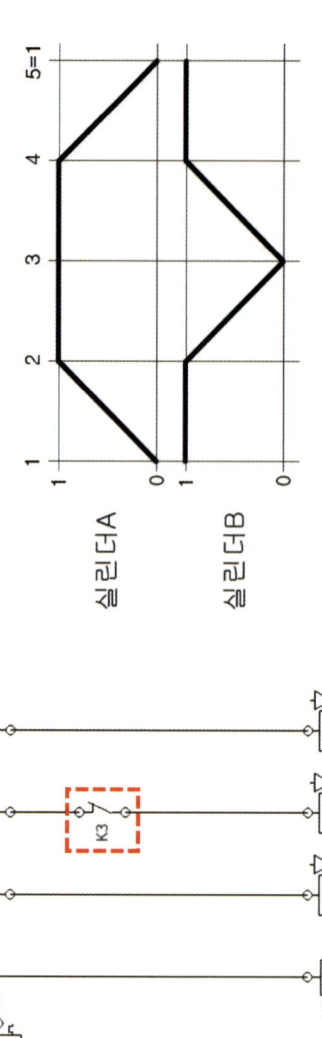

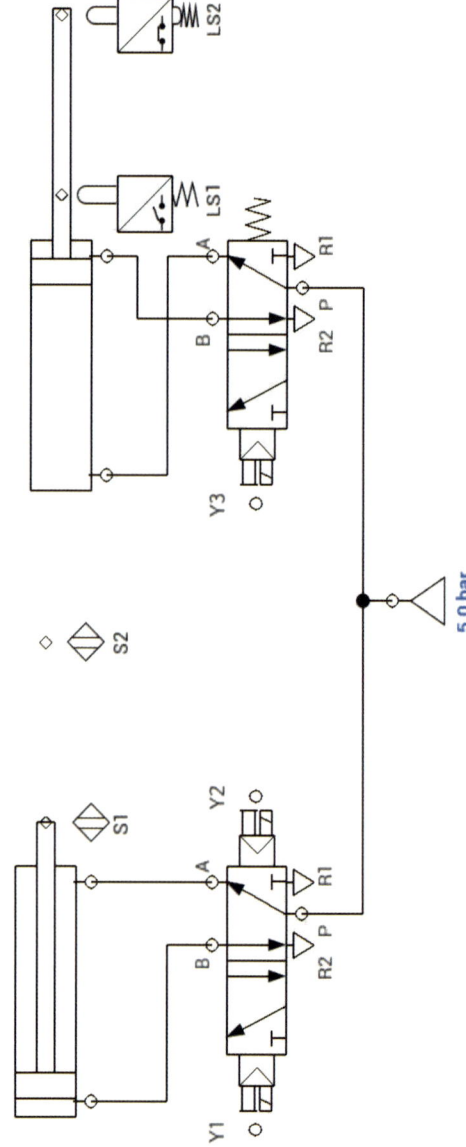

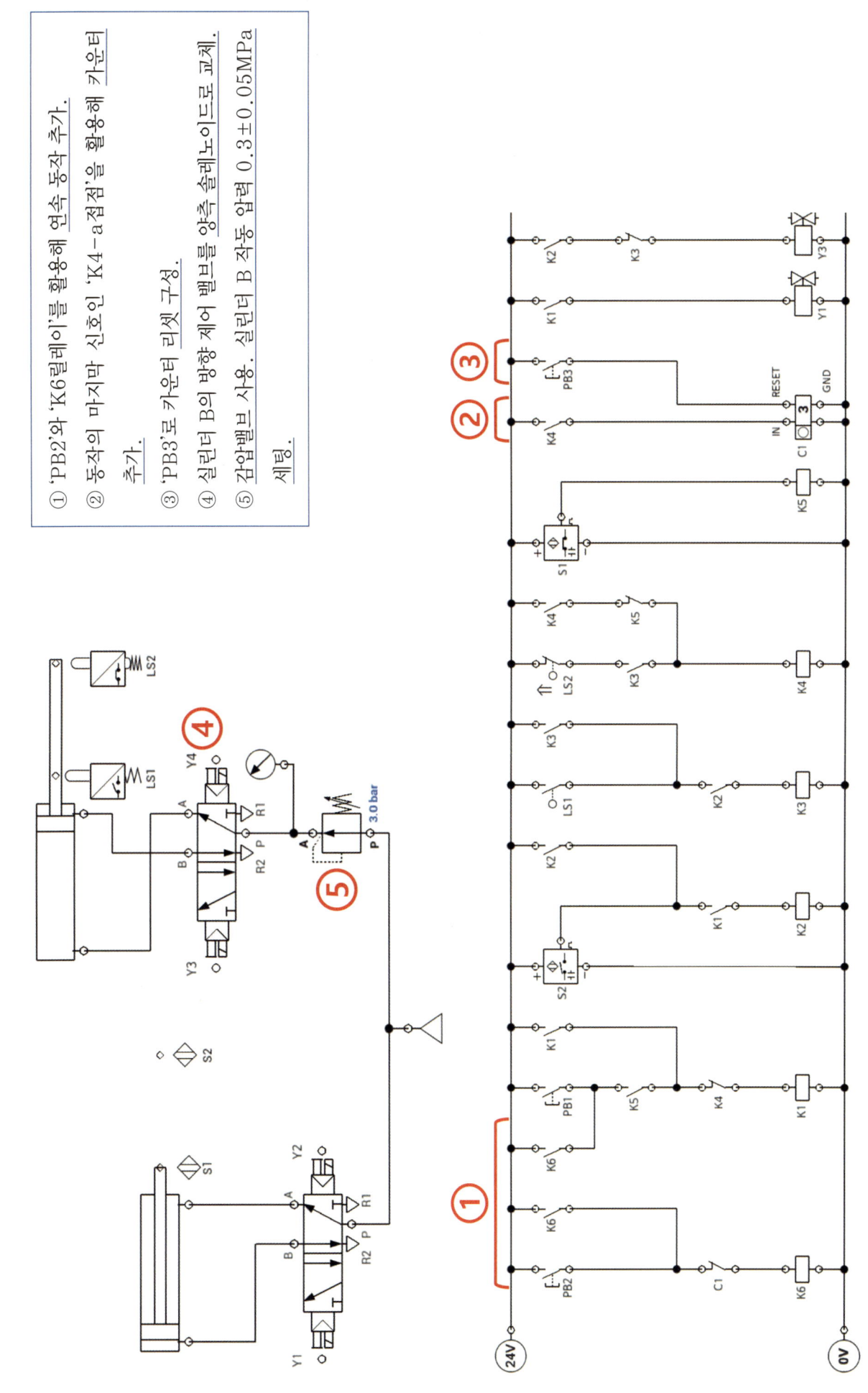

허책임의   2026
설비보전 바이블

제2절 기사 유압시스템 풀이

이후 문제 풀이 내용은, 책 속의 글과 사진만으로는 모든 내용을 충분히 전달하기 어렵기 때문에, 보다 명확한 이해를 위해 아래에 안내된 유튜브 채널을 참고하여 학습하길 권한다.

 허책임의 책임 있는 강의

좋아요, 댓글, 구독, 알림 설정은 합격으로 가는 지름길이다.

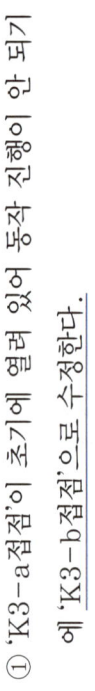

유압 1번 기본동작

① 'K3-a접점'이 초기에 열려 있어 동작 진행이 안 되기에 'K3-b접점'으로 수정한다.

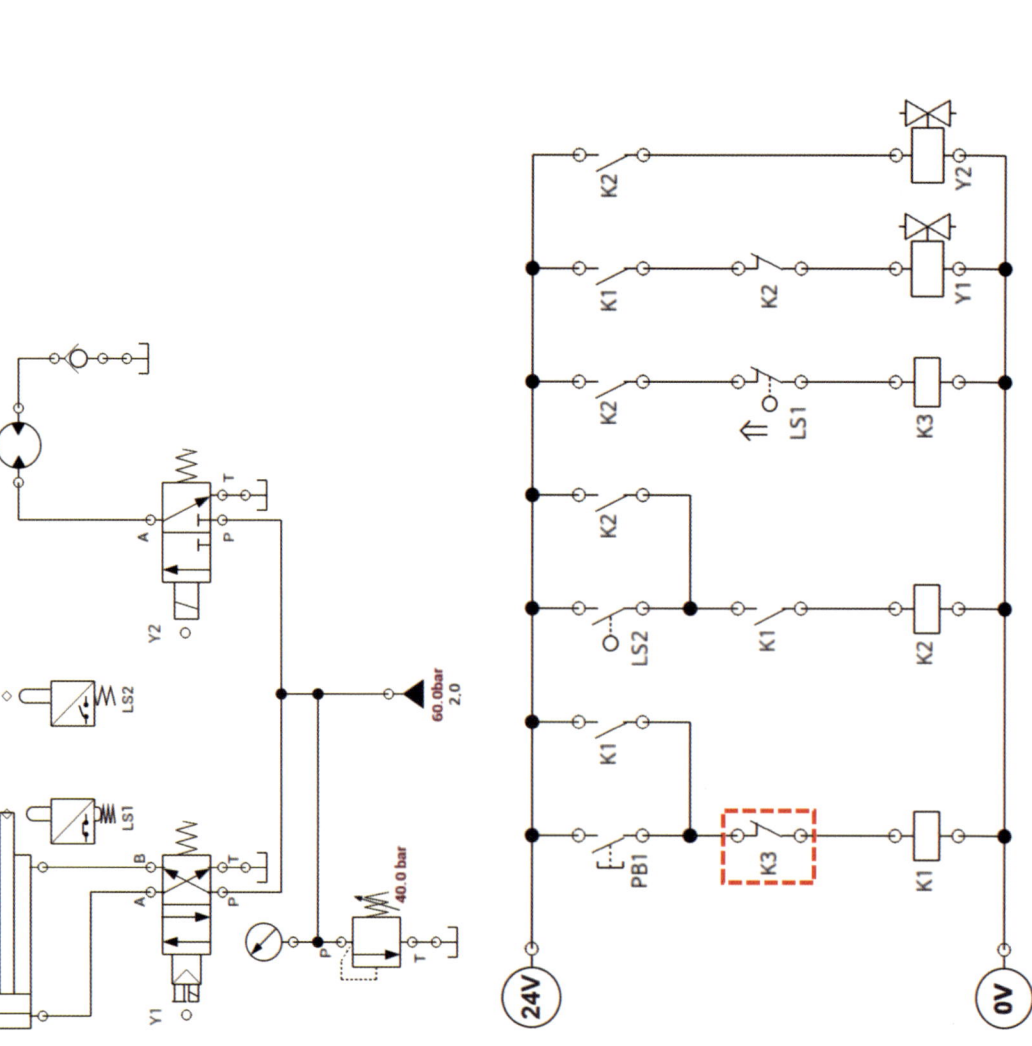

유압 1번 유지보수

① 'PB2'와 'K4릴레이'를 활용해 연속 동작 추가.
② 동작의 마지막 신호인 'K3-a접점'을 활용해 가운터 추가.
③ 'PB3'로 가운터 리셋 구성.
④ 실린더A 전진 시 미터인 회로 구성.
⑤ 실린더A 자중낙하방지회로 구성.
⑥ 토출구에 체크밸브 추가.

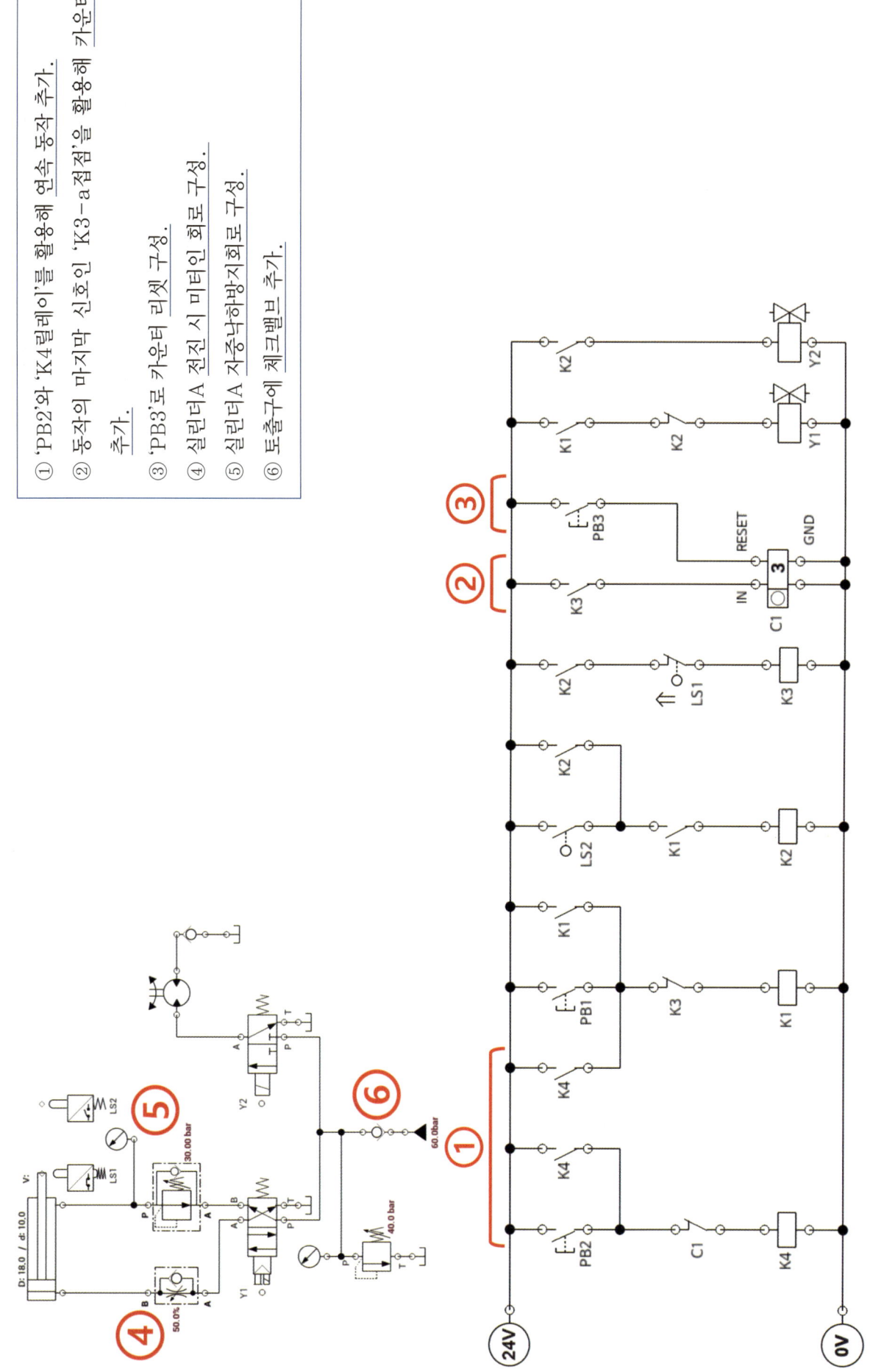

유압 2번 기본동작

① 실린더 A 후진 완료 후, 마지막 스텝의 자기 유지를 풀어 주기 위해서는 'LS1'을 B접점으로 수정해야 한다.
② 'K3-a'에 의해 자기 유지가 풀어지지 않기 위해서 2 지촉에 라인을 연결해야 한다.

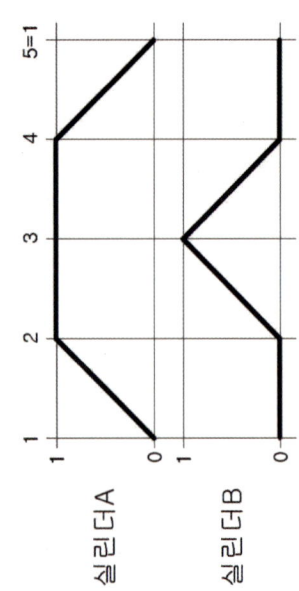

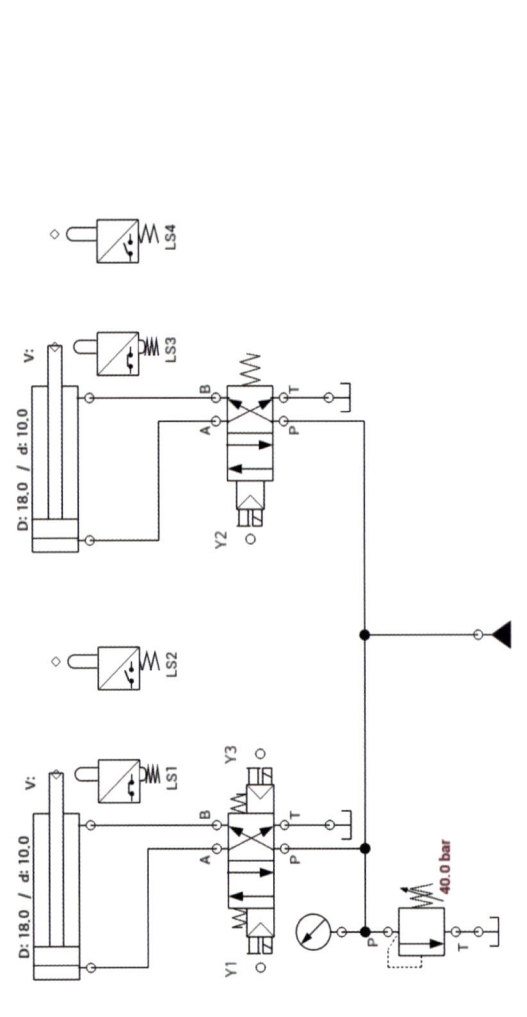

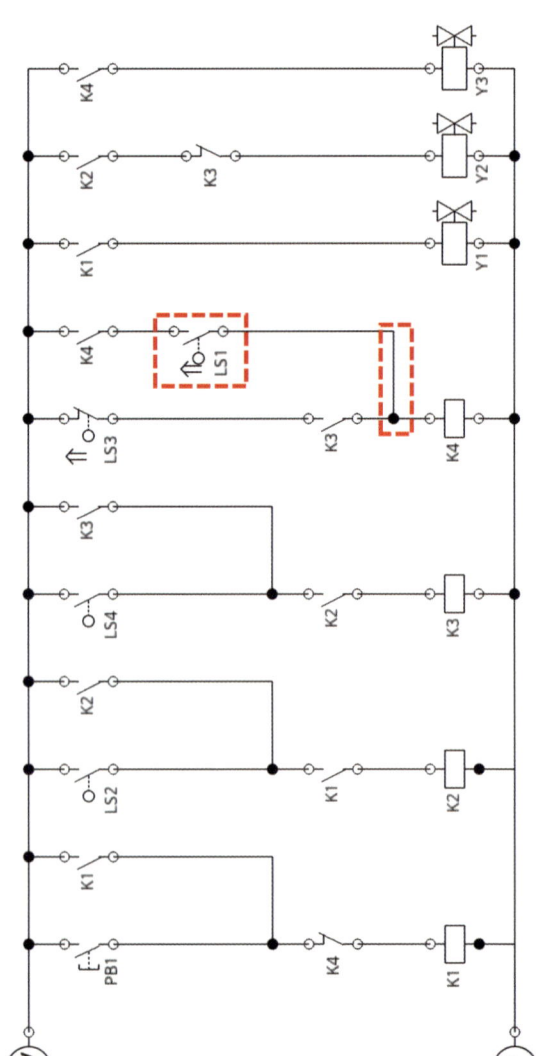

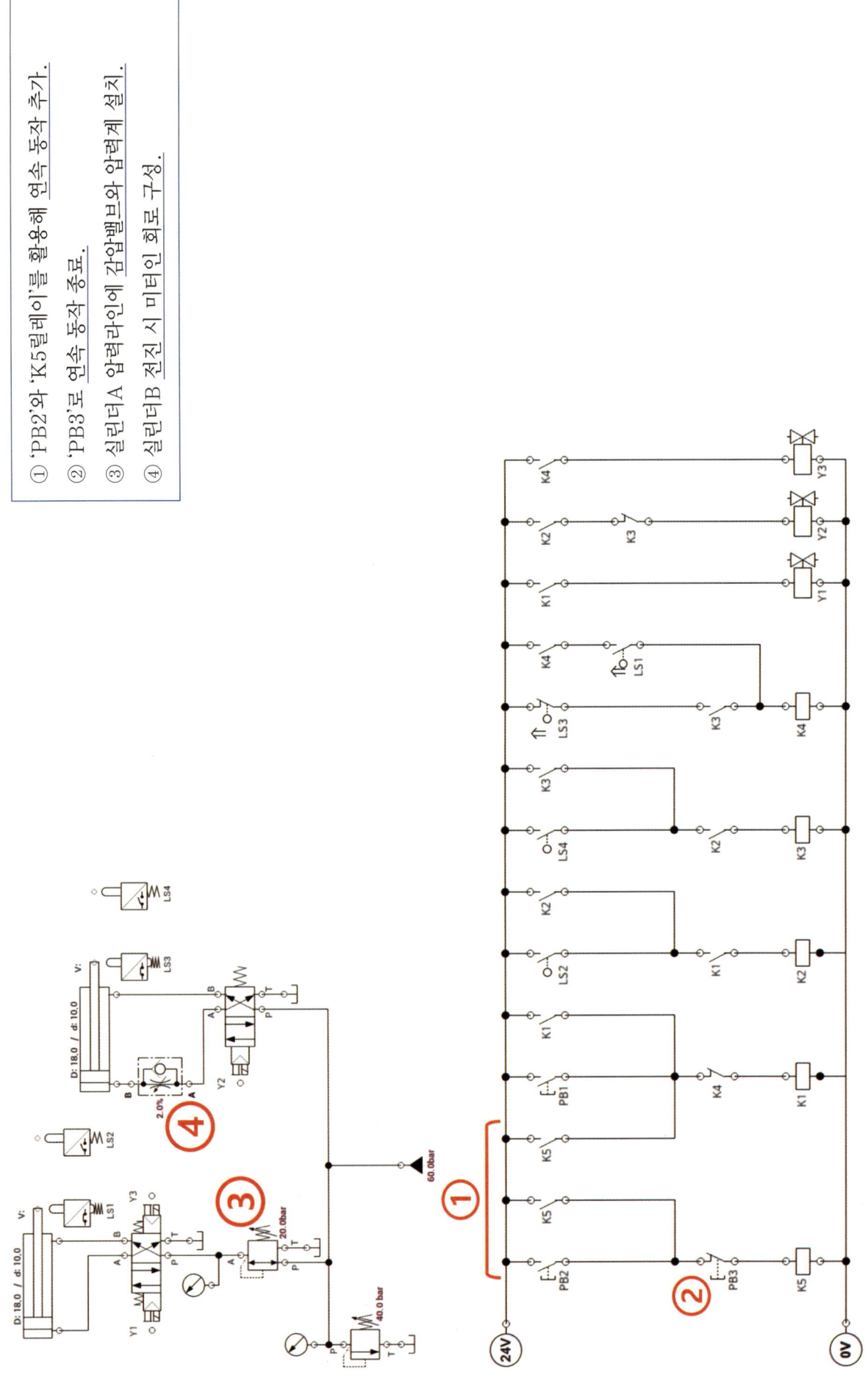

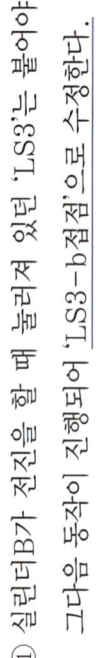

① 실린더B가 전진을 할 때 눌려져 있던 'LS3'는 붙어야 그다음 동작이 진행되어 'LS3-b접점'으로 수정한다.

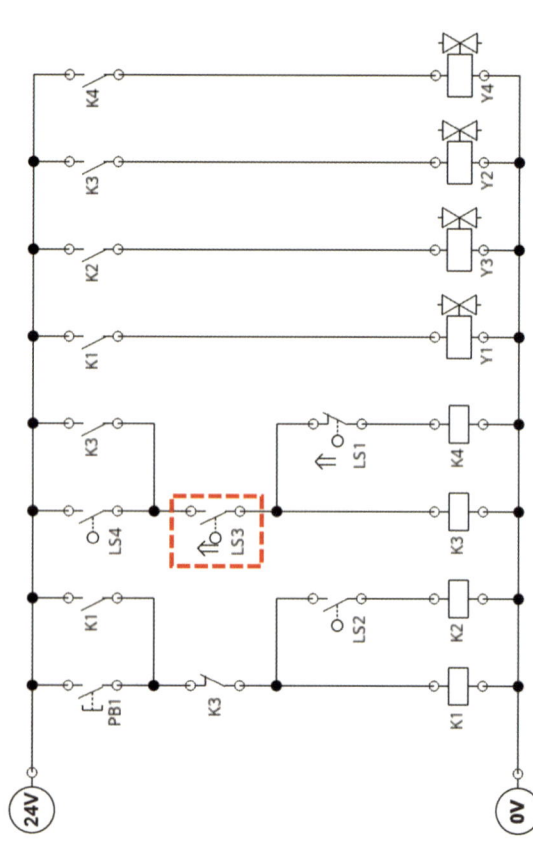

실린더A
실린더B

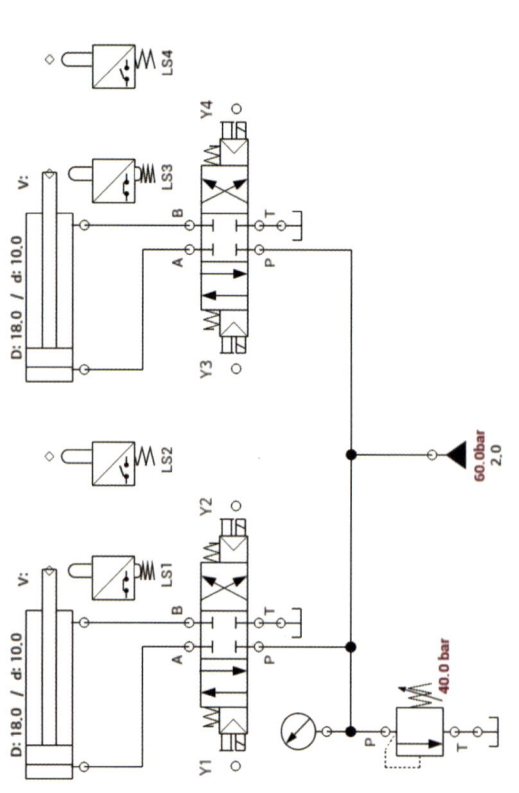

유압 3번 유지보수

① 실린더 A 전진 완료 후 3초 타이머 설치.
② 'LS4' 제거 후 압력 스위치 설치.
③ 실린더 B 전·후진 속도 제어를 위한 양방향 유량 조절 밸브 설치.

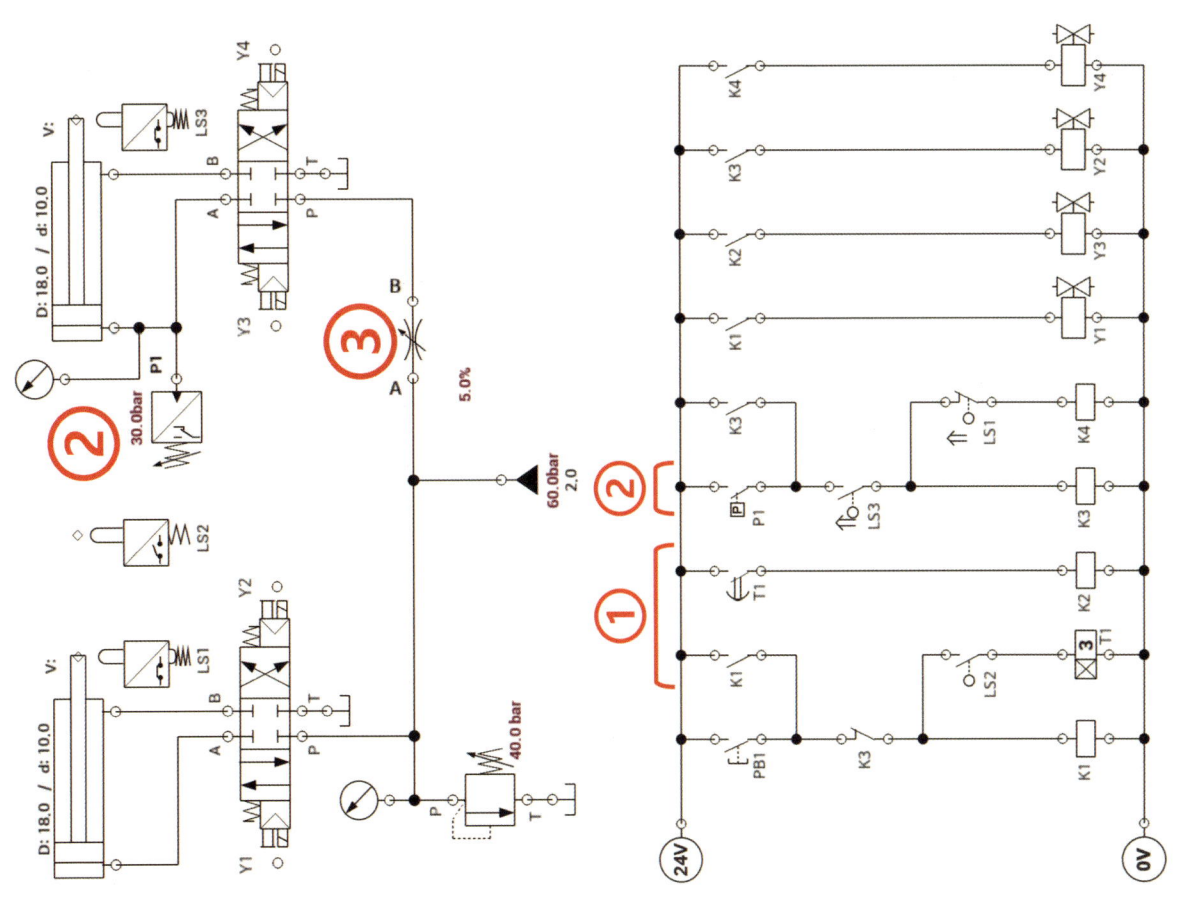

유압 4번 기본동작

※ 공개문제와 다르게 실린더 B 전·후진 유압 호스가 교차된 모습을 확인할 수 있다. 해당 방향 제어 밸브를 유심히 보길 바란다. 시험장에 공개문제의 방향 제어 밸브가 구비되어 있지 않은 경우, 위 그림처럼 호스를 교차하여 해결 가능하다.

① 'LS1'과 'LS2'의 초기 상태 표기가 잘못 되어 수정한다.
② 변위단계선도에 따라 'K2릴레이'에 의해 'Y1 Sol'이 꺼져야 하기에, 'K2-b접점'으로 수정한다.

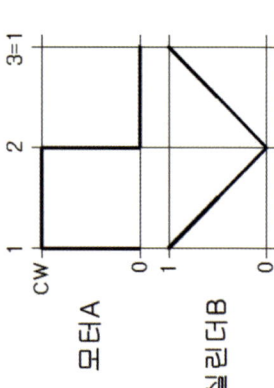

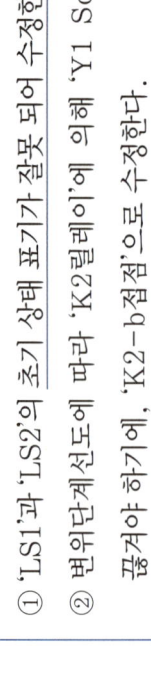

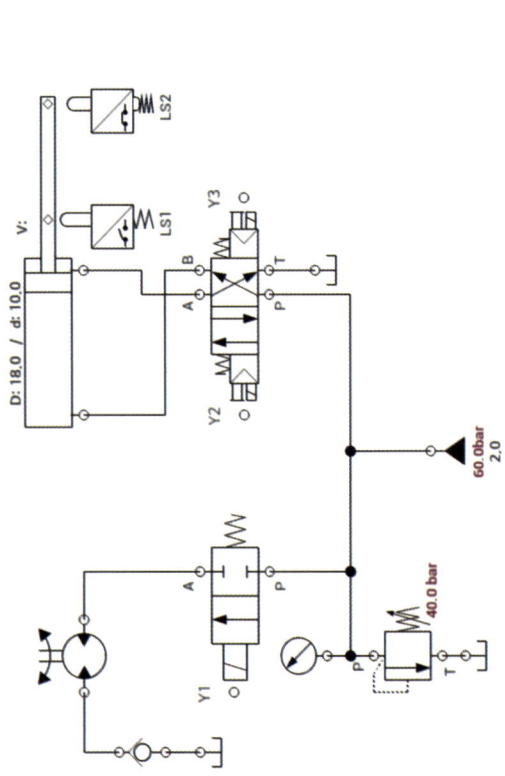

유압 4번 유지보수

① 'PB2'와 'K4릴레이'를 활용해 연속 동작 추가.
② 동작의 마지막 신호인 'K3-a접점'을 활용해 가운터 추가.
③ 'PB3'로 가운터 리셋 구성.
④ 실린더 B의 전진 시 미터인 회로 구성.
⑤ 실린더 B의 자중낙하방지회로 구성.
⑥ 유압유 역류 방지를 위한 토출구에 체크밸브 추가.

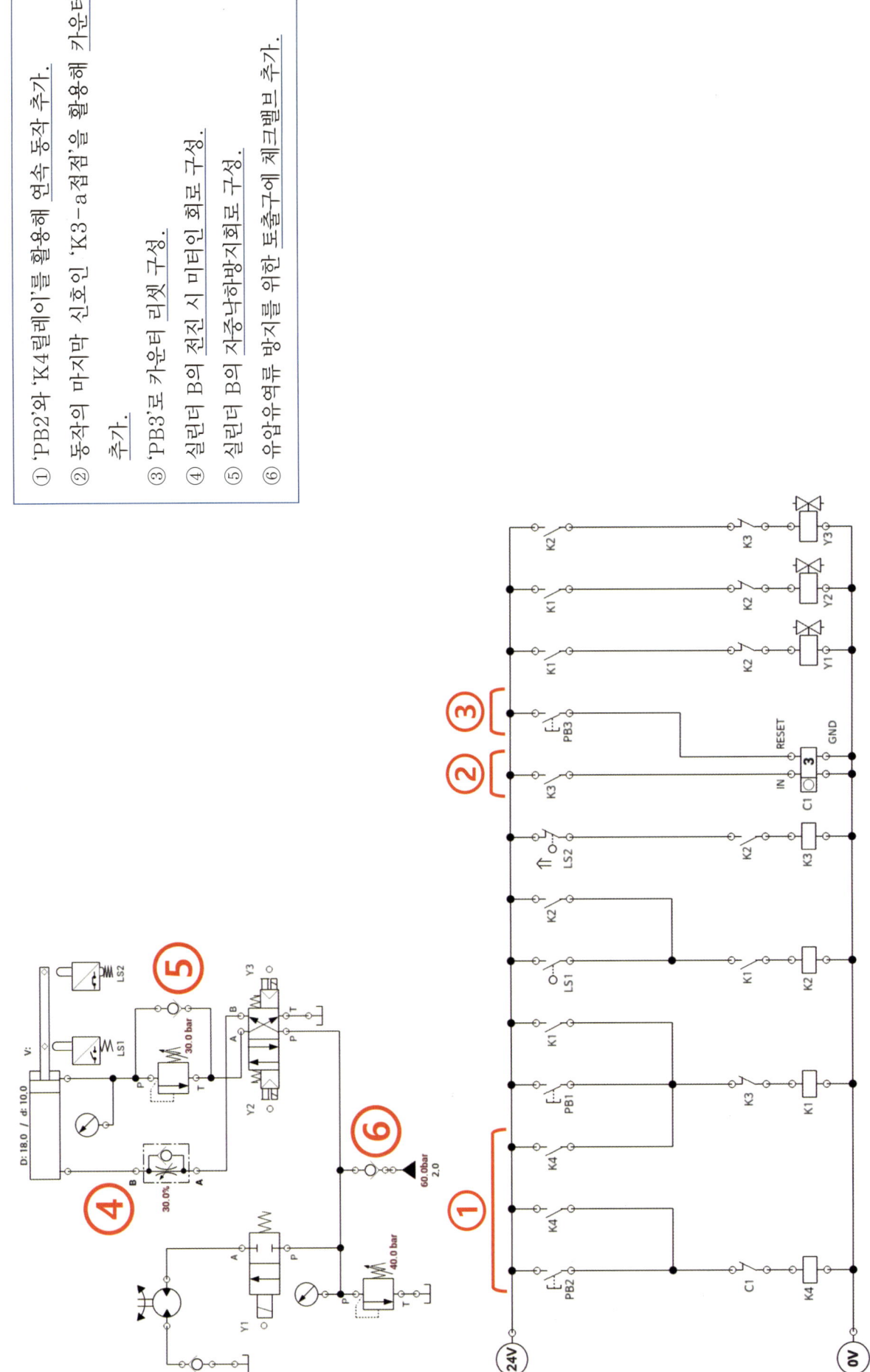

응용 5번 기본동작

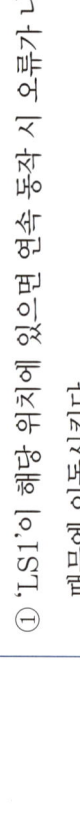

① 'LS1'이 해당 위치에 있으면 연속 동작 시 오류가 나기 때문에 이동시킨다.
② 'LS3'가 눌러지고 다음 동작이 이루어져야 하기 때문에 'LS3-a접점'으로 수정.
③ 공정 완료 후 초기화를 위해 'K1-b접점' 추가.
④ 'K4 릴레이'에 의해 실린더A가 후진을 해야 하기에 'K4-a접점'으로 수정.

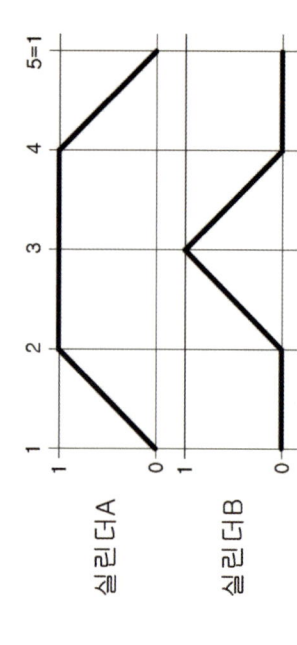

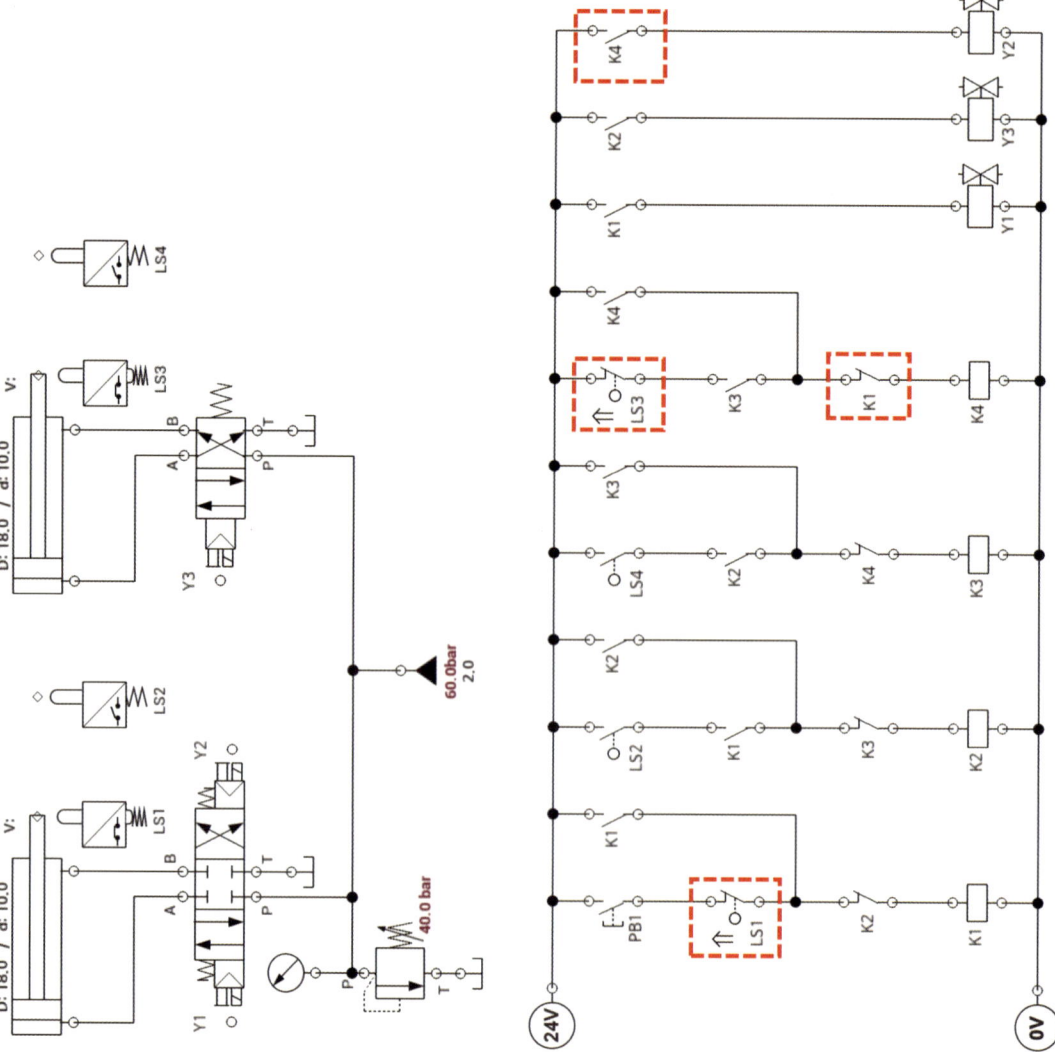

유압 5번 유지보수

① 'PB2'와 'K5릴레이'를 활용해 연속 동작 추가.
② '유지형 스위치'와 'K6릴레이', '램프'를 활용해 비상정지 추가.
③ 비상정지 OFF 시 실린더 강제 후진(초기화).
④ 'LS4' 제거 후 압력 스위치 설치.
⑤ 실린더 A, B 전진 시 미터인구성.

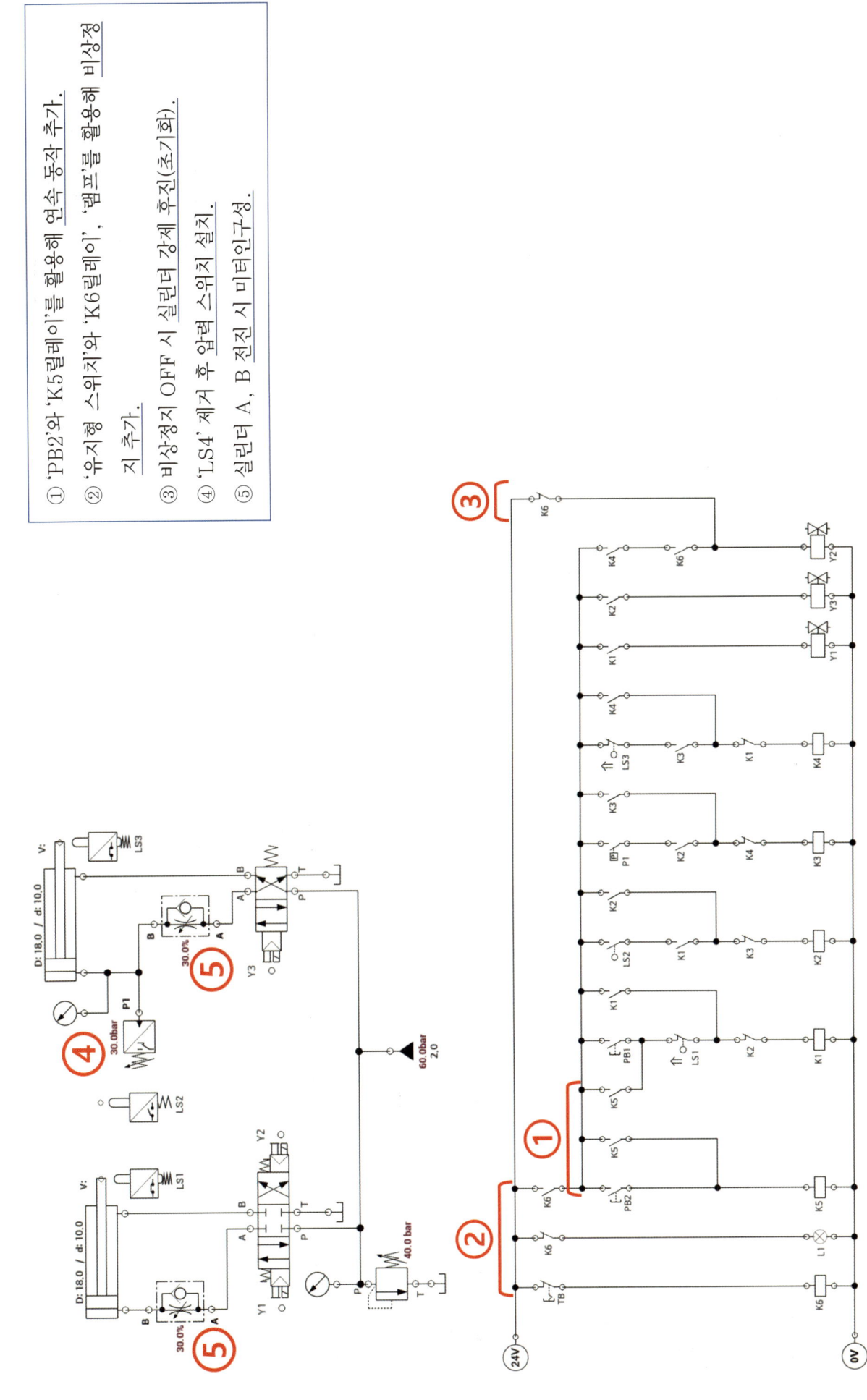

유압 6번 기본동작

① 실린더 B와 연결된 방향 제어 밸브는 양솔이다. 따라서 이중코일 에러를 방지하기 위해, 출력부에 'K3-b 접점'을 넣어 준다.

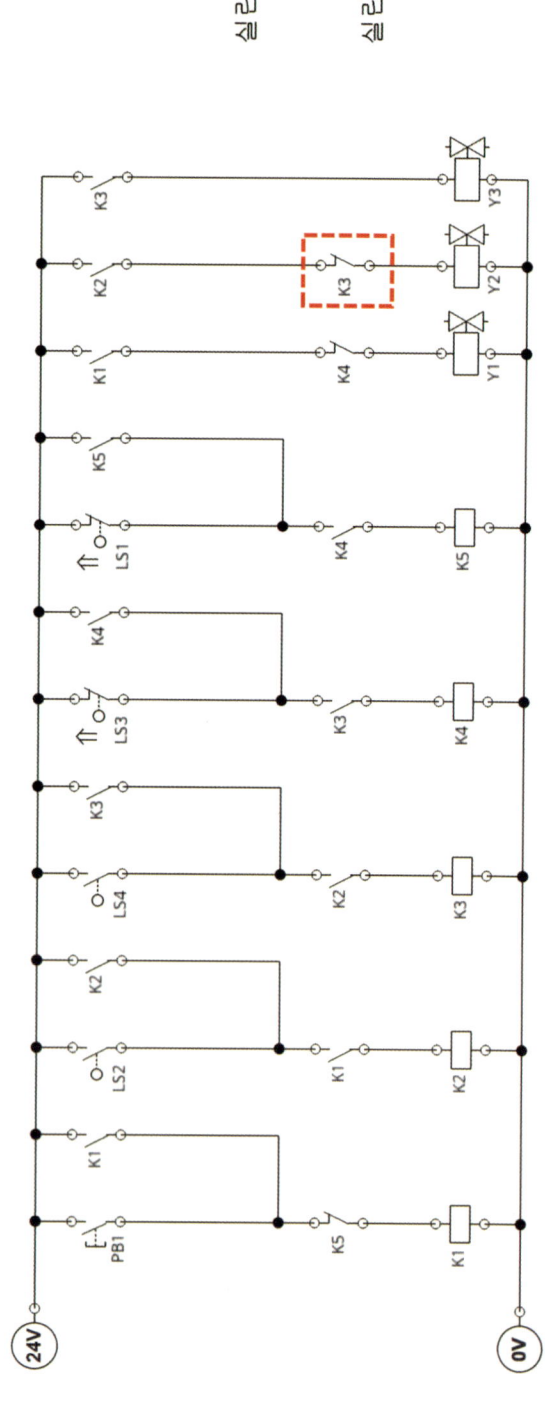
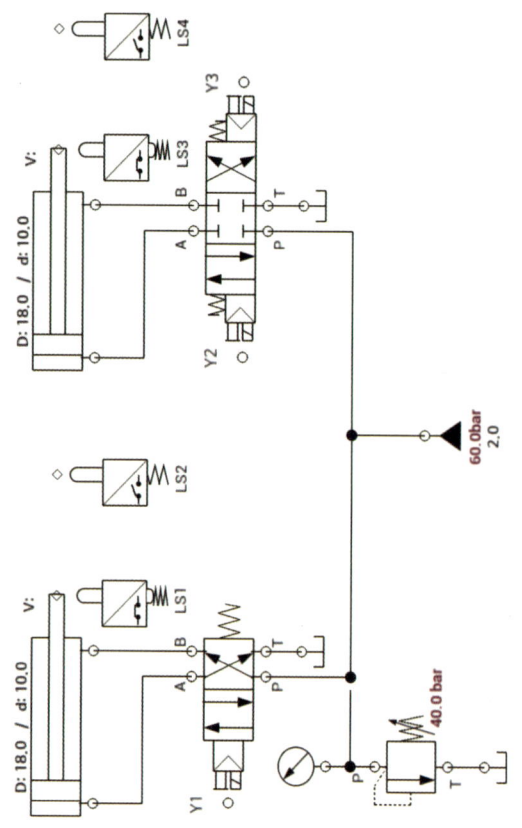
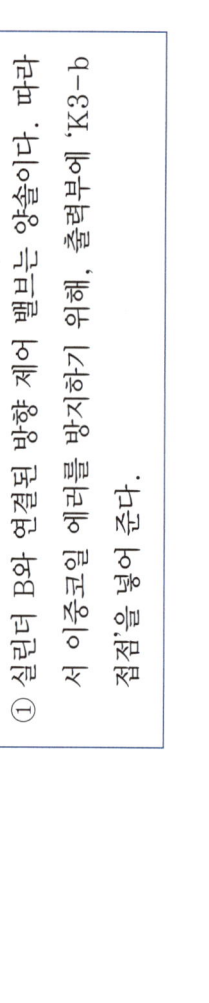

유압 6번 유지보수

① 'PB2'와 'K6릴레이'를 활용해 연속 동작 추가.
② '유지형 스위치'와 'K7릴레이', '램프'를 활용해 비상정지 추가.
③ 비상장치 OFF 시 실린더 강제 후진(초기화).
④ 실린더 B의 방향 제어 밸브 ABT접속형으로 교체.
⑤ 실린더 B 로드측에 로킹회로 구성.
⑥ 실린더 A 전·후진 속도 제어를 위한 양방향 유량 조절 밸브 설치.

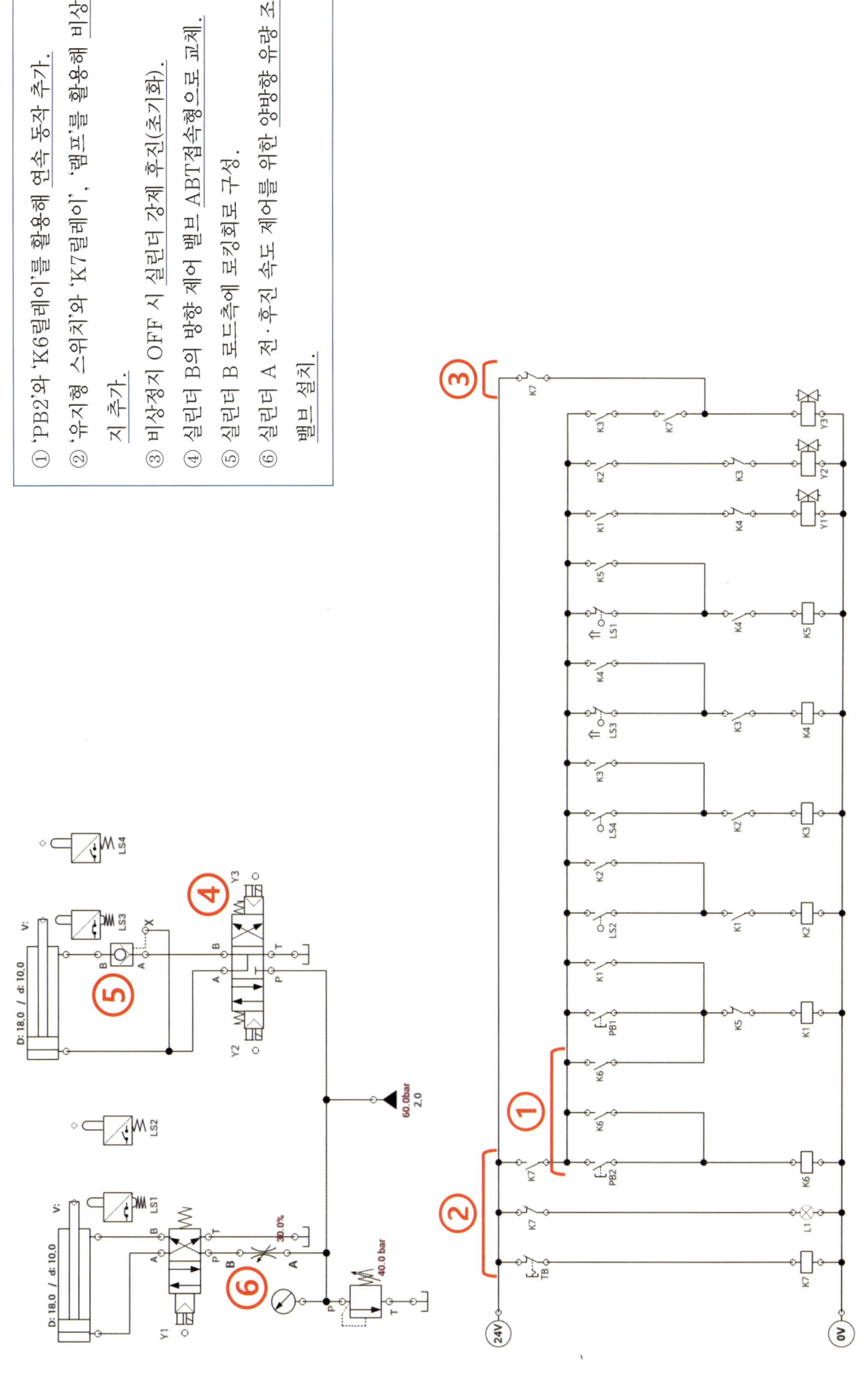

유압 7편 기본동작

① 두 번째 스텝이 동작하기 위해서 'K2-a접점' 대신에 'K1-a접점'으로 수정한다.

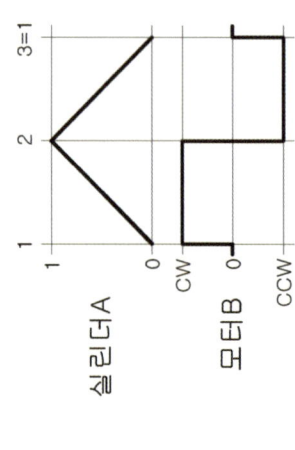

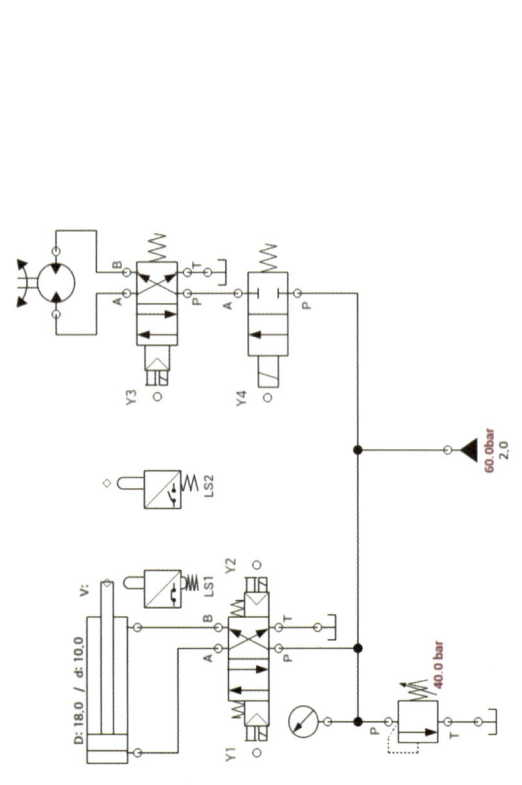

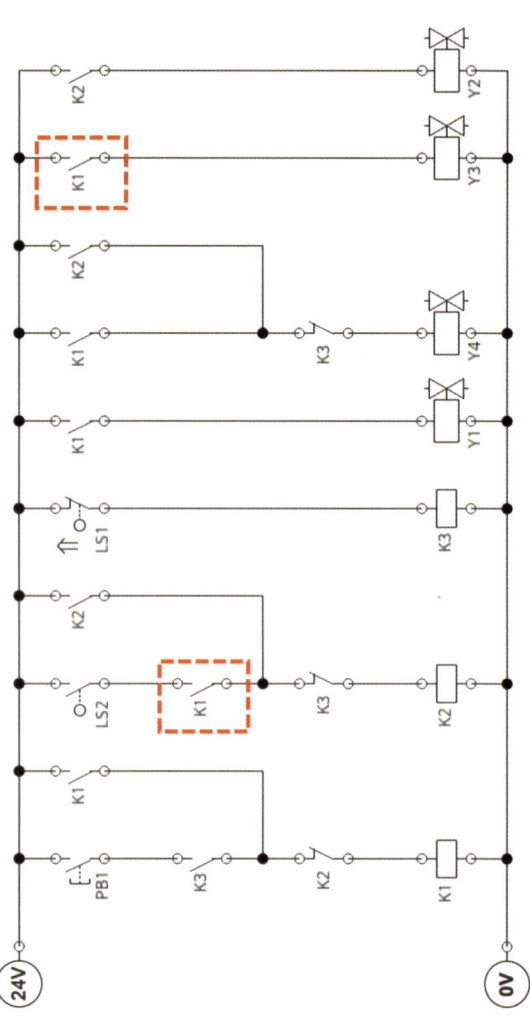

유압 7번 유지보수

① 'PB2'와 'K4릴레이'를 활용해 연속 동작 추가.
② '유지형 스위치'와 'K5릴레이', '램프'를 활용해 비상정지 추가.
③ 비상장치 OFF 시 실린더 강제 후진(초기화).
④ 실린더 A의 방향 제어 밸브 ABT접속형으로 교체.
⑤ 실린더 A 로드측에 로킹회로 구성.
⑥ 유압유역류 방지를 위한 토출구에 체크밸브 추가.

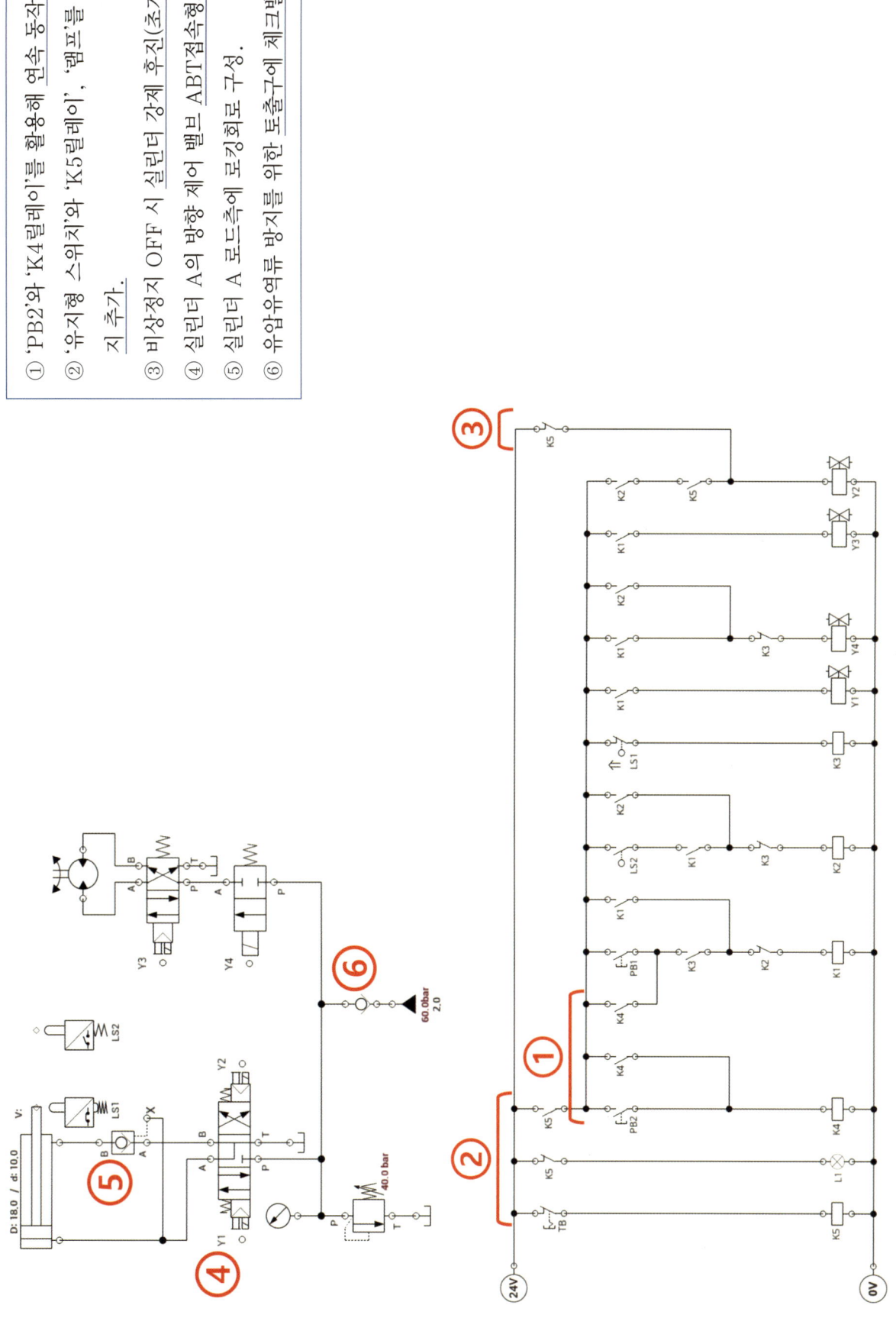

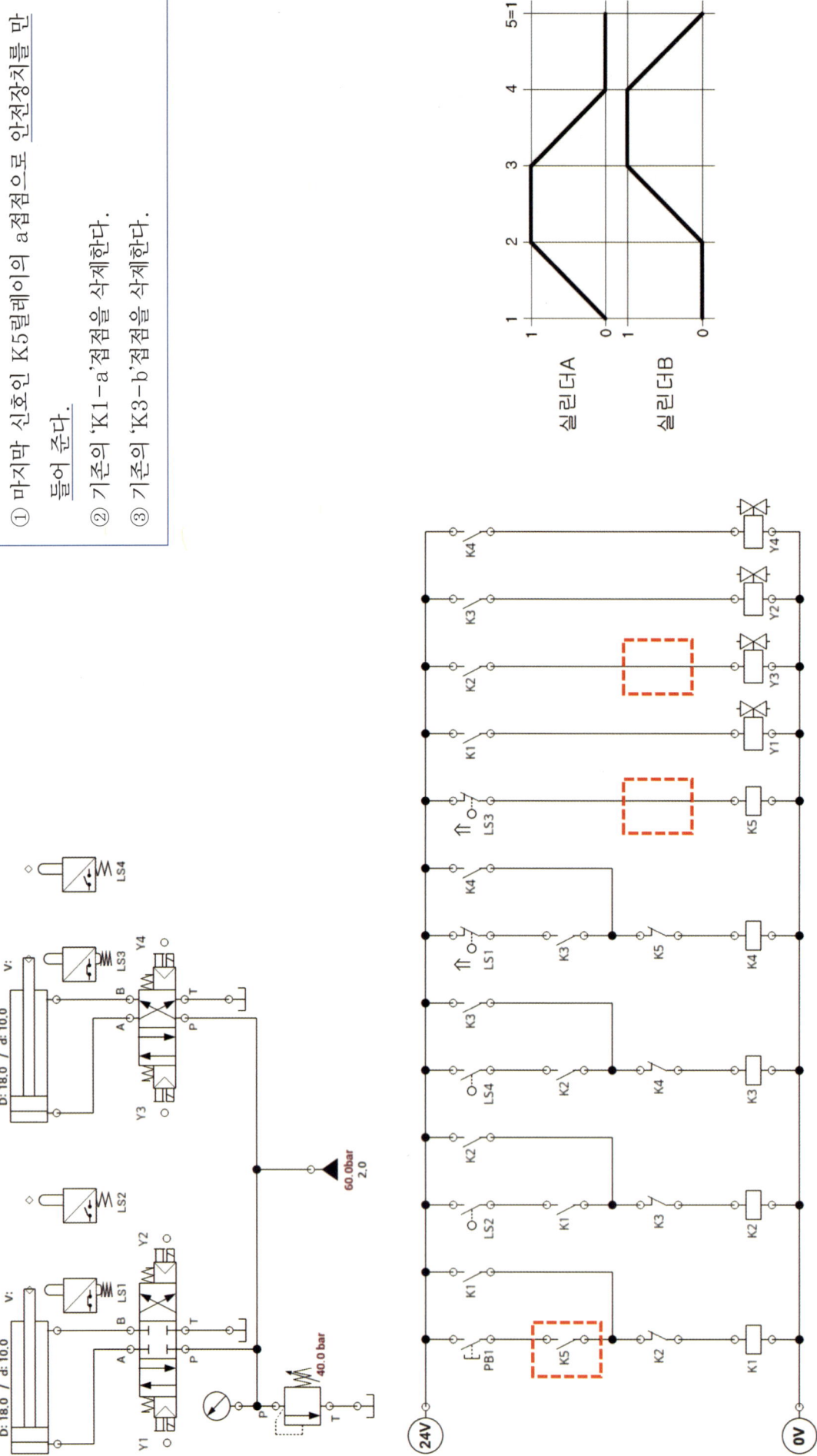

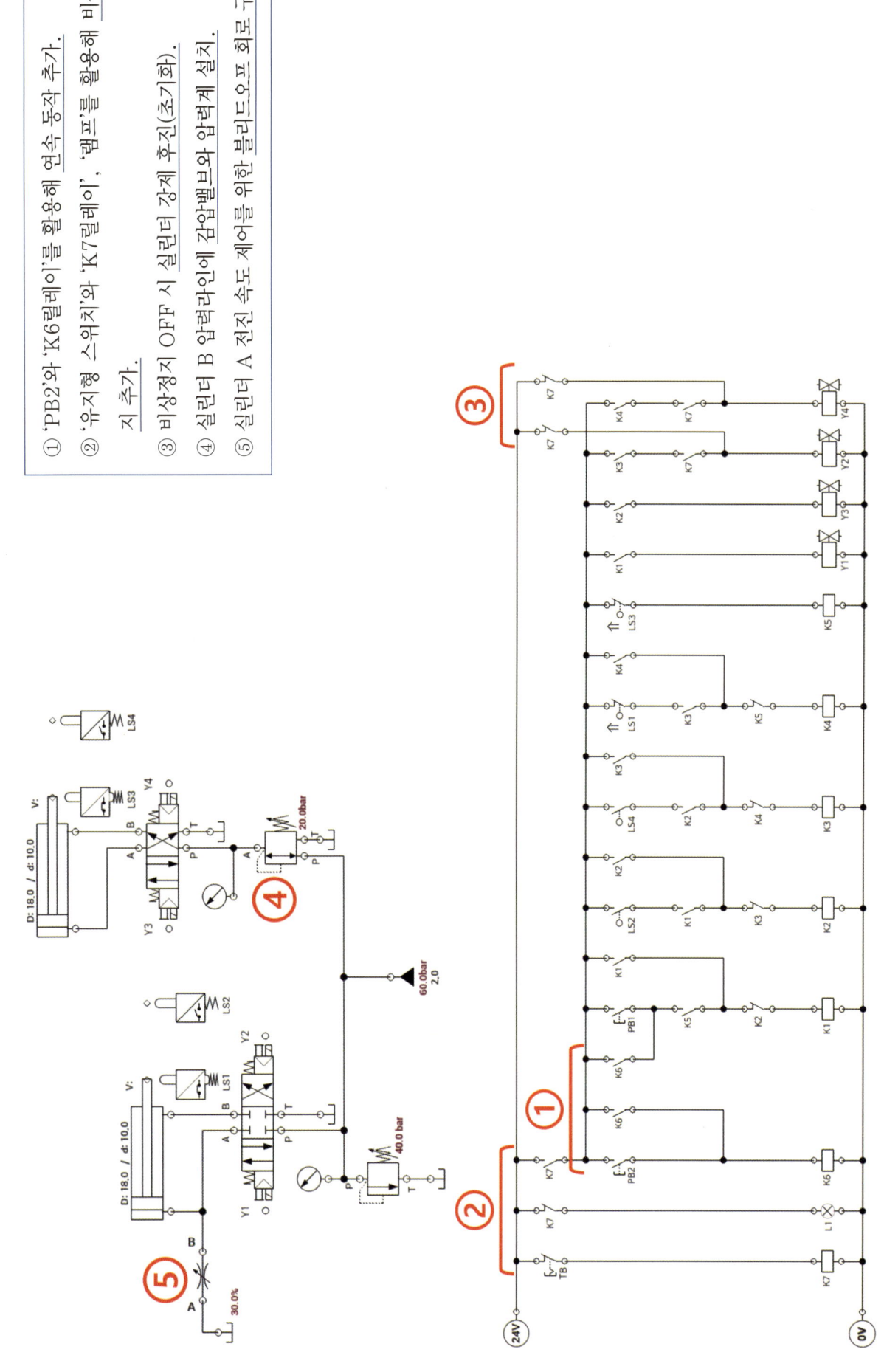

제7장

설비보전산업기사 공개문제 풀이

허책임의 ___2026___
설비보전 바이블

제1절 산업기사 공기압시스템 풀이

이후 문제 풀이 내용은, 책 속의 글과 사진만으로는 모든 내용을 충분히 전달하기 어렵기 때문에, 보다 명확한 이해를 위해 아래에 안내된 유튜브 채널을 참고하여 학습하길 권한다.

 허책임의 책임 있는 강의

좋아요, 댓글, 구독, 알림 설정은 합격으로 가는 지름길이다.

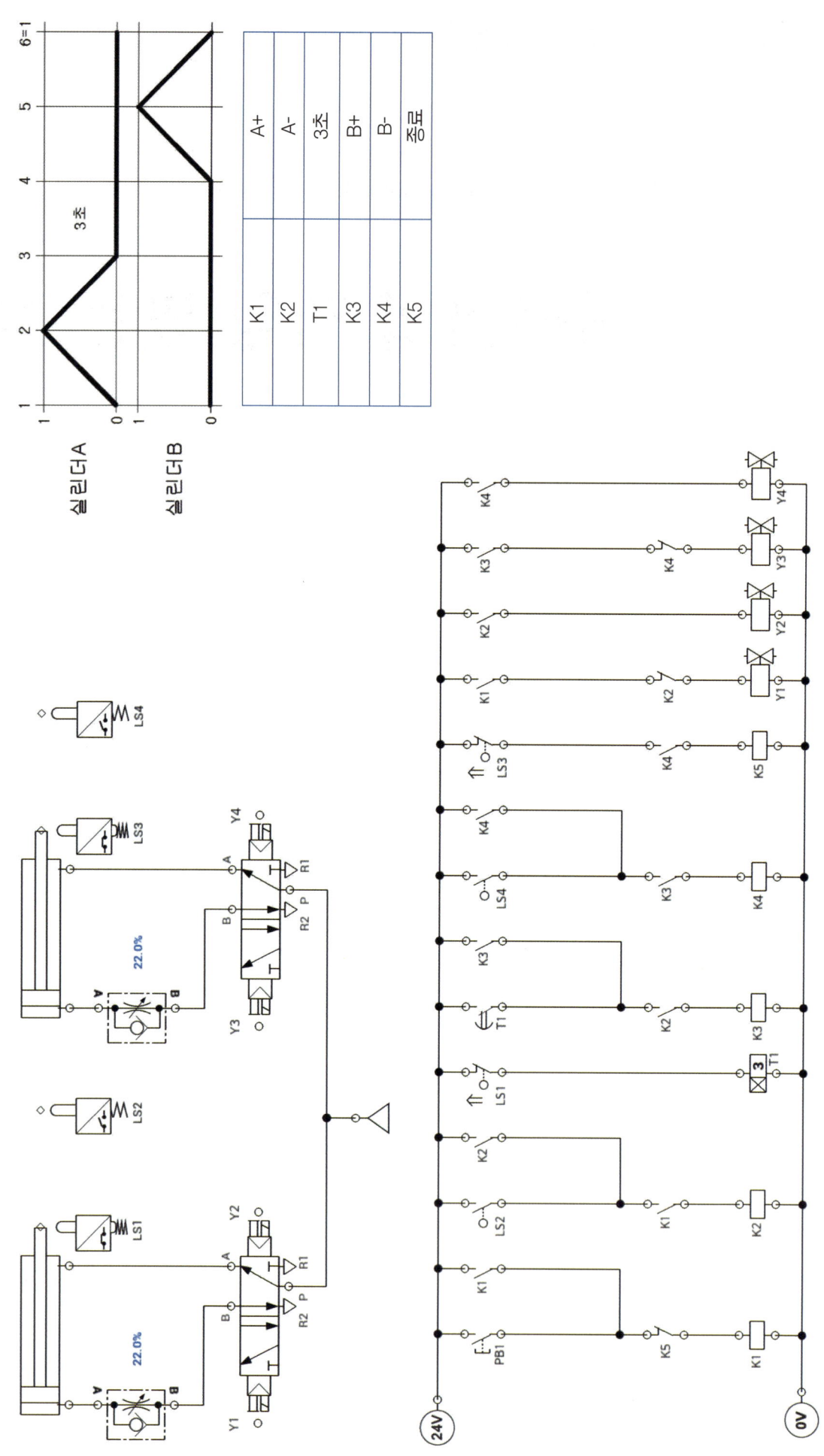

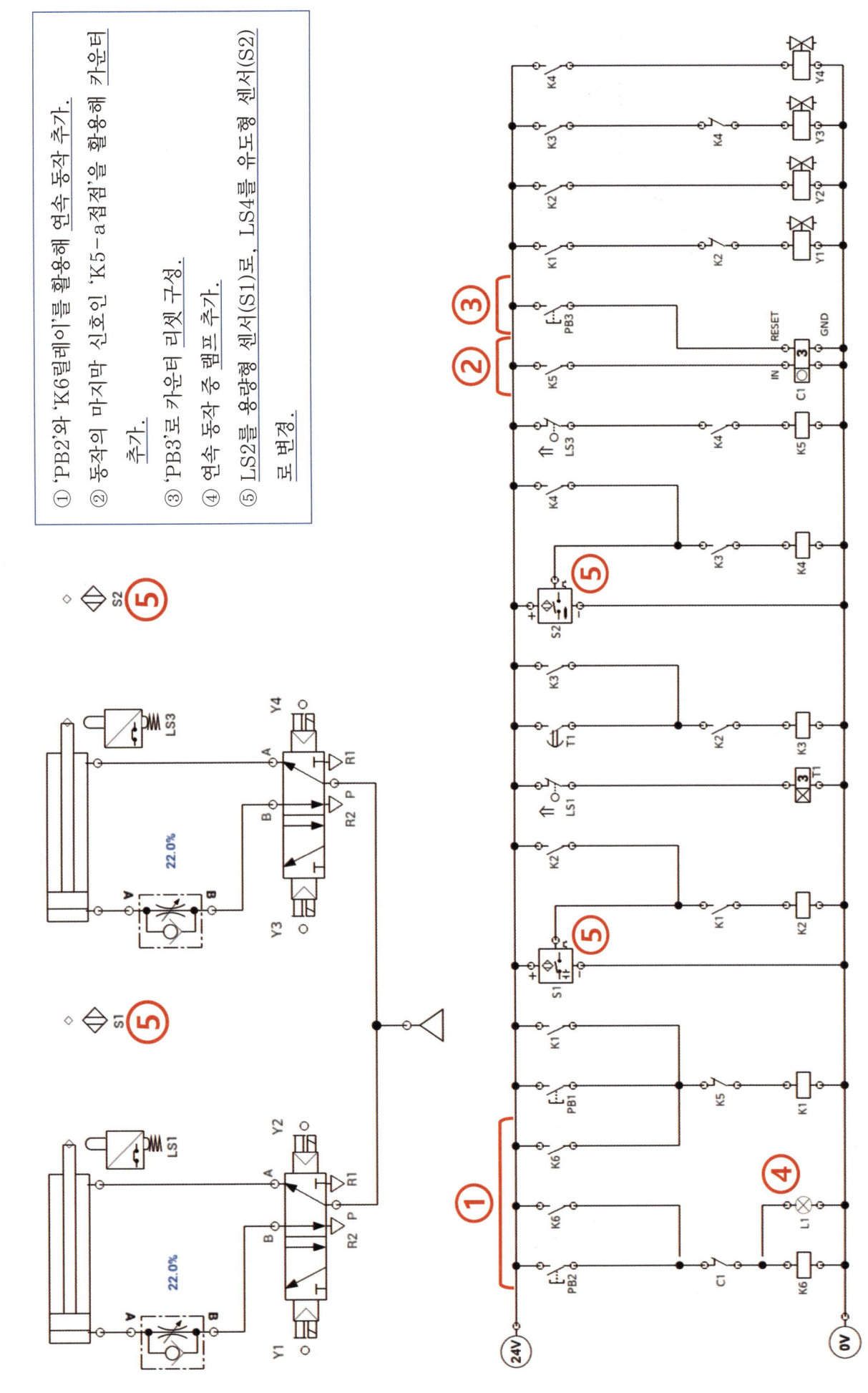

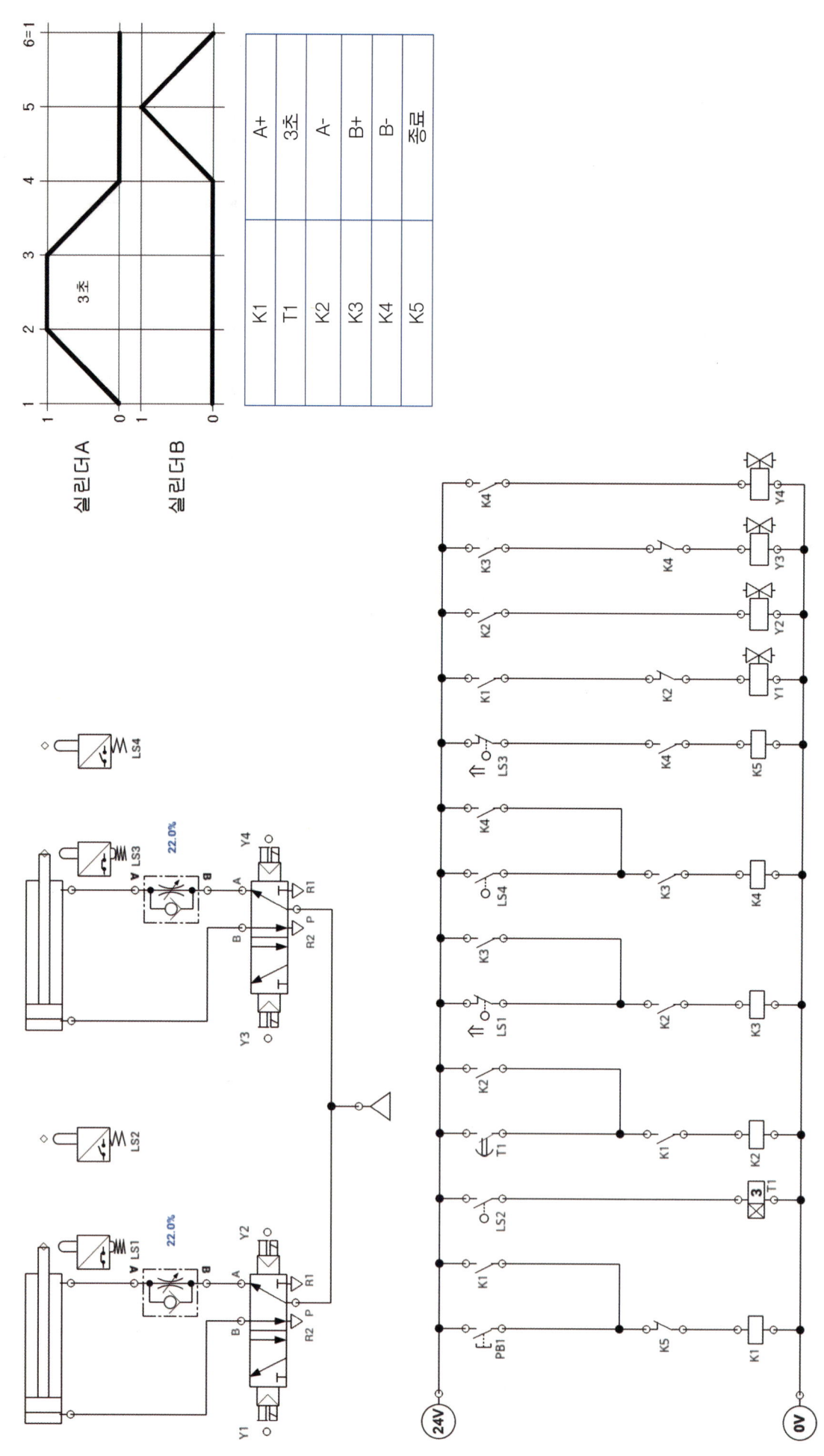

공압 2번 유지보수

① 'PB2'와 'K6릴레이'를 활용해 연속 동작 추가.
② 동작의 마지막 신호인 'K5-a접점'을 활용해 카운터 추가.
③ 'PB3'로 카운터 리셋 구성.
④ 연속 동작 중 램프 추가.
⑤ LS2를 용량형 센서(S1)로, LS4를 유도형 센서(S2)로 변경.

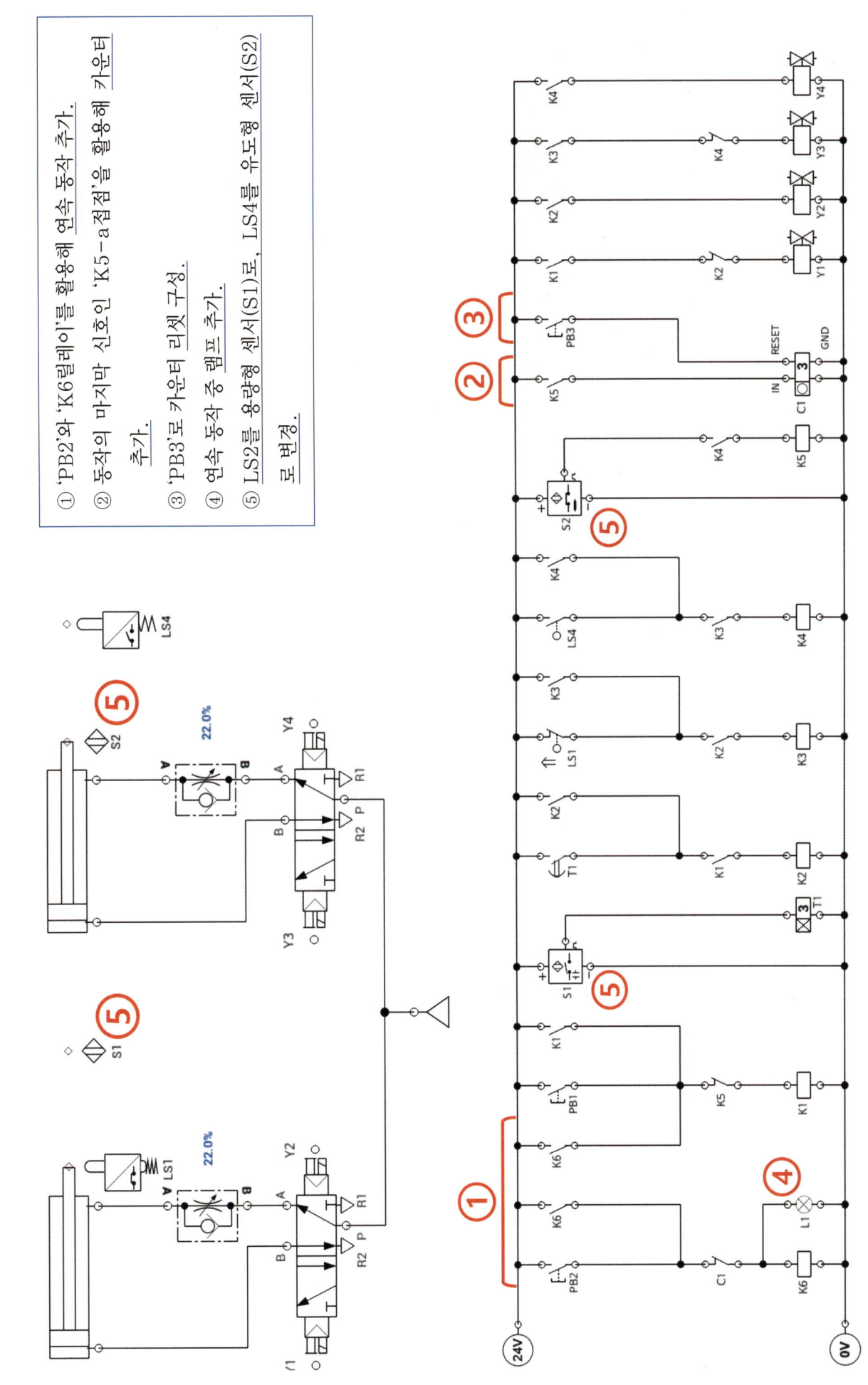

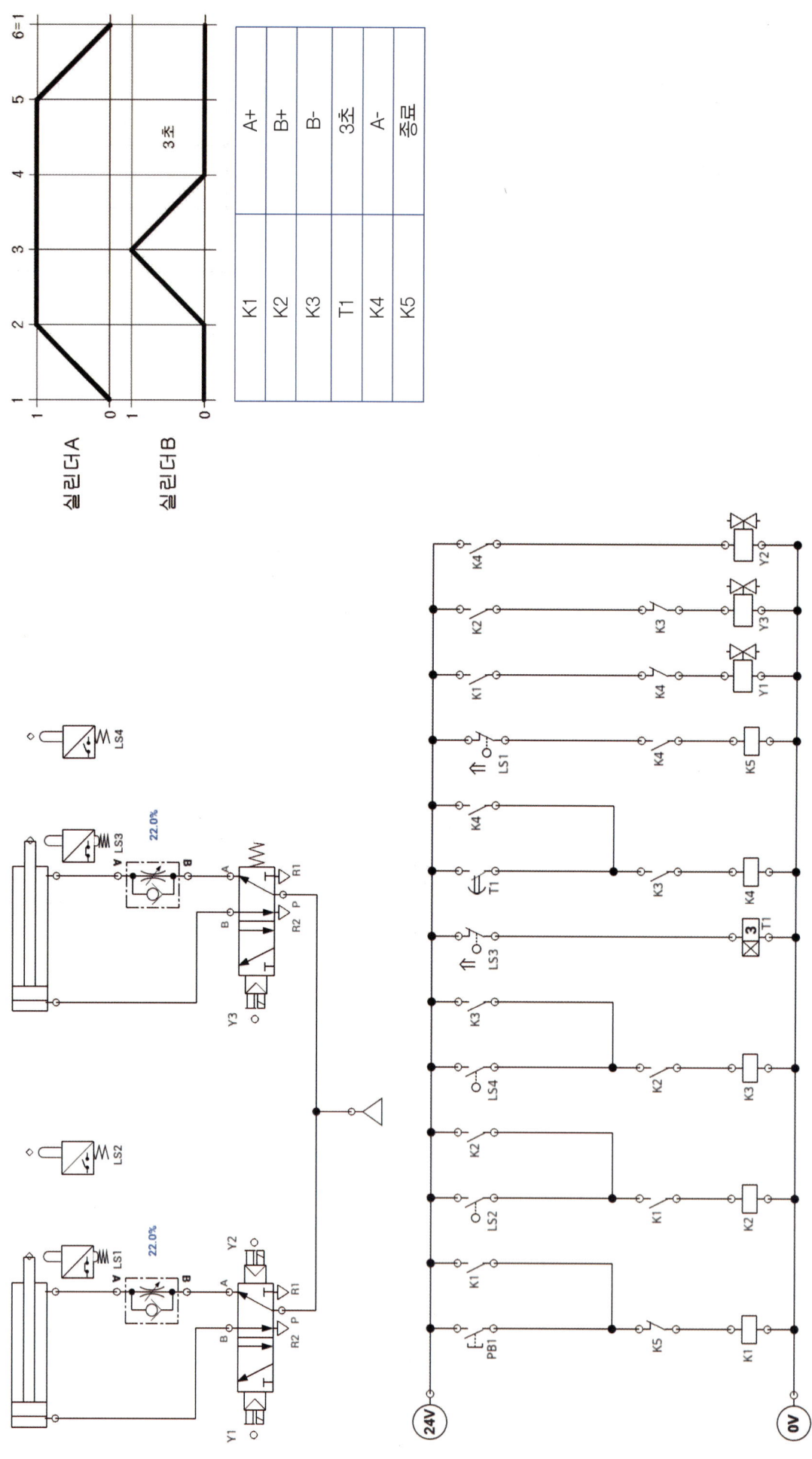

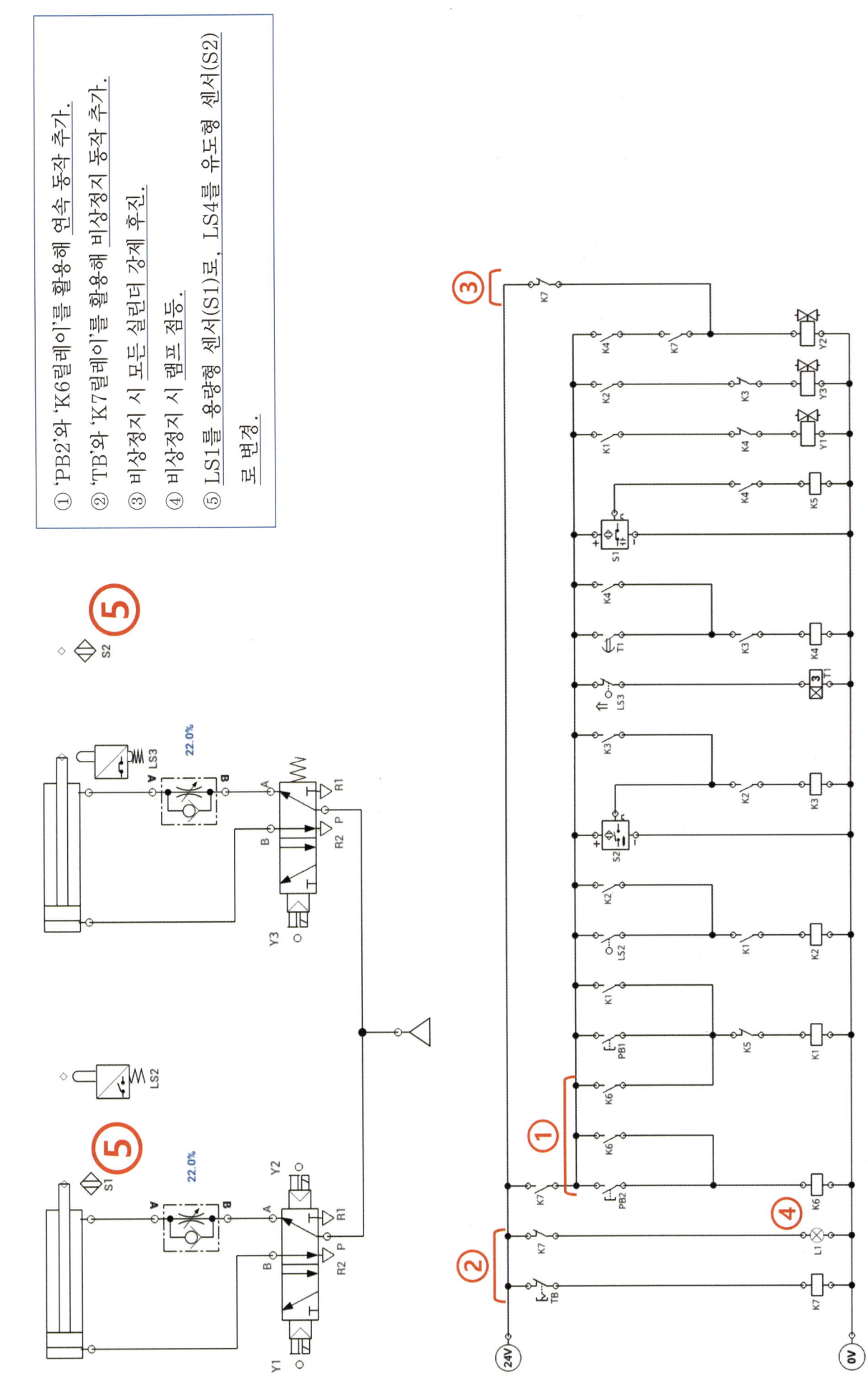

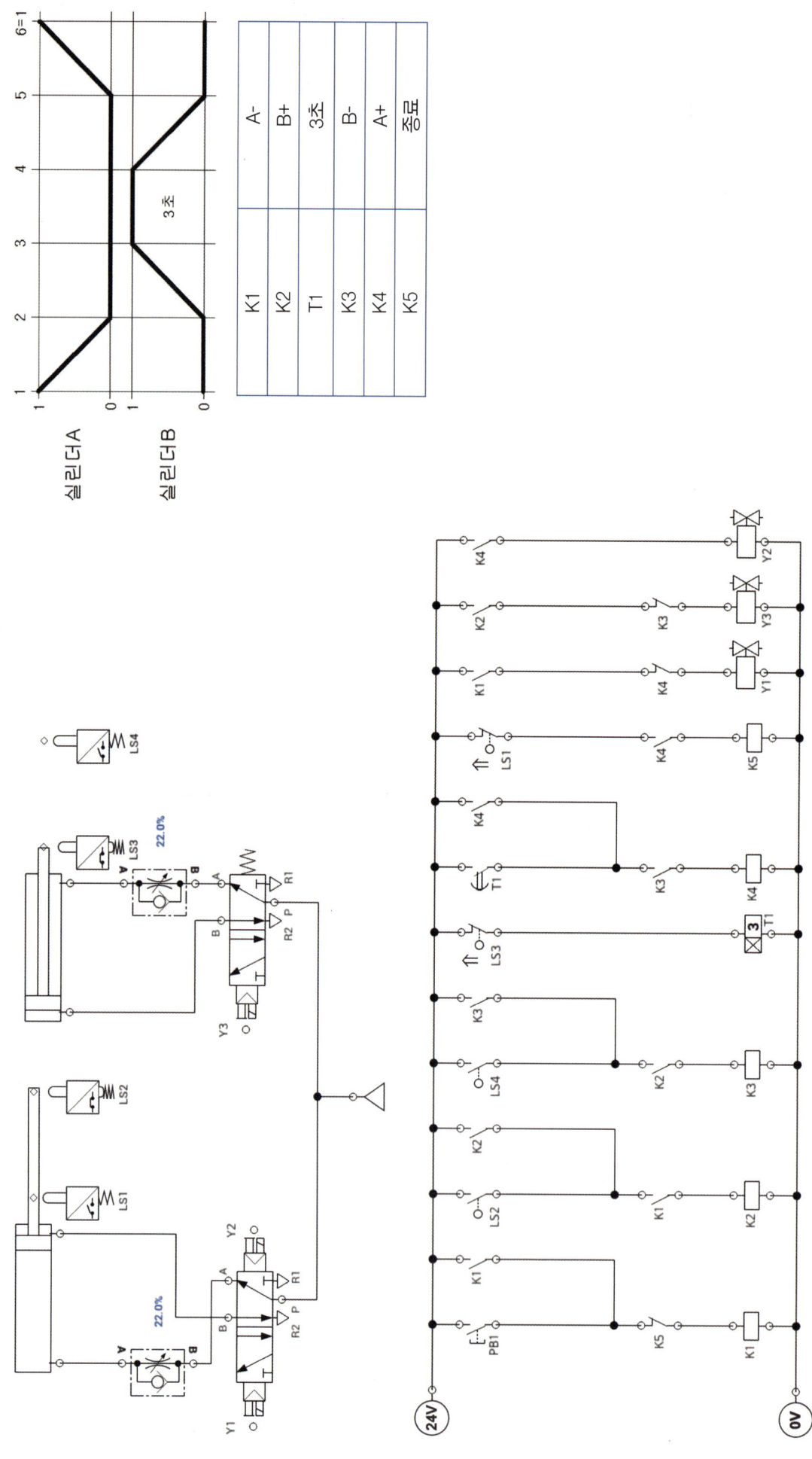

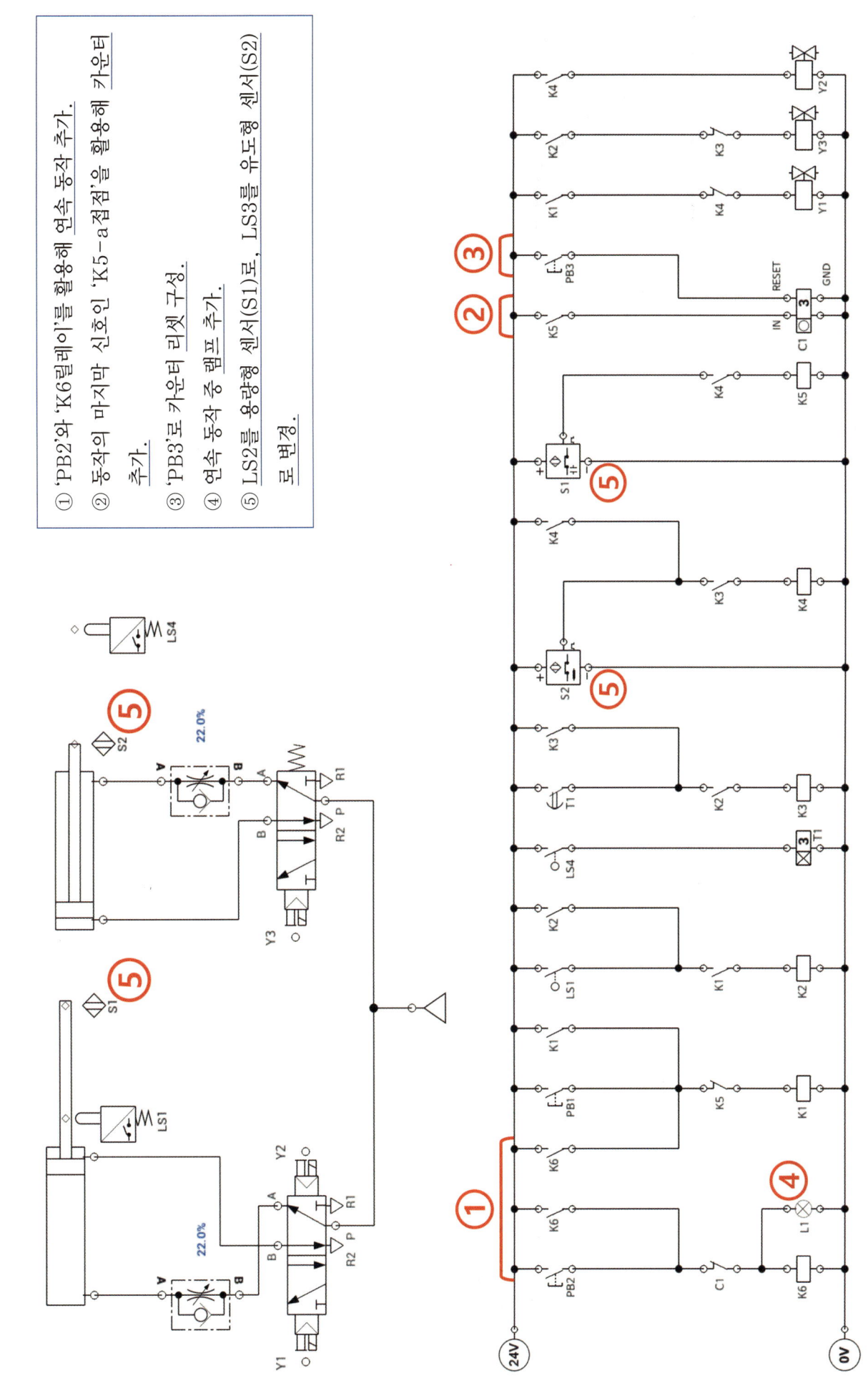

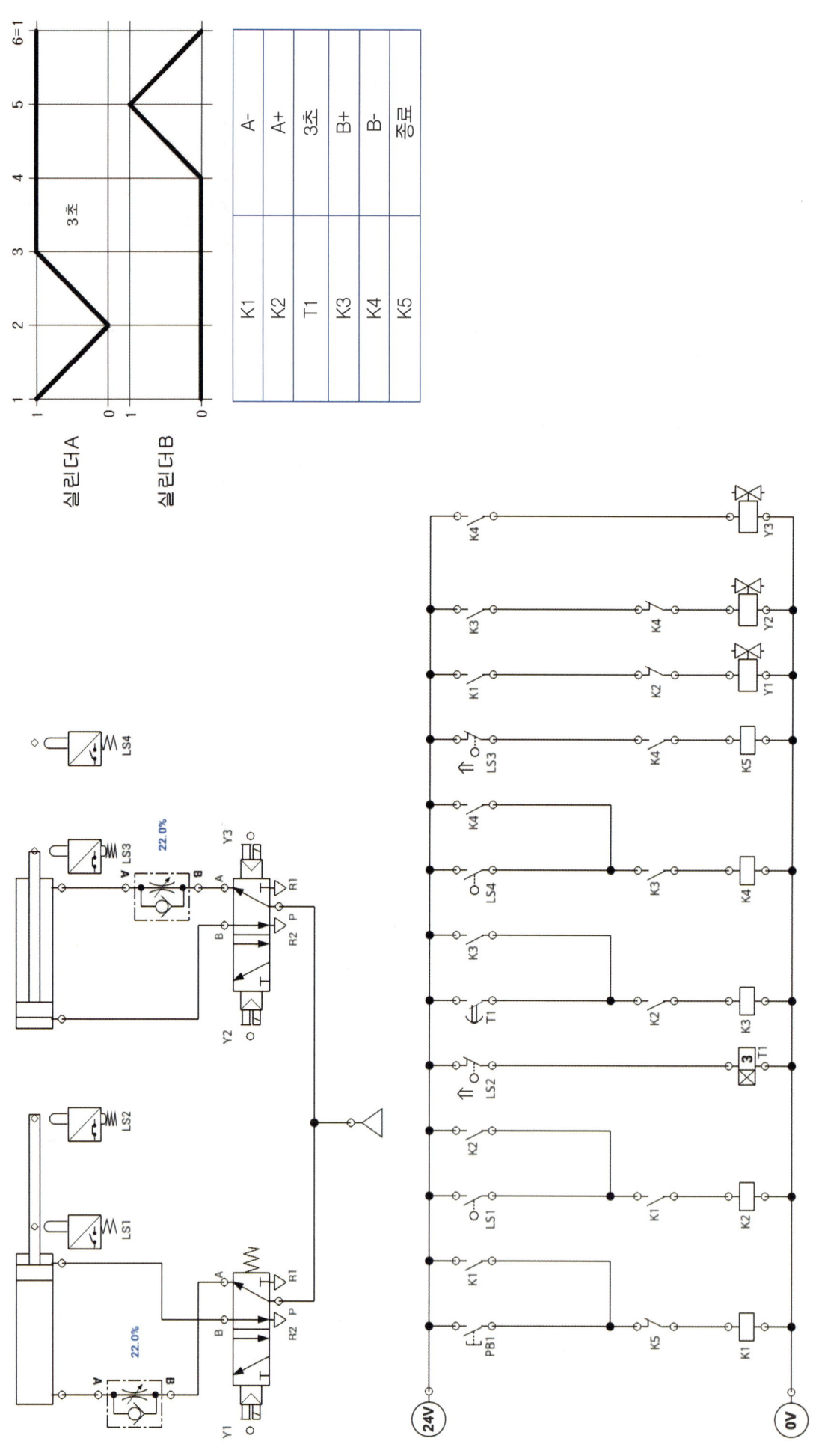

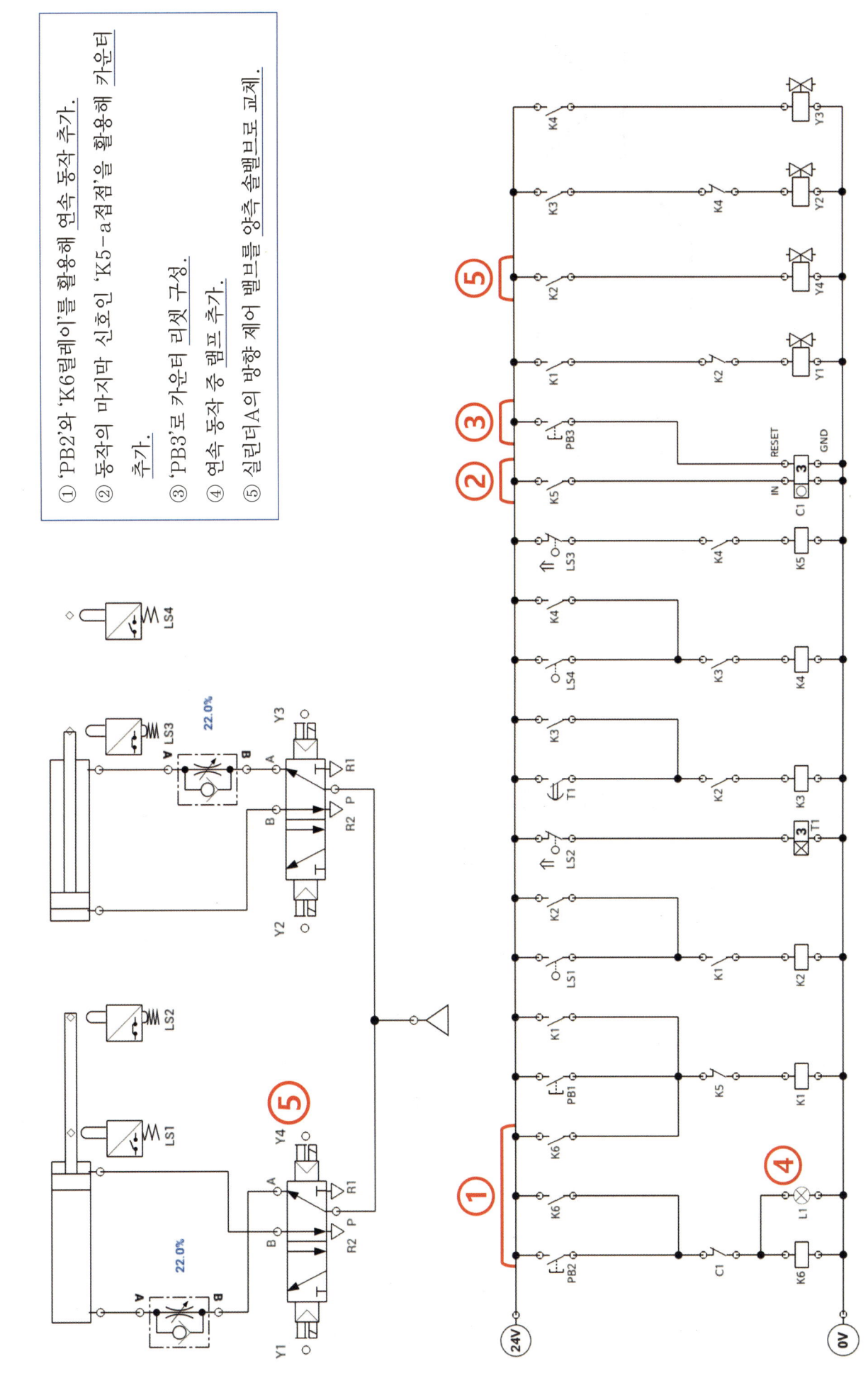

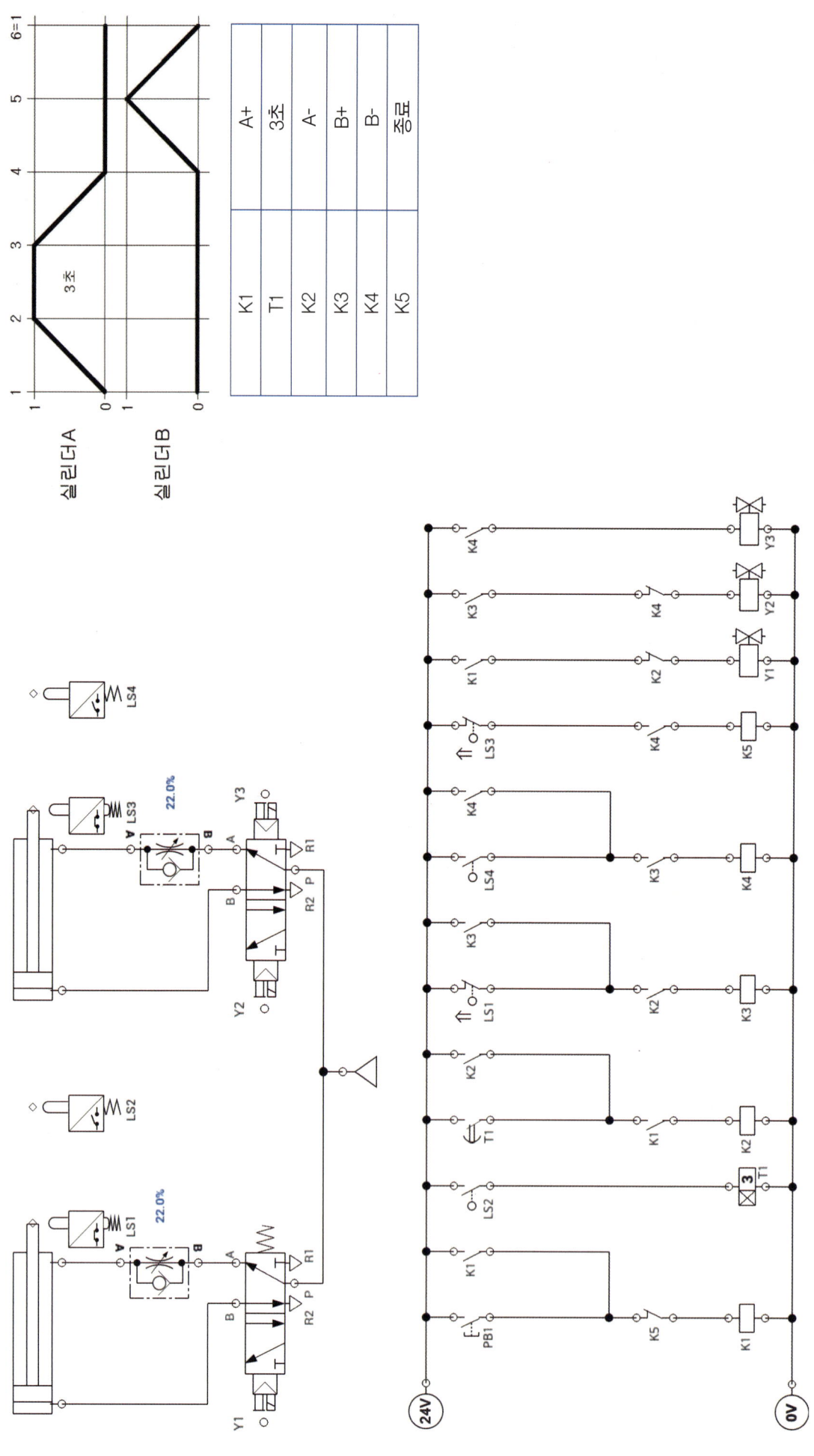

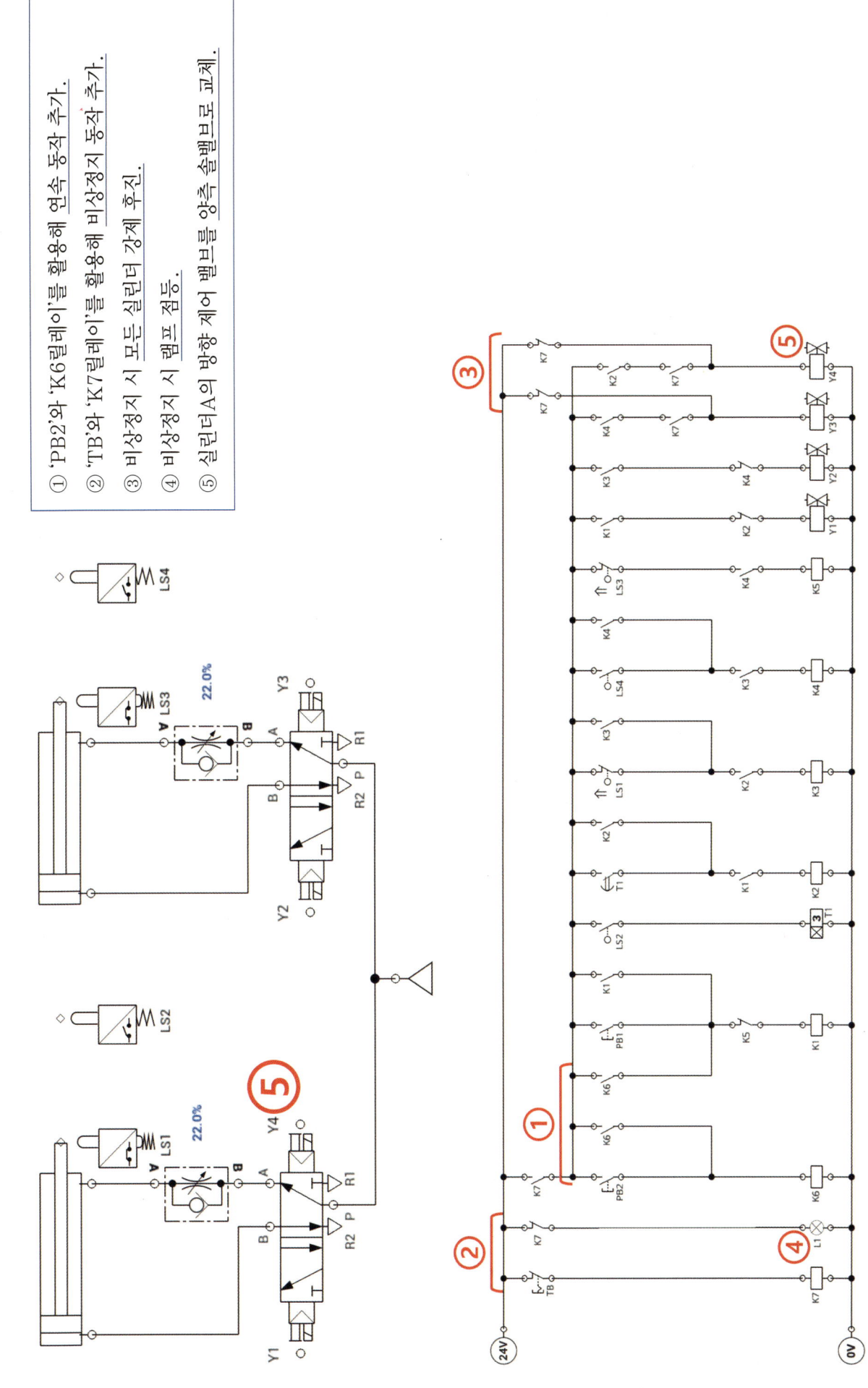

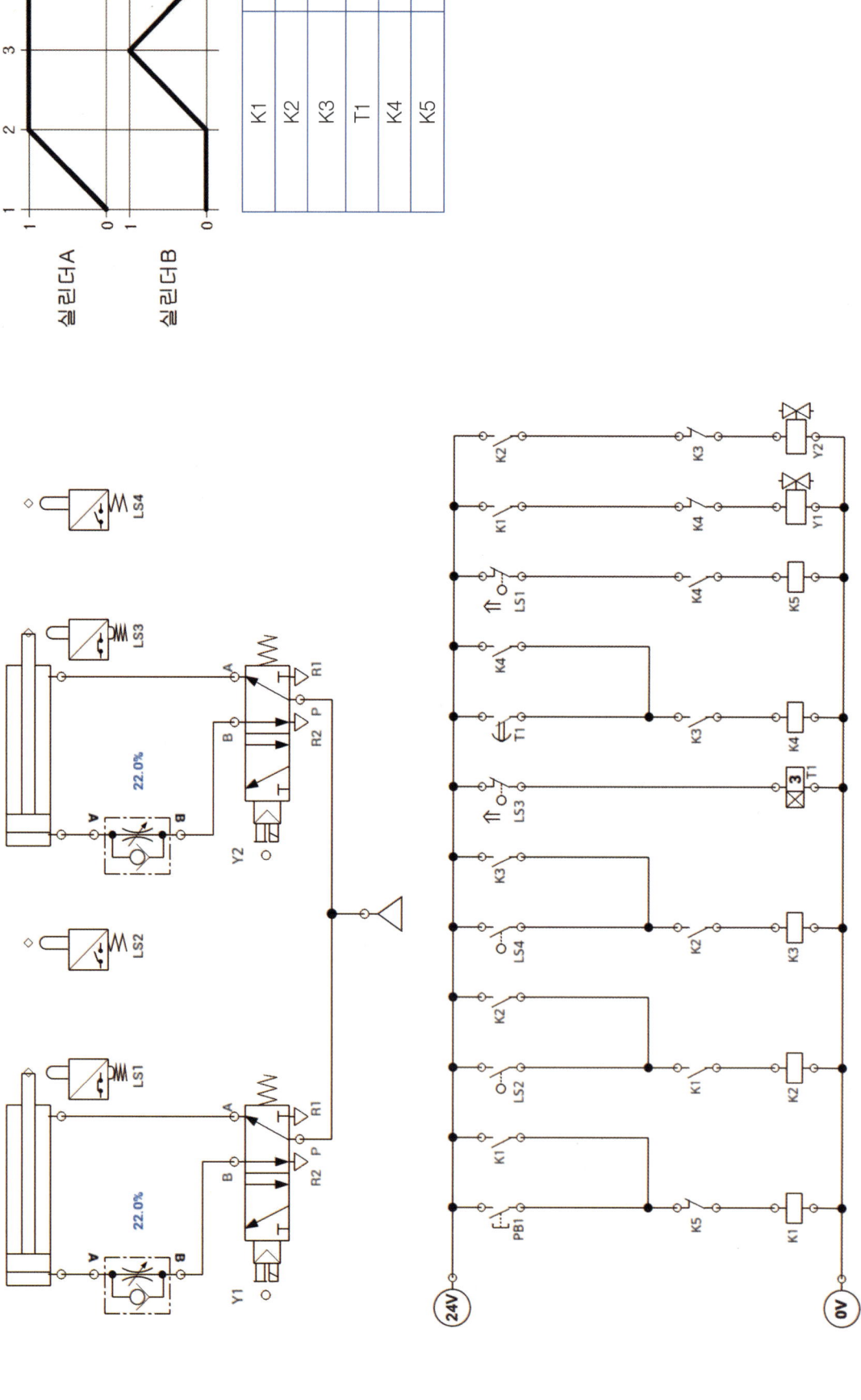

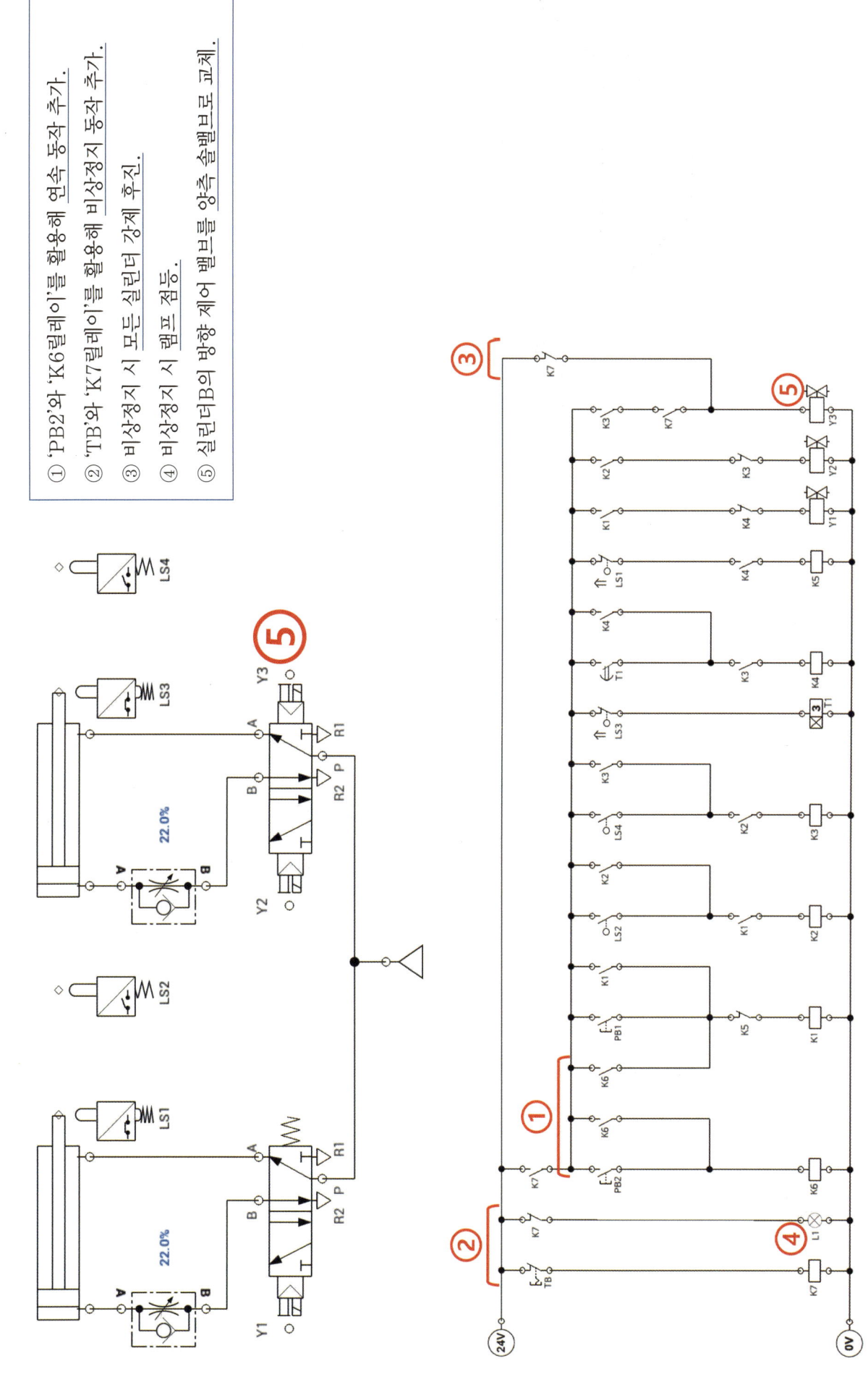

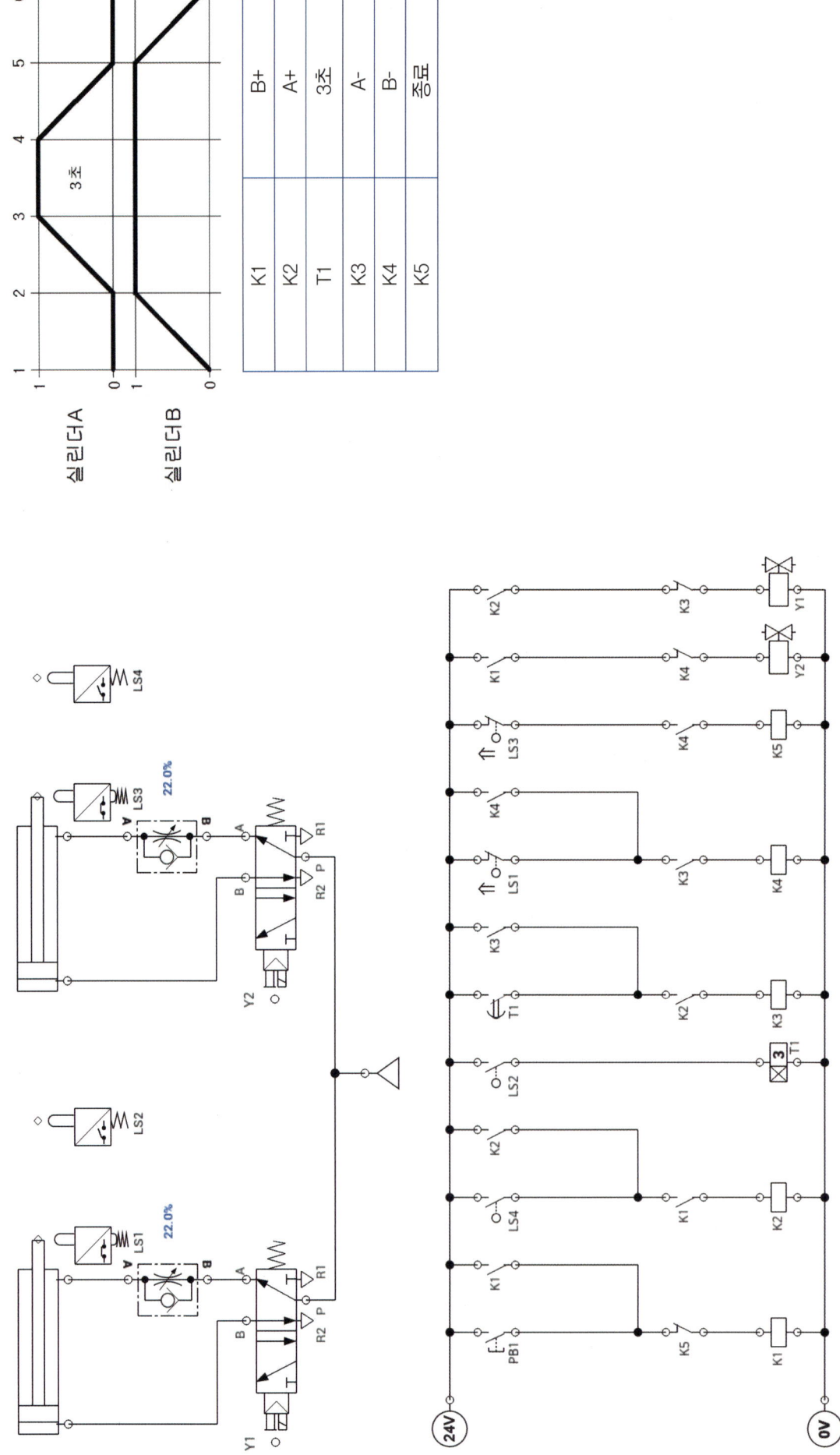

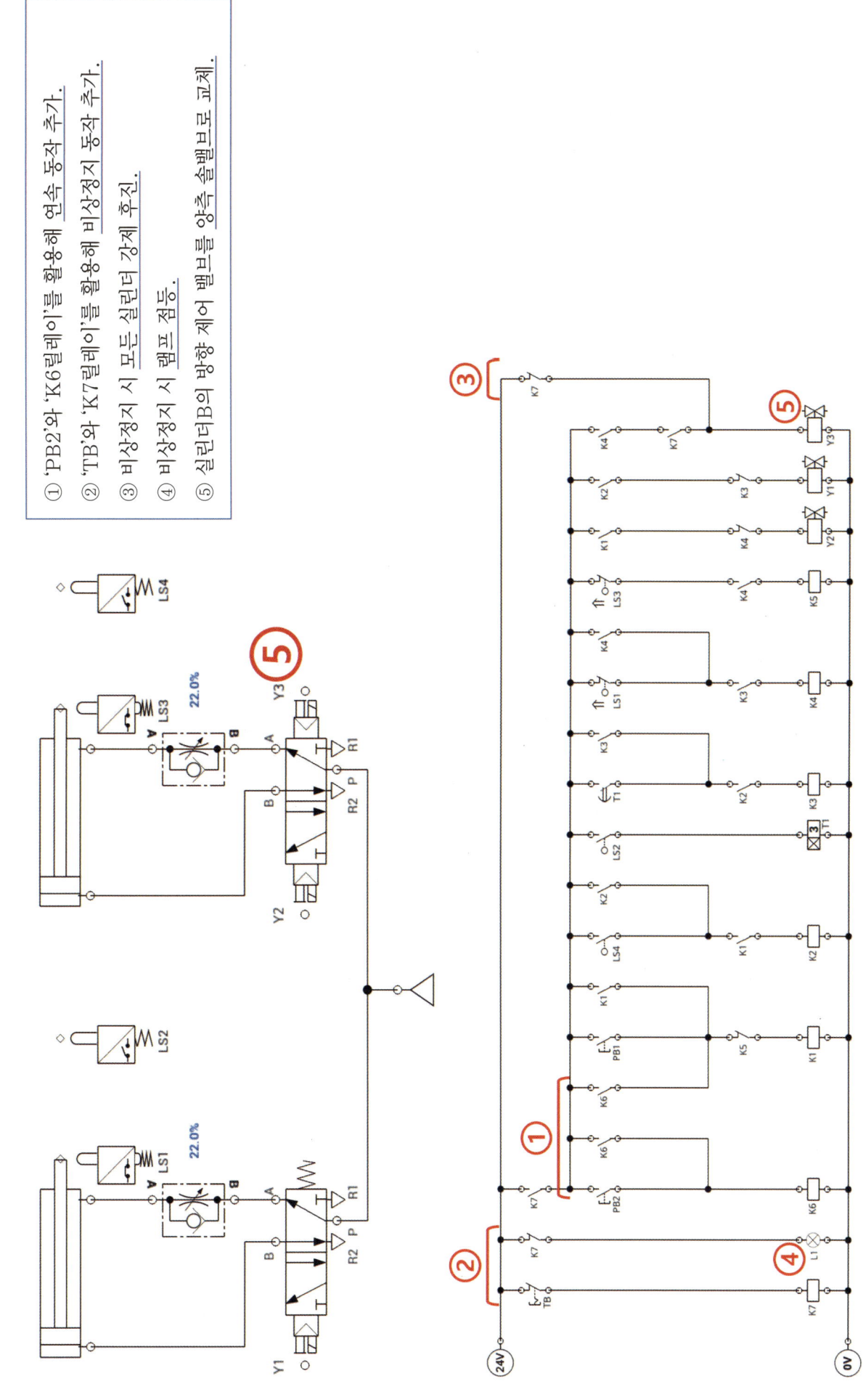

허책임의 2026
설비보전 바이블

제2절　산업기사 유압시스템 풀이

이후 문제 풀이 내용은, 책 속의 글과 사진만으로는 모든 내용을 충분히 전달하기 어렵기 때문에, 보다 명확한 이해를 위해 아래에 안내된 유튜브 채널을 참고하여 학습하길 권한다.

 허책임의 책임 있는 강의

좋아요, 댓글, 구독, 알림 설정은 합격으로 가는 지름길이다.

유압 1번 전기회로 작도

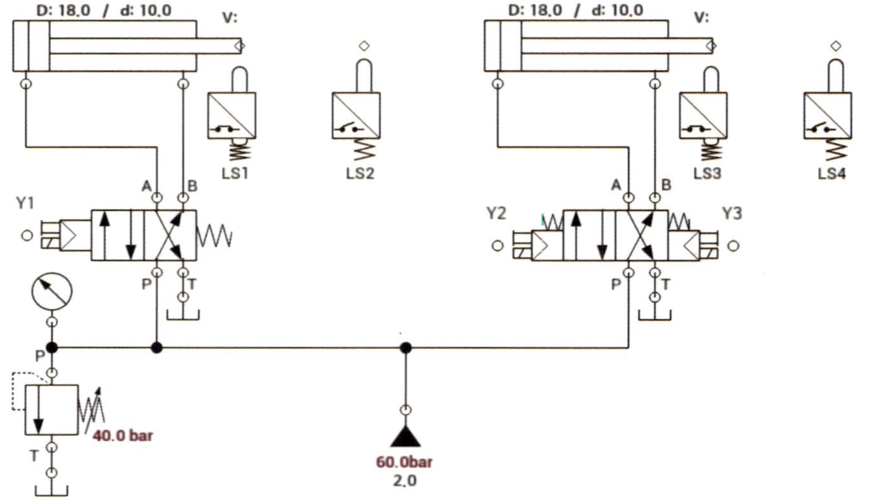

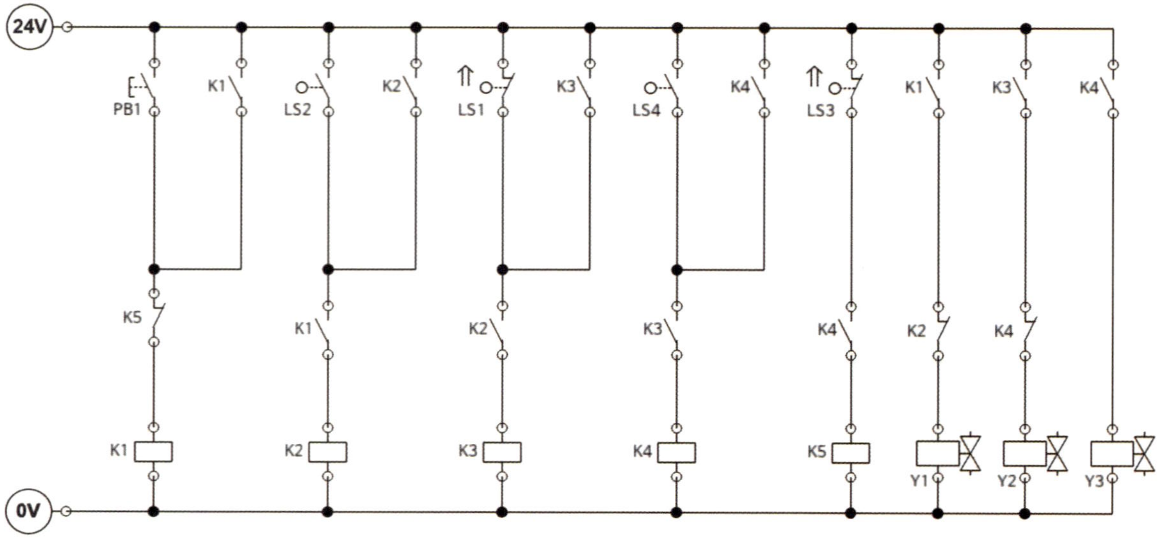

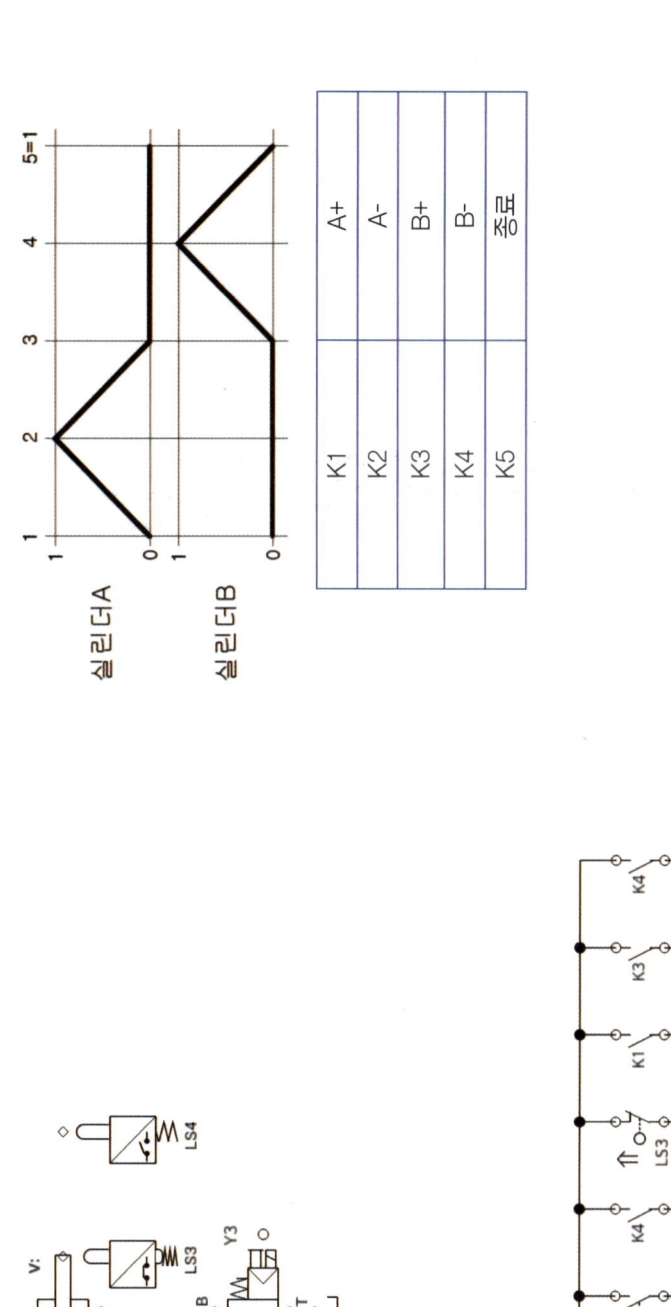

유압 1번 유지보수

① 실린더 A 전진 시 미터인 회로 구성.
② 실린더 A 자중낙하방지회로 구성.
③ 실린더 B 압력라인에 감압밸브 구성.
④ 역류방지를 위한 파워유닛의 토출구에 체크밸브 추가.

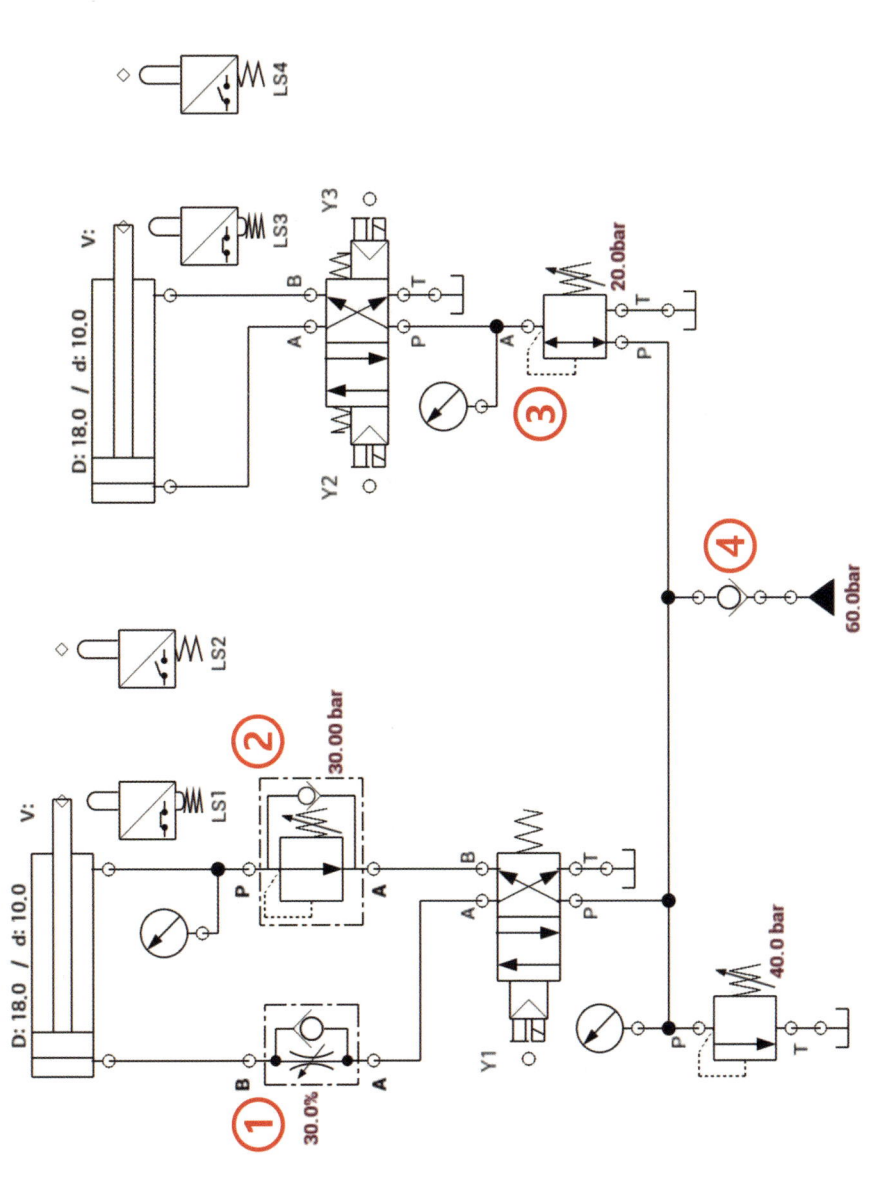

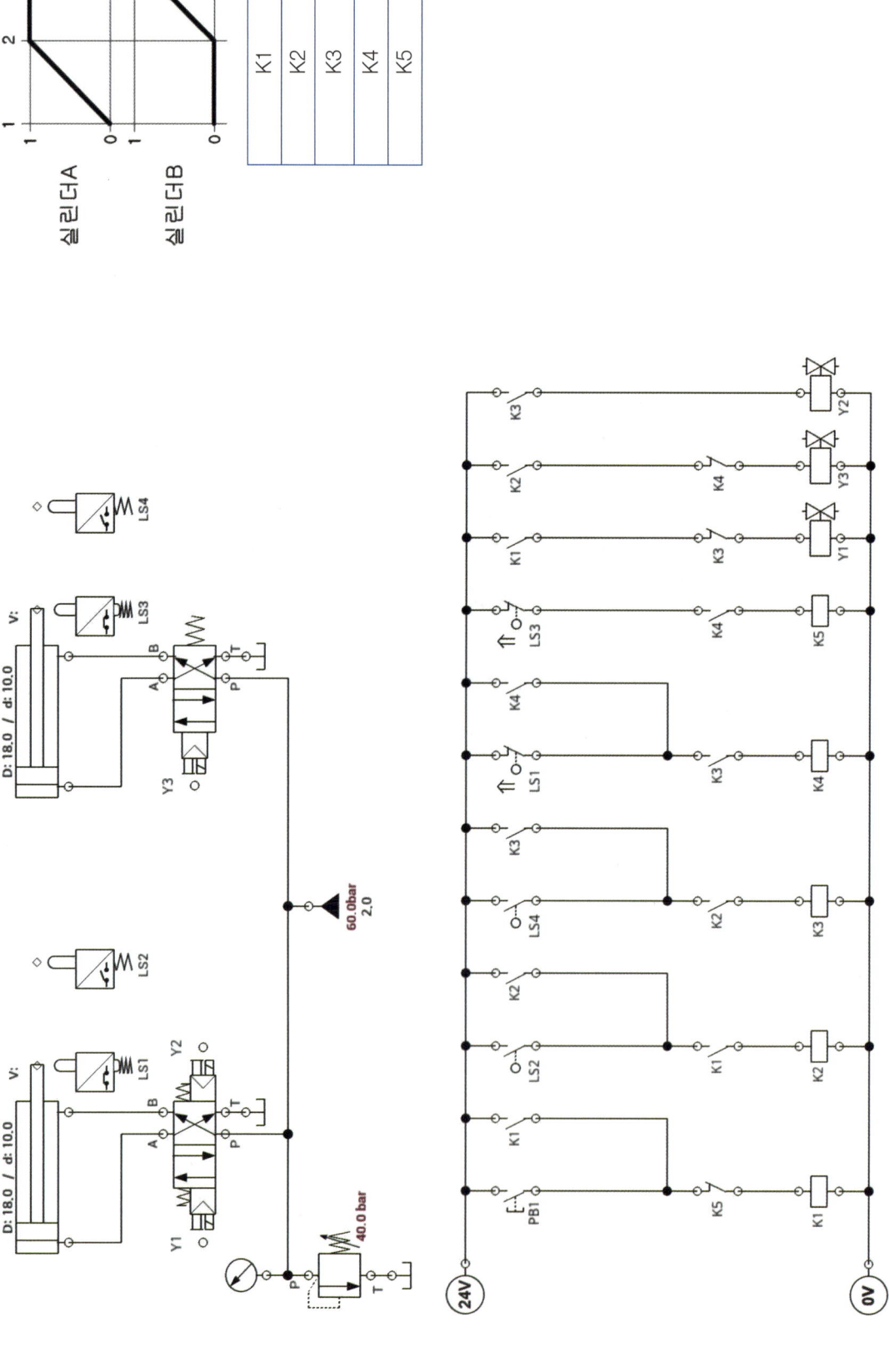

유압 2번 유지보수

① 실린더 B 전진 시 미터인 회로 구성.
② 실린더 B 자중낙하방지회로 구성.
③ 실린더 A 블리드오프회로 구성.
④ 역류방지를 위한 파워유닛의 토출구에 체크밸브 추가.

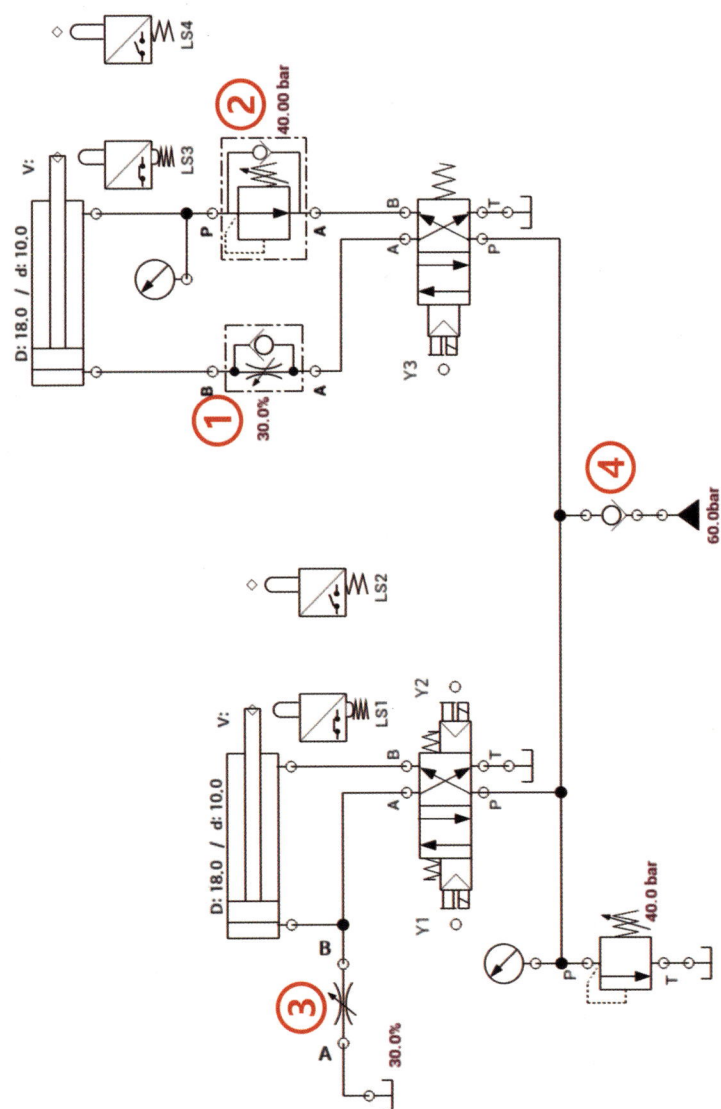

유압 3번 전기회로 작도

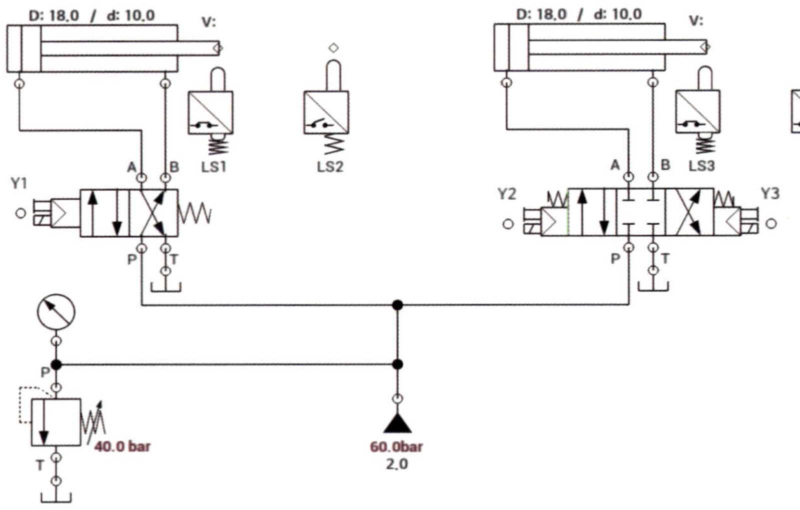

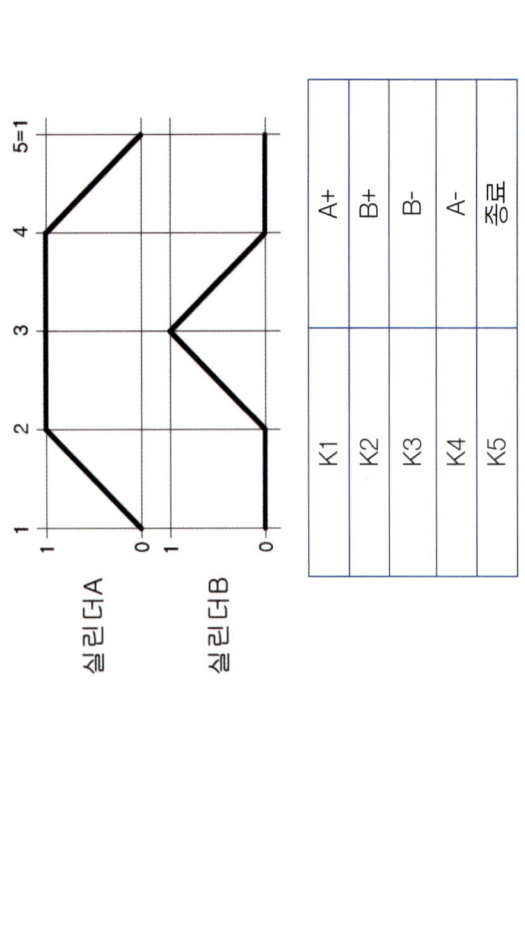

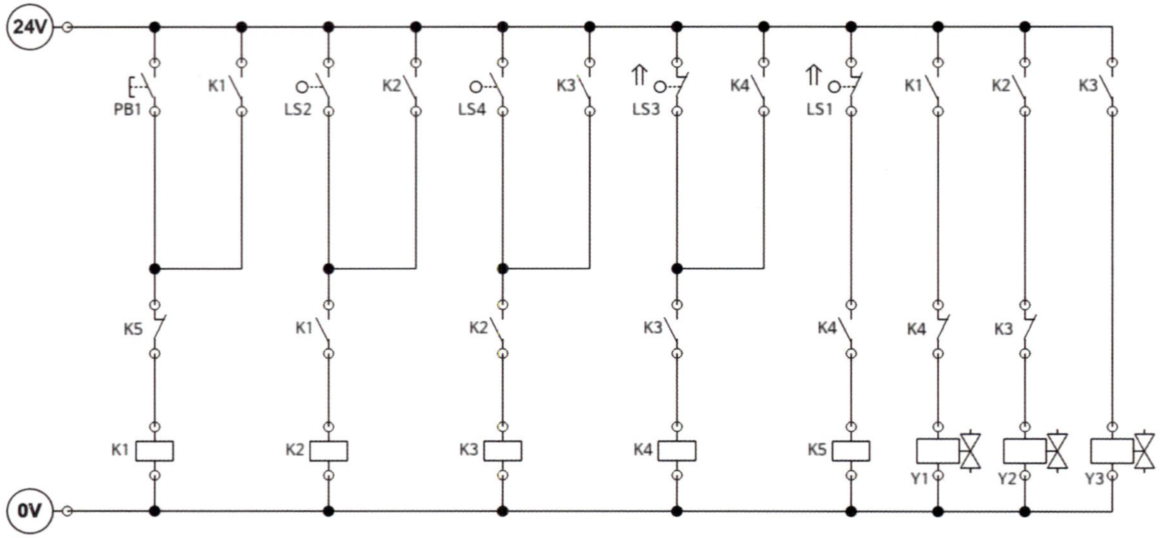

유압 3번 유지보수

① 실린더 A 전진 시 미터인 회로 구성.
② 실린더 A 자중낙하방지회로 구성.
③ 실린더 B 방향제어밸브 ABT 접속형으로 교체.
④ 실린더 B 로드측에 로킹회로구성.
⑤ 실린더 B 전·후진속도 제어 양방향 유량조절밸브 구성.

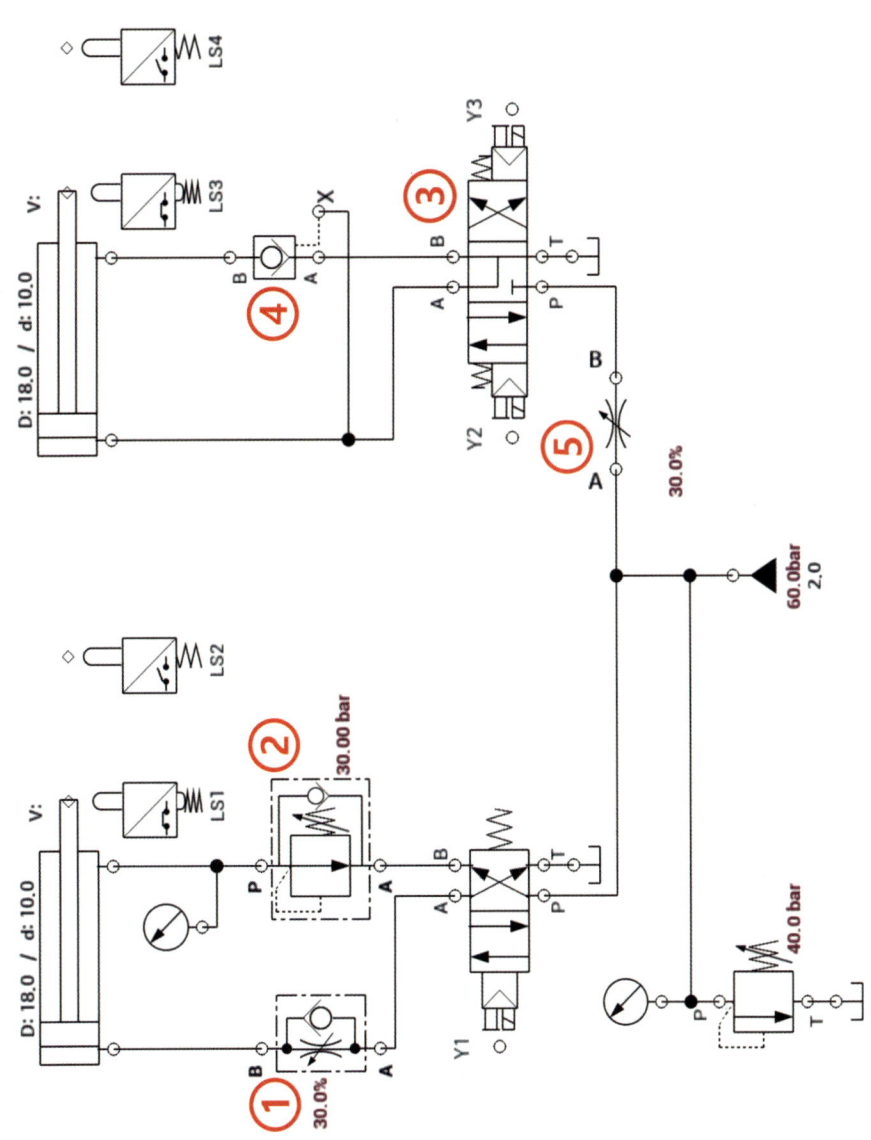

유압 4번 전기회로 작도

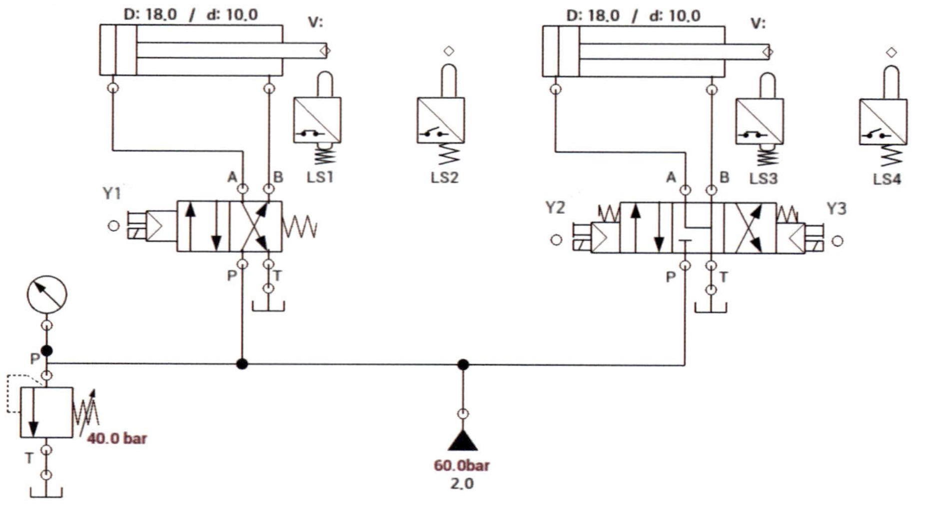

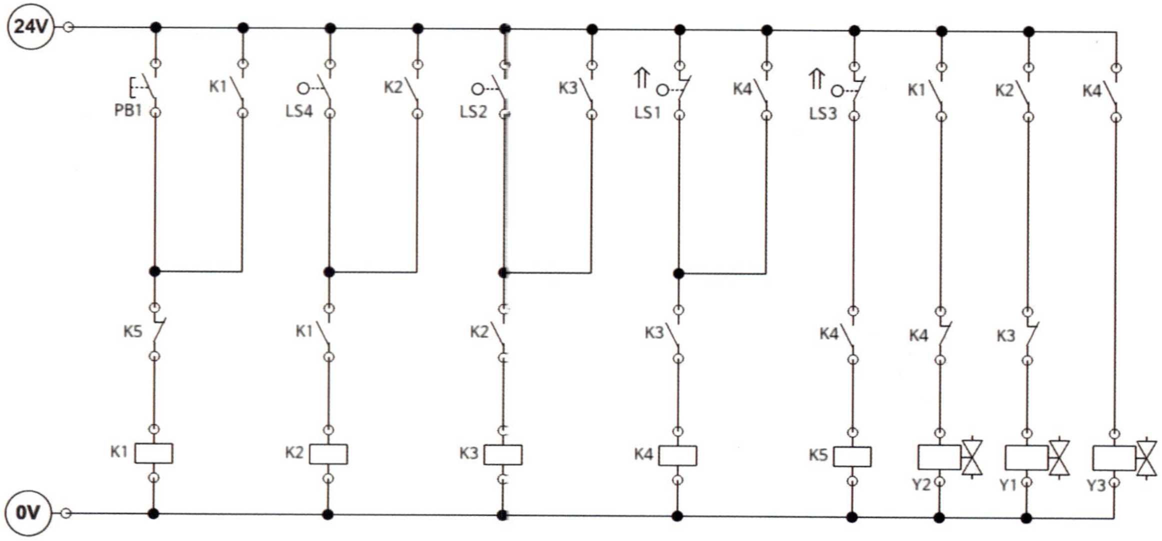

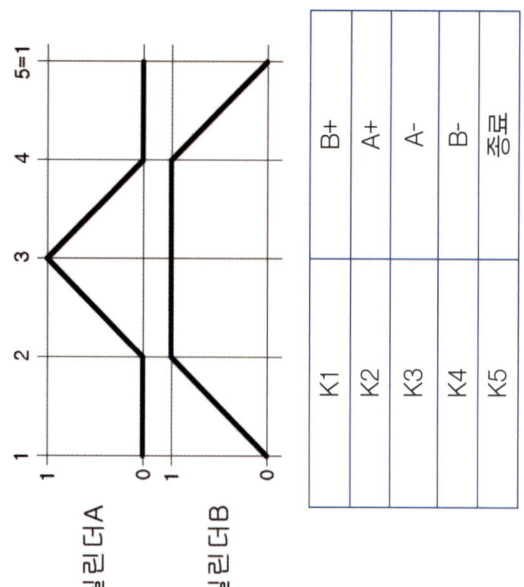

유압 4번 유지보수

① 실린더 A 전진 시 미터인 회로 구성.
② 실린더 A 자중낙하방지 회로 구성.
③ 실린더 B 압력라인에 감압밸브와 압력계 설치.
④ 역류방지를 위한 파워유닛의 토출구에 체크밸브 추가.

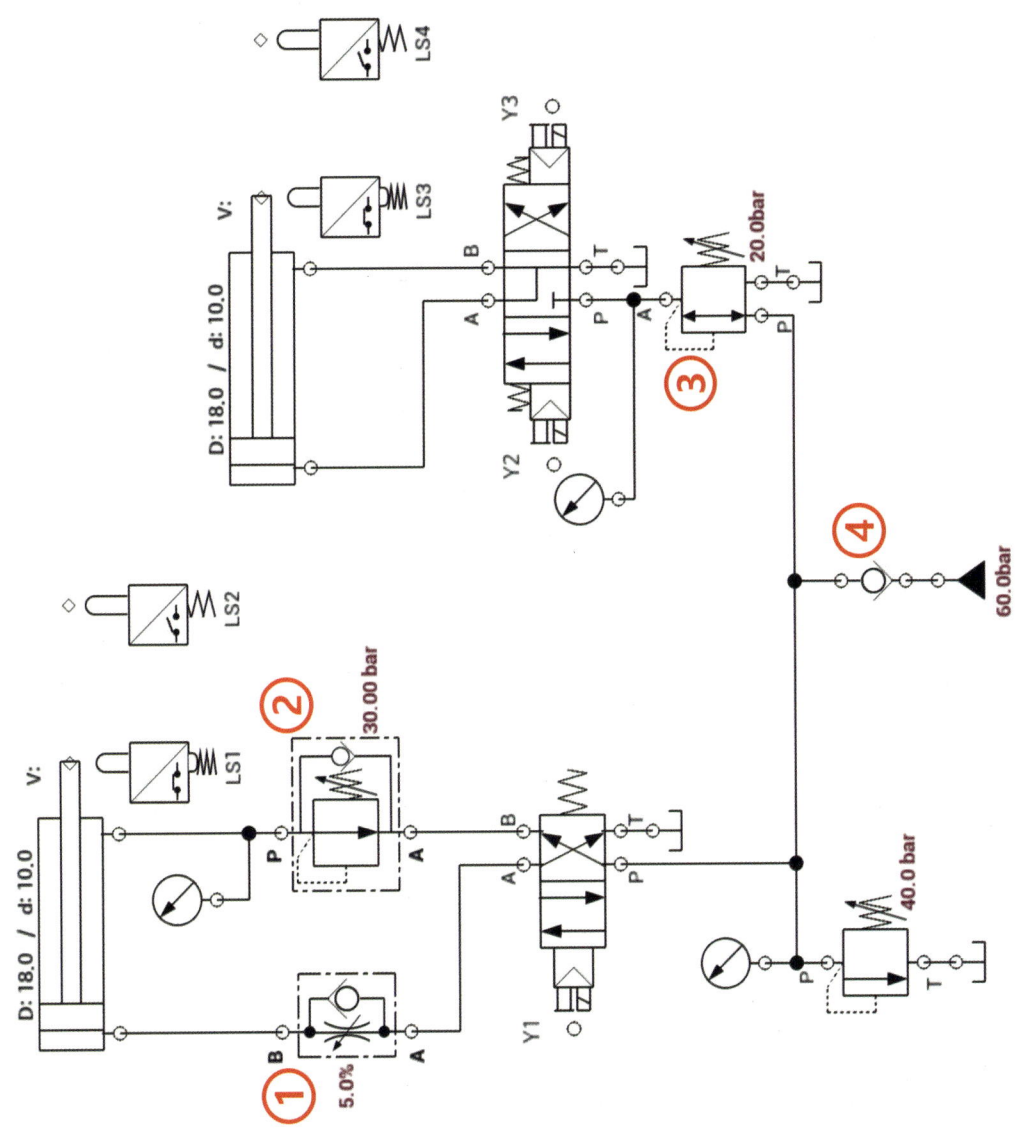

유압 5번 전기회로 작도

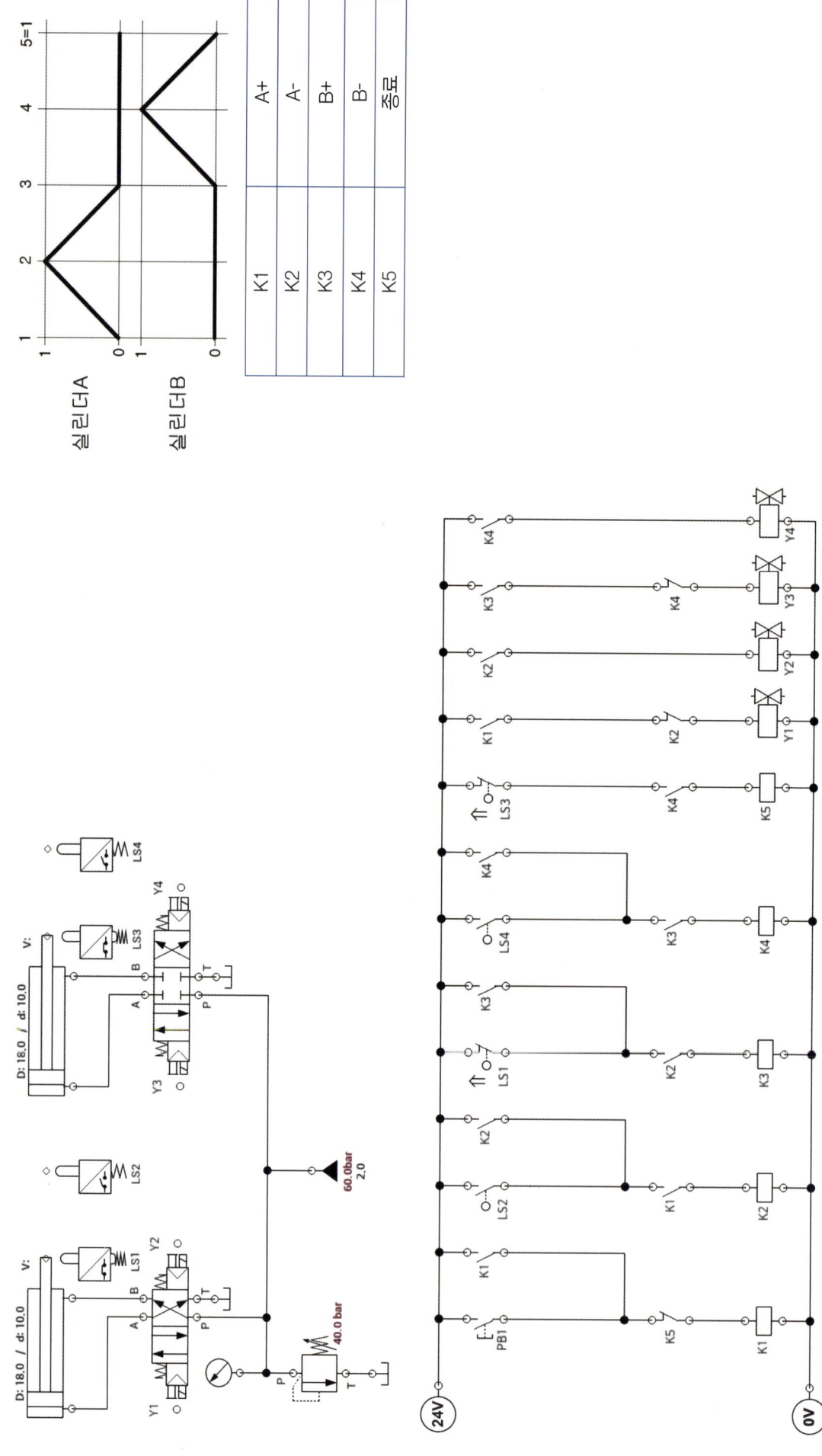

유압 5번 유지보수

① 실린더 A LS2 제거 후 압력스위치와 압력게이지 구성.
② 실린더 B 압력라인에 감압밸브와 압력계 설치.
③ 실린더 A, B 전진 시 미터인 회로 구성.

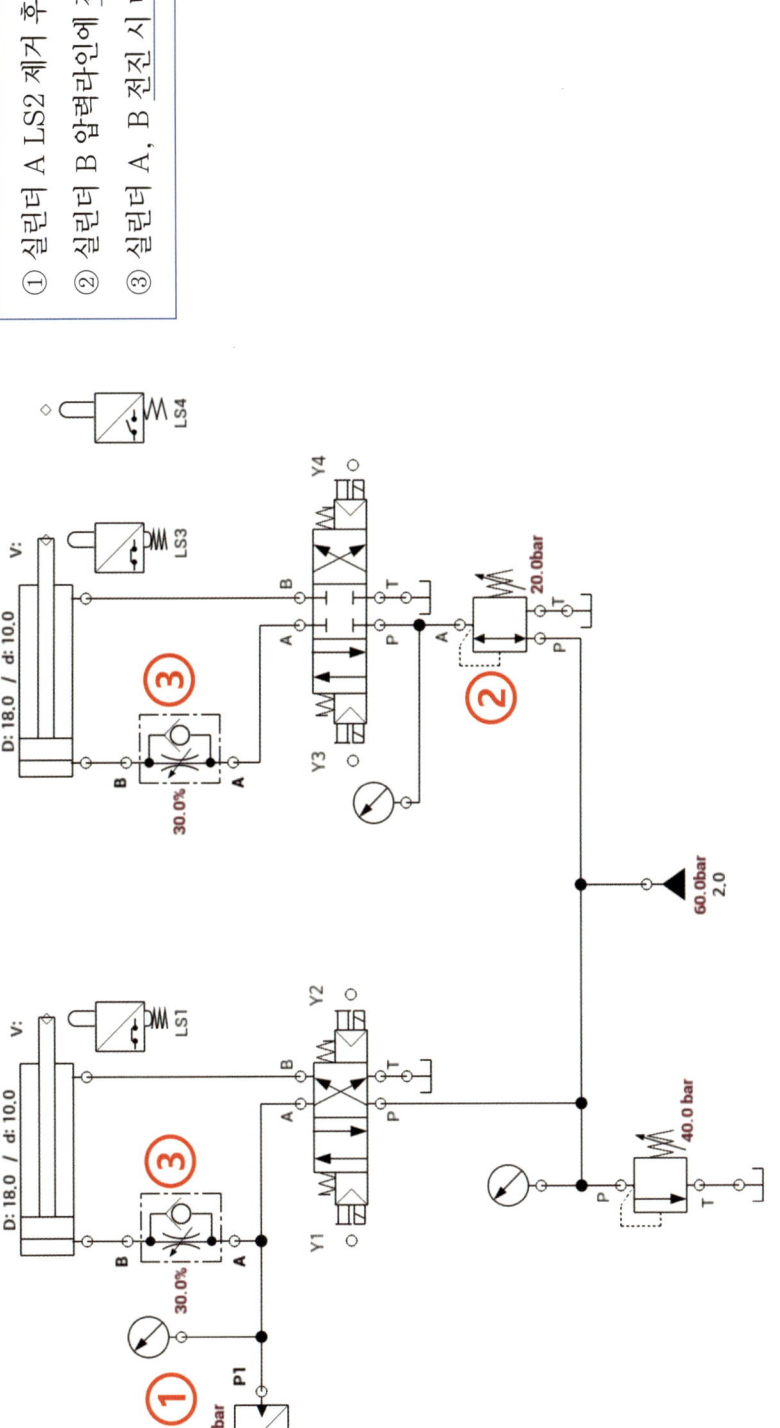

유압 6번 전기회로 작도

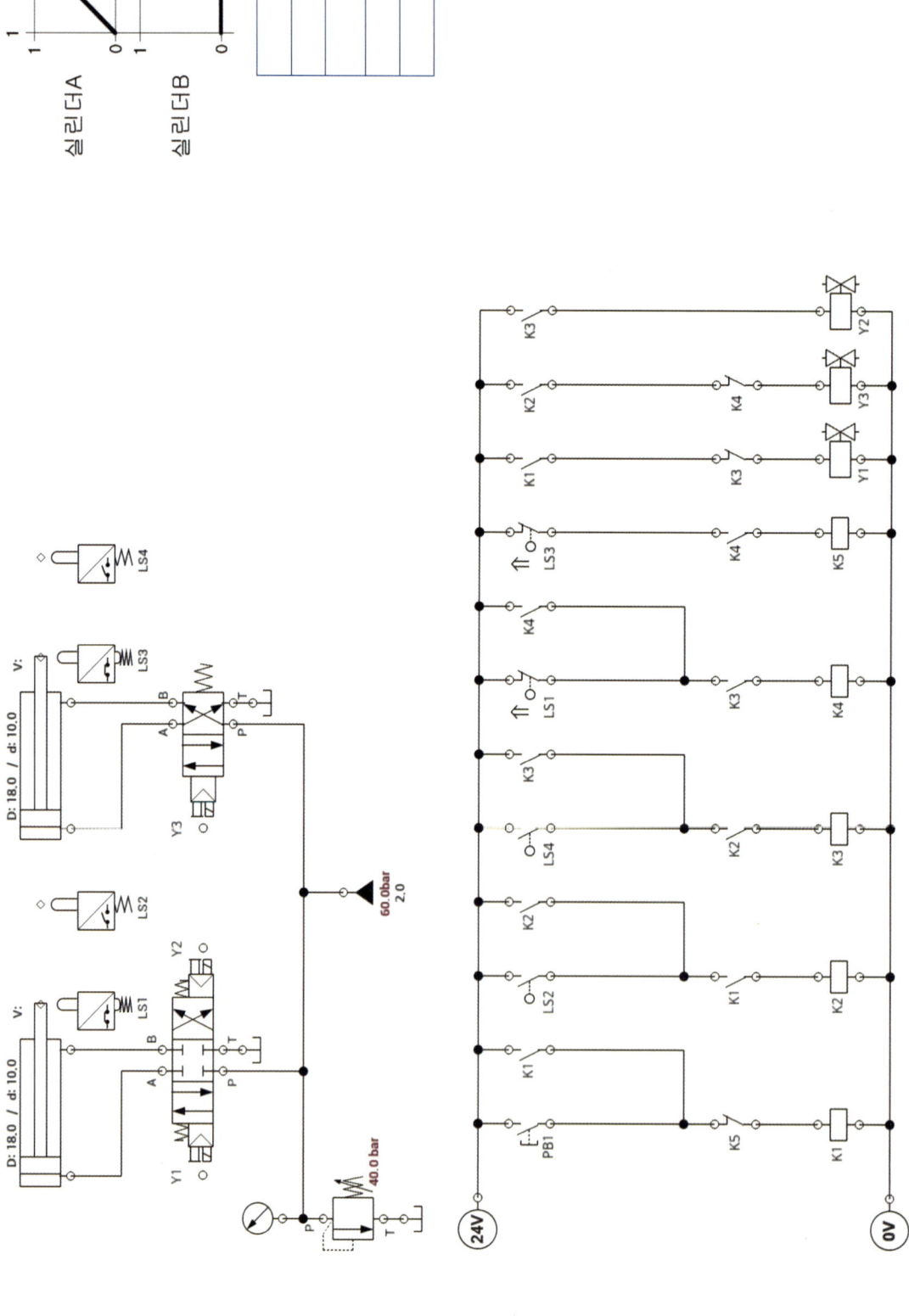

유압 9번 유지보수

① 실린더 A LS2 제거 후 압력스위치와 압력게이지 구성.
② 실린더 B 압력라인에 감압밸브와 압력계 설치.
③ 실린더 A, B 전진 시 미터인 회로 구성.

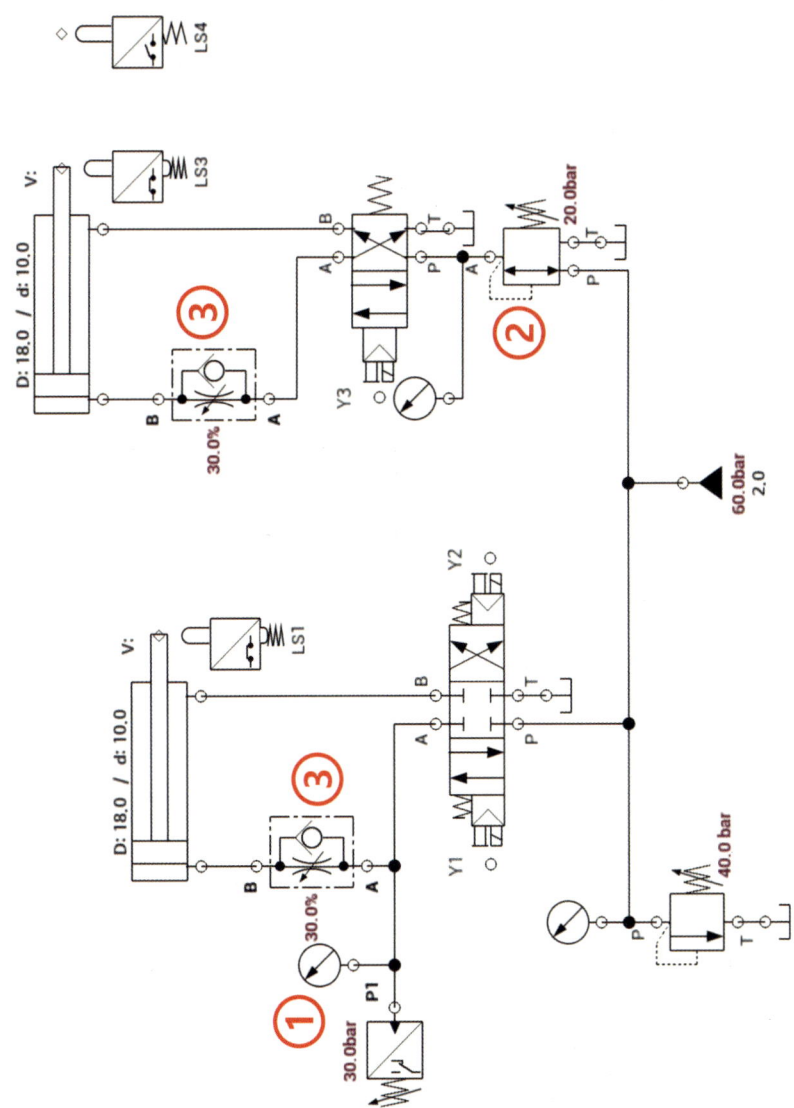

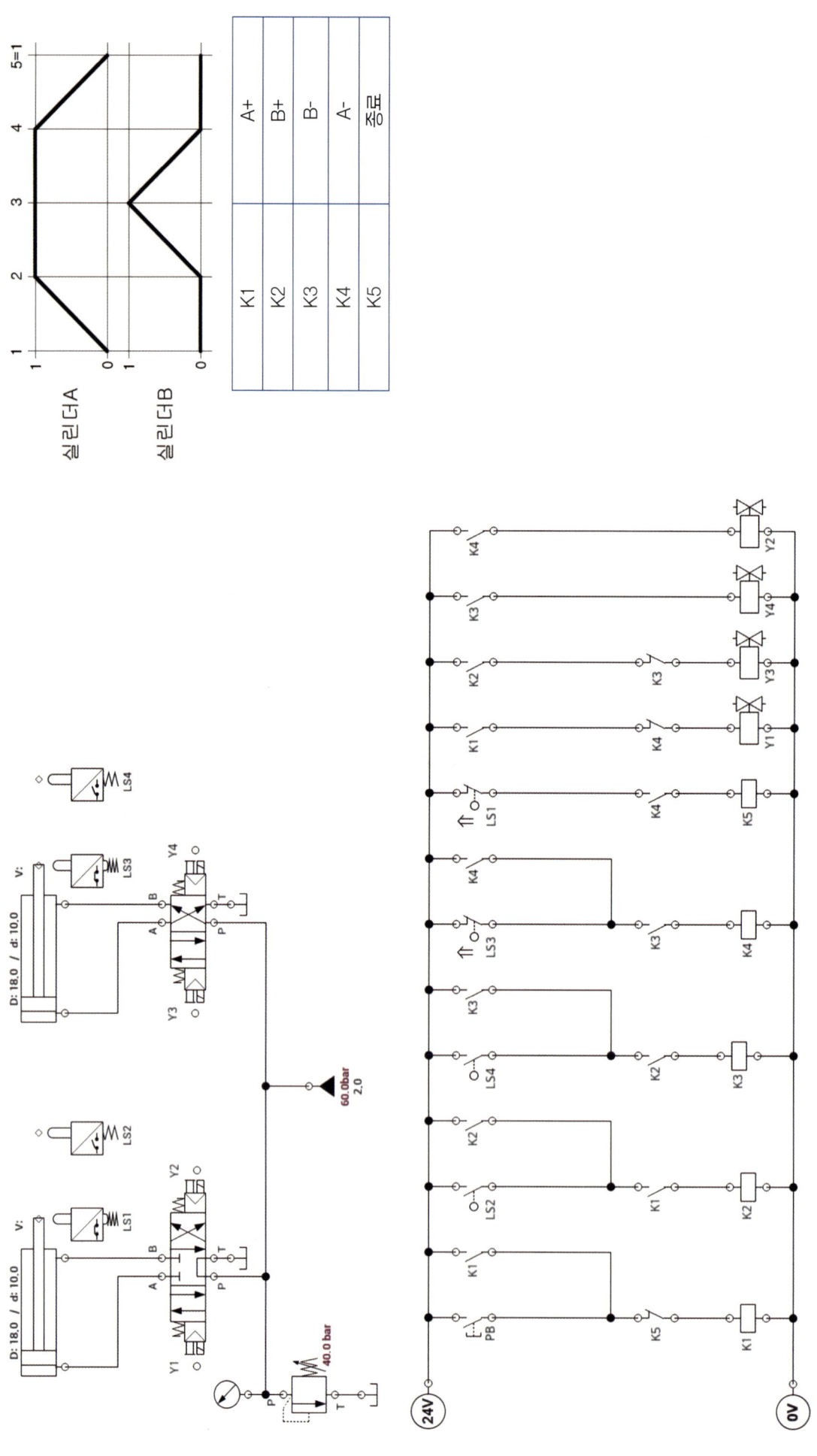

유압 7번 유지보수

① 실린더 B LS4 체거 후 압력스위치와 압력게이지 구성.
② 실린더 A 방향제어밸브 ABT 접속형으로 교체.
③ 실린더 A 로드측에 로킹회로구성.
④ 실린더 B 전·후진속도 제어 양방향 유량조절밸브 구성.

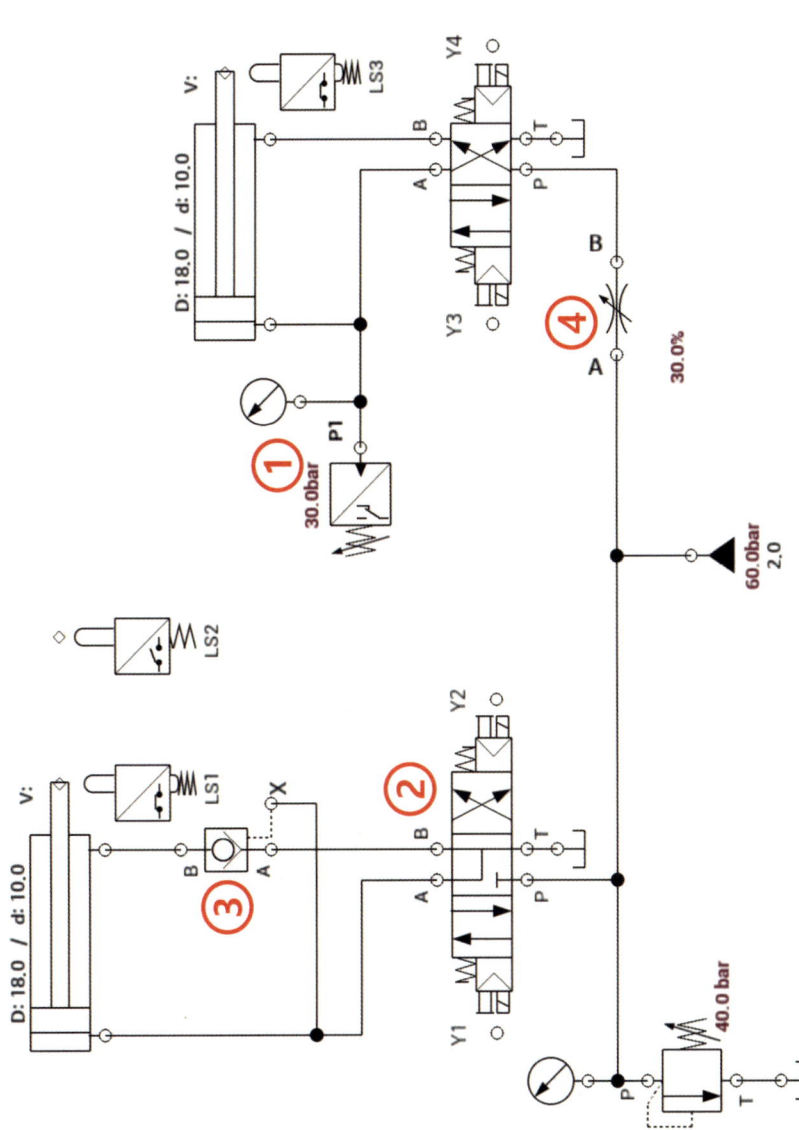

유압 8번 전기 회로 작도

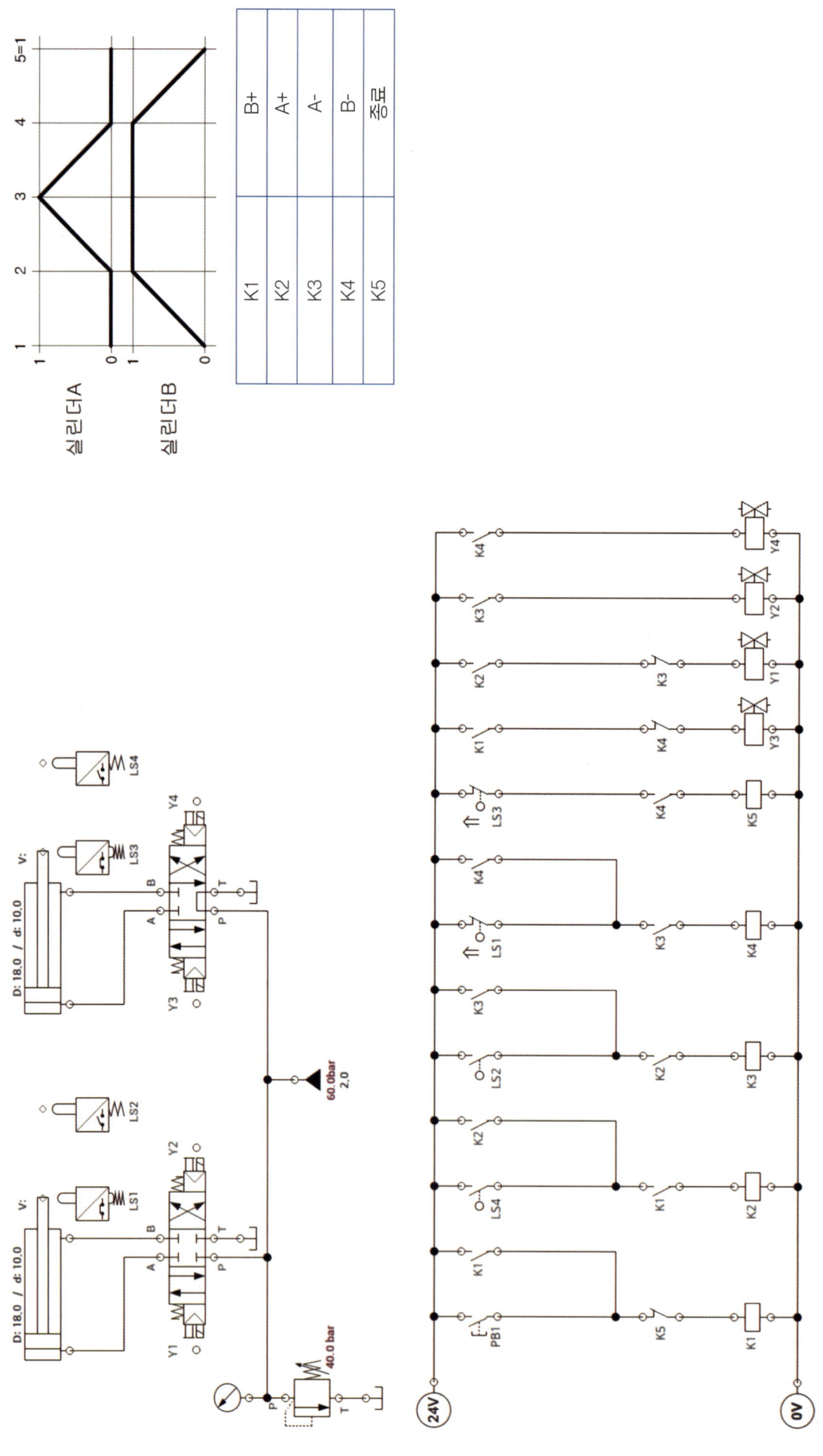

유압 8번 유지보수

① 실린더 A LS2 제거 후 압력스위치와 압력게이지 구성.
② 실린더 B 방향제어밸브 ABT 접속형으로 교체.
③ 실린더 B 로드측에 로킹회로구성.
④ 실린더 A 전·후진속도 제어 양방향 유량조절밸브 구성.

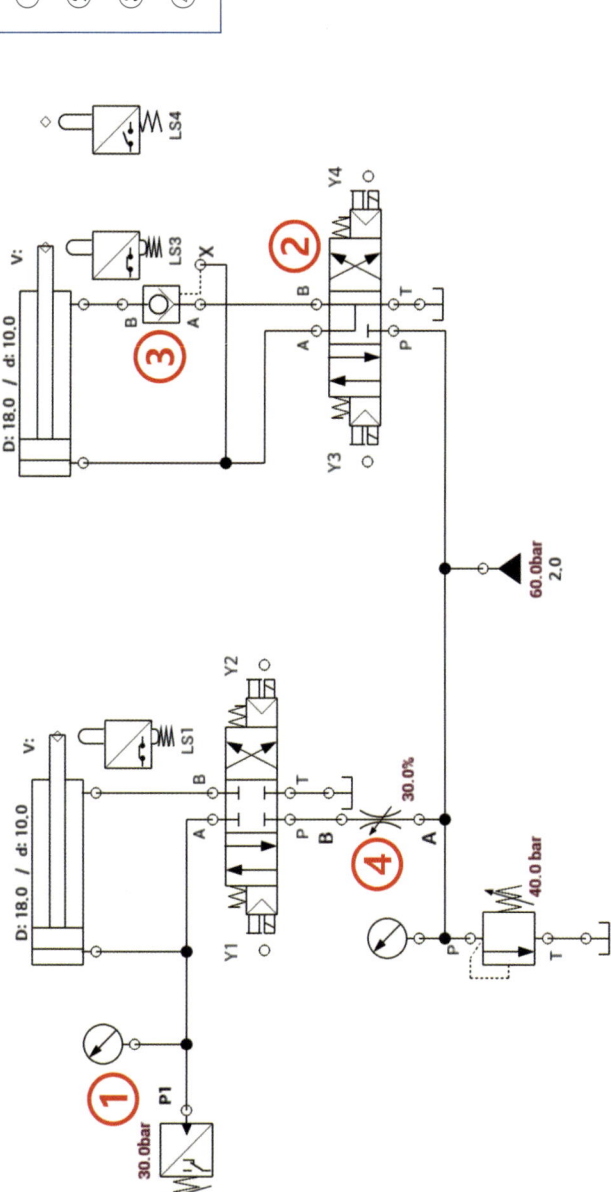

허책임의   2026
설비보전 바이블